# 结构动力学与气动弹性力学导论

## （第 2 版）

## Introduction to Structural Dynamics and Aeroelasticity
## Second Edition

〔美〕杜威 H·霍奇斯
〔美〕G 阿尔文·皮尔斯　著

戴玉婷　朱斯岩　译

杨　超　陈桂彬　审校

北京航空航天大学出版社

## 内 容 简 介

　　本书重点针对常规飞行器，提供了结构动力学与气动弹性力学的导论。主要内容包括结构动力学、静气动弹性力学和动气动弹性力学。结构动力学素材强调振动、模态表示和动响应。讨论的气动弹性现象包括发散、副翼反效、气动载荷重新分布、气动弹性剪裁、非定常气动力理论和颤振。超过100 幅图、表有助于理解本书，超过 50 个例题便于学生学习。

　　本书涵盖了截至目前的结构动力学和气动弹性力学的处理方法，能够满足工程专业高年级本科生或航空工程专业初级研究生的需求。

**图书在版编目(CIP)数据**

　　结构动力学与气动弹性力学导论：第 2 版 /（美）霍奇斯，（美）皮尔斯著；戴玉婷，朱斯岩译. -- 北京：北京航空航天大学出版社，2015.8

　　书名原文：Introduction to Structural Dynamics and Aeroelasticity，Second Edition

　　ISBN 978 - 7 - 5124 - 1854 - 7

　　Ⅰ. ①结… Ⅱ. ①霍… ②皮… ③戴… ④朱… Ⅲ. ①航空发动机—结构动力学②航天器—气动弹性动力学 Ⅳ. ①V231.9②V415.3

　　中国版本图书馆 CIP 数据核字(2015)第 172477 号

英文原名：Introduction to Structural Dynamics and Aeroelasticity，Second Edition

Copyright ⓒ 2011 by Dewey H. Hodges，G. Alvin Pierce.

Translation Copyright ⓒ 2015 by Beijing University of Aeronautics and Astronautics Press. All rights reserved.

本书中文简体字版由英国剑桥大学出版社授权北京航空航天大学出版社在中华人民共和国境内独家出版发行。版权所有。

北京市版权局著作权合同登记号图字：01 - 2013 - 8722

**结构动力学与气动弹性力学导论(第 2 版)**

**Introduction to Structural Dynamics and Aeroelasticity, Second Edition**

[美] 杜威 H·霍奇斯
[美] G 阿尔文·皮尔斯　著

戴玉婷　朱斯岩　译

杨　超　陈桂彬　审校

责任编辑　宋淑娟

*

北京航空航天大学出版社出版发行

北京市海淀区学院路 37 号(邮编 100191)　http://www.buaapress.com.cn

发行部电话：(010)82317024　传真：(010)82328026

读者信箱：emsbook@buaacm.com.cn　邮购电话：(010)82316936

涿州市新华印刷有限公司印装　各地书店经销

*

开本：710×1 000　1/16　印张：14.25　字数：304 千字

2015 年 9 月第 2 版　2015 年 9 月第 1 次印刷　印数：2 000 册

ISBN 978 - 7 - 5124 - 1854 - 7　定价：45.00 元

# 译者序

气动弹性力学是一门研究弹性物体在气流中,由弹性变形与所受到的空气动力之间相互作用的学科。其中,结构动力学是构成研讨气动弹性力学的基础学科,二者在学科上是不可分割的,但又各自有其独立的体系。

很多年以来,佐治亚理工一直为本科三年级学生开设"振动与颤振"课程。由于教学工作的需要以及多年来教学经验的积累,形成了更加丰富的教学内容,由此该课程更名为"结构动力学与气动弹性力学导论",并出版了《结构动力学与气动弹性力学导论》全新教材。目前出版的是该书的第 2 版,更加丰富了第 1 版教材的内容。在结构动力学方面,强调振动、模态表示和动响应。在气动弹性力学方面,注重对现象和原理的讨论,包括发散、副翼反效、气动载荷重新分布、气动弹性剪裁、非定常气动力理论和颤振。第 2 版增加了习题的数量及内容,以利于初学者学习;阐述了该学科领域对各种问题的处理方法。因此,本教材能够满足高年级本科生和航空工程专业研究生的需要。

本书的作者 Dewey H. Hodges 是佐治亚理工航空航天工程学院的教授,是美国多个学会的会士,担任过多个重要国际期刊的编委。Hodges 教授的主要研究方向包括:旋翼飞行器飞行动力学、结构动力学、气动弹性力学、结构力学及稳定性、计算力学及最优控制。2013 年获 AIAA Ashley 气动弹性奖。

引进本教材的目的,一方面,为该领域的教学及学术交流提供参考资料;另一方面,也为理工科大学生提供结构动力学与气动弹性力学领域的引导读物,它可以当做高年级本科生及刚入学的研究生的有益参考书。除此之外,正在工作的相关技术人员,如果对气动弹性学科感兴趣,这本教材将是一本极好的入门书。

本教材是北京航空航天大学航空科学与工程学院气动弹性研究室在与作者的学术交流中确定引进的,可作为相关专业的重要参考书。在引进的过程中,得到北京航空航天大学出版社的大力支持。本书分为两大部分,分别由戴玉婷译结构动力学部分,由朱斯岩译气动弹性力学部分。全书由杨超、陈桂彬审校。

译 者

2014 年 8 月

# 第 2 版序言

本教材重点针对常规飞行器提供了结构动力学与气动弹性力学的导论。主要内容包括结构动力学、静气动弹性力学和动气动弹性力学。结构动力学素材强调振动、模态表示和动响应。讨论的气动弹性现象包括发散、副翼反效、气动载荷重新分布、非定常气动力、颤振和气动弹性剪裁。超过 100 幅的图、表有助于理解这本教材,超过 50 个例题便于学生学习。

本教材涵盖了截至目前的结构动力学和气动弹性力学的处理方法,能够满足高年级本科生或航空工程专业初级研究生的需求。

## 第 1 版的赞语

"这本教材由两位该领域无与伦比的专家撰写,写作精彩,包含大量重要的信息,涵盖了截至目前的结构动力学和气动弹性力学的处理方法,能够满足高年级本科生或航空工程专业初级研究生的需求。"

——*Current Engineering Practice*

"Hodges 和 Pierce 撰写的这本重要的著作填补了航空工程教育的重要空白。高度推荐。"

——*Choice*

"……对于对气动弹性感兴趣的人来说,这本教材是一个很受欢迎的补充……作为一本教材,它可以当做高年级本科生和刚入学的研究生气动弹性课程的优秀资源……更进一步,正在工作的对气动弹性背景感兴趣的工程师,会发现这本教材是一本友好的入门书。"

——*AIAA Bulletin*

Dewey H. Hodges 是佐治亚理工航空航天工程学院的教授,他撰写了超过 170 篇期刊论文和三本书:《非线性复合梁理论》(2006 年),《结构稳定性基础》(2005 年,与 G. J. Simitses 合著),《结构动力学与气动弹性力学导论》(第 1 版)(2002 年,与 G. Alvin Pierce 合著)。他的研究领域包括气动弹性、动力学、计算结构力学与结构动力学、摄动方法、计算最优控制和数值分析。

后一位作者 G. Alvin Pierce 是佐治亚理工航空航天工程学院的名誉退休教授。他是《结构动力学与气动弹性力学导论》(第 1 版)(2002 年)中与 Dewey H. Hodges 合作的著书者。

# 第 2 版补充说明

第 2 版的计划始于 2007 年,那时 Pierce 教授依然健在。2008 年 11 月,当听到他逝世的消息时,他的佐治亚理工和技术界的同事都很悲伤。然后,第 2 版的计划由于各种原因进展缓慢。

第 2 版所做的改动包括:补充了一些素材以及做了大量的重新编排。在不打断整体授课连续性的情况下,教师可以选择忽略部分章节。扩充了一些力学与结构的基础素材,使之能够自我包含并且成为单独一章。希望这个新的组织形式能够帮助那些不需要这些知识回顾的学生轻松略过;把这些知识统一到相对短小的一章,可以帮助那些需要这部分知识的学生学起来更方便。在讨论稳定性的时候,回顾了当关键参数变化时单自由度系统如何运动的知识。为了得到结构动力学特征方程的数值解,补充了更多的细节。向学生介绍了有限元的结构模型,使得素材更加结合工程实际。补充了静气动弹性里的操纵反效。用 Mathematica 求解颤振特征值的数值解的讨论代替了第 1 版里通过一些代表减缩频率插值的方法。这种基于复数特征值的颤振分析方法扩展为包含状态变量的非定常气动力模型。最后,对飞行试验和适航的角色予以讨论。希望第 2 版不仅保留了这本教材作为本科生学习这门学科的唯一性,而且将证明它对一年级研究生课程的学习更有用。

Dewdy H. Hodges
亚特兰大,佐治亚州

# 第 1 版序言

在学季制下,佐治亚理工的三年级本科生课程"振动与颤振"已经讲授很多年了。这门课涉及结构单元的静/动力学特性的基本主题,既有包含流场的影响,也有不包含流场的影响。这门课不讨论没有流体流过的结构的静力学行为,因为这一般会在"结构力学"课程里考虑。因此,这门课主要涉及结构动力学领域(不考虑流体流过的情形)和气动弹性力学领域(考虑流体流过的情形)。

顾名思义,结构动力学关心结构部分的振动与动响应。气动弹性力学是一门研究弹性物体在气流中弹性变形与所受到的空气动力之间相互作用的学科。结构动力学是它的子集合。气动弹性现象在日常自然中均可观察到(如树在风中摇摆,威尼斯百叶窗在风中发出的嘶鸣声),最常见的气动弹性现象包含动力学,但是静气动弹性现象也很重要。这门课扩展为一个整学期,并且课程名称相应地改为"结构动力学与气动弹性力学导论"。

气动弹性与结构动力学的现象会导致危险的静态与动态变形以及失稳。因此它在许多技术领域具有重要的实际作用。特别的,现代飞机与航天器都要求非常轻质的结构,当考虑这些飞行器的设计时,结构动力学与气动弹性力学问题的解是获得工作可靠且结构最优的系统的基本要求。气动弹性现象在叶轮机械、民用工程结构、风能转换器,甚至在乐器演奏时声音产生的过程中都扮演着重要的角色。

气动弹性问题可粗略地分为响应与稳定性两个范畴。稳定性问题在这本教材里最受关注,并不是因为响应问题要次要些,而是因为变形幅值在线性稳定性问题里是不确定的,大家可能专门考虑了线性处理方法,并试图去求解许多实际问题。然而,因为幅值在响应问题里很重要,所以在试图求解它们的时候,大家需要更多地考虑非线性行为。尽管非线性方程已经很接近地代表实际问题了,但是非线性方程的解析求解仍有问题,特别是在本科生学习的背景下。

这本教材的目的是提供结构动力学与气动弹性力学领域的导论。它的课时和范围适合一个学期,可供本科三年级课程或研究生一年级课程使用,重点是针对常规飞机。对于那些单独提供了结构动力学的课程,气动弹性力学章节补充了丰富的素材,这样从这本教材出发,可以发展为单独讲授全部"气动弹性力学"课程。

这本教材建立在 Pierce 教授提供的课程讲稿的基础上。他的笔记自 1970 年起就用于"振动与颤振"课程。自从 1995 年 Pierce 教授退休,这门课程转由 Hodges 教授负责讲授以后,他产生了这样一个想法:将讲稿变为更实际的教材。1997 年秋季,这个过程从将 Pierce 教授的原始课程笔记艰难地转换为 LaTex 格式开始。作者非常感谢 Margaret Ojala,那段时间,他是 Hodges 教授的行政助手,他帮助完成了这个格式转换的过程。然后,Hodges 教授开始扩充材料,并在每章中补充例题。一些最可观的补充是在气动弹性力学章节里,主要受佐治亚理工转变为学期制的启发。Mayuresh J. Patil[①] 博士当时是航空航天工程学院的博士后,他和 Hodges 教授一起工作,主要在 1999—2000 学年补充了气动弹性剪裁和非定常气动力的材料。作者感谢华盛顿大学 David A. Peters 教授关于非定常气动力部分处理的评论。最后,在2001 年初夏,Pierce 教授在享受他的退休时光、建造一座新房子,在缺少计算机硬件的条件下,在被孙子看望的同时,仍然尽力增加了气动弹性力学的历史、$k$ 法和 $p-k$法的素材。

Dewdy H. Hodges 和 G. Alvin Pierce

亚特兰大,佐治亚州

2002 年 6 月

---

①　　现在,Patil 博士是弗吉尼亚理工州立大学航空航天航海工程系副教授。

# 图形清单

# 列表清单

# 目　　录

# 第 1 章　绪　论

"气动弹性"这个术语用于表示考虑气流中的弹性结构变形和由此导致的气动力之间相互作用的研究领域。图 1.1 最能体现这个研究领域多学科交叉的特点。这张图最早由 A. R. Collar 教授在 19 世纪 40 年代提出。其中的三角交叉部分描述了空气动力学、动力学和弹性力学这三门学科之间的相互影响。经典的空气动力学理论用于预测作用在给定外形的物体上的气动力,动力学引入惯性力的作用,弹性力学预测在给定外载荷作用下弹性体的变形。掌握了基本的空气动力学、动力学和弹性力学的知识,学生就能够分析两门学科或更多学科交叉作用时的物理现象,如飞行力学涉及空气动力学与动力学之间的相互作用。多数航空科学/航空工程专业的本科生在他们三年级结束时就已单独学习过"飞行力学"课程。这本教材考虑的是图 1.1 中除三角交叉部分外的两两相互作用的领域:

- 弹性力学与动力学的相互影响(即结构动力学);
- 空气动力学与弹性力学的相互影响(即静气动弹性力学);
- 三门学科的共同影响(即动气动弹性力学)。

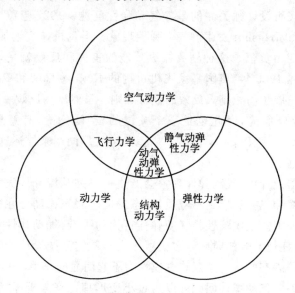

**图 1.1　气动弹性研究领域示意图**

鉴于这三门学科在现代航空系统设计中的重要性,对于航空工程和航空科学的学生来说,学习这些课程是十分合适的。在气动弹性力学中,人们发现载荷依赖于变形(即空气动力学),同时变形依赖于载荷(即结构力学/动力学);这样就存在耦合问题。因此,在学习气动弹性之前有必要分别学习完上述三门基础课程。而且,结构动力学的学习有助于学生掌握对解决气动弹性问题有益的一些概念,比如模态表示。

在有动力飞行的历史发展进程中,气动弹性现象扮演了很重要的角色。1903 年,Wright 兄弟通过控制"莱特飞行者号"的机翼翘曲来获得横向操纵性。Wright 兄弟的飞机由于具有很大的下反角从而导致横向不稳定,机翼翘曲的举措对他们动力飞行的成功具有决定性的作用。1903 年之前,在 Potomac 河上,Samuel Langley 在其船顶上做了两次动力飞行的尝试,但由于机翼的刚度太小以及载荷过大,他的努力均以机翼灾难性毁坏而告终。这种气动弹性现象(包括扭转发散)使得双翼机设计具有绝对优势。直到 19 世纪 30 年代后期引入的金属"承力蒙皮"结构形式,为单翼机提供了足够的扭转刚度,才打破这种局面。

第一次有记载的飞机颤振事故发生在 1916 年。Handley Page O/400 轰炸机由于缺少一根连接平尾和升降舵之间的承扭杆(这是现在必须满足的设计要求)而发生剧烈的尾翼振荡。这次事故是由机身扭转 45°以及平尾升降舵反对称偏转引起的。从此以后,由于飞机颤振导致的灾难性毁坏成为第一次世界大战至今的一个主要的设计考虑。1928 年 8 月,英国国家物理实验室的 R. A. Frazer 和 W. J. Duncan 以此为主题在 *R&M1155* 里编辑了一本题为《机翼颤振》的经典手册。这本大概 200 页的小册子被奉为"颤振圣经"。这本书里提及的分析和颤振问题的防止方法是现今使用技术的基石。

另一个备受飞机设计师关注的是静气动弹性问题。1927 年英国一架双引擎大展弦比飞机 Bristol Bagshot 发生静气动弹性现象。当飞机速度增加的时候,副翼效率减小到零继而变为负值。这种副翼操纵效能的丧失和反效就是现在众所周知的"副翼反效"。早在 1930 年,英国皇家飞机机构的 Roxbee Cox 和 Pugsley 成功地分析了这次事故并发展了防止副翼反效的设计准则。虽然副翼反效一般不会导致灾难性事故,但它也十分危险,因此也是一个关键的设计考虑。有意思的是,19 世纪30 年代,Roxbee Cox 和 Pugsley 提出了"气动弹性"一词用来描述这些现象,这也是我们这本书的主题。

在航空飞行器设计中,气动弹性现象会产生一系列从温和到灾难性的行为。温和的行为会让乘客和飞行员感到不舒适,稳态振动和瞬态振动会在微观层面上使飞机结构遭受疲劳损害。在灾难性的气动弹性行为的一端,气动弹性不稳定性会迅速毁坏飞机,在没有任何警告的时候导致机毁人亡。航空系统设计者强调的气动弹性问题本质上主要是静态的——这意味着惯性力不起明显的作用——或者是惯性力具有强烈的影响。一些气动弹性问题可以通过小变形理论来分析,尽管普遍的情况并不是这样。气动弹性现象可能会对飞机性能产生强烈的影响,有些是正面影响,有些是负面影响。它们也可能决定了飞机操纵面的偏转对预定功能的实现是好、是差或者出现与预定功能相反的情况。那么,很清楚的一点是:所有这些研究对航空技术的许多领域都有很重要的实用效果。现代飞机和航天器设计的特点是追求特别轻质的结构,因此,气动弹性问题的解决是获得性能可靠和结构最优系统的基本要求。气动弹性现象在叶轮机械、风能转换器,甚至在乐器发声时都扮演了重要的角色。

对于气动弹性工作者来说,最普遍的问题是稳定性问题。尽管结构的弹性模量与飞行速度无关,但空气动力严重依赖于动压。不难想象当空气动力大于飞机弹性恢复力时将发生的情景。当惯性力的作用很小时,就称这种不稳定现象为静气动弹性不稳定或发散。反之,如果惯性力很重要,就称这种动不稳定现象为颤振。发散和颤振都会导致结构的突然毁坏和灾难性事故。因此,如何设计升力面以保证飞机不会发生这两类事故,对飞机设计者来说至关重要。本书中涉及的气动弹性问题多数都是稳定性问题。

除了稳定性问题以外,气动弹性研究较多的是飞行中的飞机响应问题。静气动弹性响应问题不考虑惯性力的作用,因为它主要预测在给定外形和攻角的情况下作用在飞机上的外力,或者确定飞机能承受的最大载荷系数。同时,操纵效率和副翼反效也属于这一研究范畴。如果惯性力的影响很大,人们就需要考虑飞行器在紊流和阵风中的反应。另一个重要的现象是抖振,其特点是由机翼、吊舱或飞机其他部件后面的尾流引起的瞬态振动。

上述问题都可以在线性分析范围内进行处理。从数学的观点来看,线性的气动弹性稳定性问题和响应问题是相辅相成的。也就是说,不稳定性可以通过检查齐次方程拥有非零解的情况来预测。而响应问题则通常基于非齐次方程的解。当系统不稳定时,它所对应的非齐次方程就没有解;然而,稳定系统所对应的齐次方程和边界条件则没有非零解。

与线性分析的预测结果不同,实际飞机可能在低于颤振速度的情况下发生自激振动。更进一步,在大扰动情况下,线性分析预测结果稳定的系统可能产生大振幅振动。这两种情形都可能导致整个系统产生稳态周期振动——极限环振荡。在产生极限环振荡时,既会出现涉及飞机某些部件使用寿命的疲劳问题,又会影响乘客的舒适度和飞行员的忍耐度。为了在分析中获得系统的这种特性,必须将飞机当做非线性系统来处理。尽管非线性分析在实际情况中很重要,但是它已超出了本书的范围。

这本书的组织结构如下。第 2 章是力学基础回顾,后续章节频繁引用这一章的公式,包括质点动力学和刚体动力学,以及弦和梁的分析作为简单结构单元的例子。最后,回顾了单自由度系统的行为,同时从物理机理上讨论了稳定性。

为了描述常规飞机的动力学行为,第 3 章重点介绍结构动力学的概论。这一章主要研究连续弹性体的动力学性质,在任意时刻,提供一种代表飞行器变形的分析方法。书中首先从简单系统开始,比如振动弦,然后过渡到复杂的梁的扭转,最后是梁的弯曲。第 3 章的重点是引入模态表示及其在解决气动弹性问题中的运用。同时,这一章也包含了里兹(Ritz)和伽辽金(Galerkin)方法的简单介绍。

第 4 章介绍静气动弹性力学。这一章主要讲述飞机静不稳定性、定常飞行载荷和操纵效率问题。同样,书中以一个简单的例子开头,比如弹性支撑的刚硬机翼间题,然后讨论机翼扭转以及后掠机翼弯曲和扭转的问题,最后以后掠复合材料机翼弹性弯曲和扭转耦合变形结束本章内容。

第 5 章讨论气动弹性颤振问题。它是一种由气动力、弹性力和惯性力相互作用引起的动不稳定现象。本章第一次采用一般升力面分析方法;随后使用包括"典型翼段模型"等直观的方法来讨论颤振问题;接下来讨论颤振求解的工程方法,并简要介绍经典及现代的非定常气动力理论。本章最后介绍了模态表示方法在弹性机翼颤振分析中的应用,讨论了常规飞机的颤振边界特性,回顾了结构动力学和气动弹性对飞行试验和适航认证的影响。值得一提的是,在本书最后两章集中讨论了发散和颤振现象。因为这两种现象的发生都会导致升力面乃至整个飞行器发生灾难性破坏。

附录 A 包含了拉格朗日方程的推导和实例。

# 第 2 章 力学基础

虽然深入洞察熟悉的自然谜题并据此来分析现象背后的原因对我们来说不太容易，但是某种构想假设足以解释很多现象。

——Leonard·Euler

如第 1 章中讨论的那样，结构动力学和气动弹性力学都是建立在动力学和结构力学的基础之上的。因此，在本章中，将回顾一下质点、刚体，以及像弦、梁那样的简单结构的力学基础，内容包括运动规律、能量和功的表达式以及背景假设。本章以一个单自由度系统行为和稳定性概念的简单讨论结束。

结构动力学主要研究的是连续结构构型的动态变形。通常来讲，载荷-变形的关系是非线性的，变形也不一定是很小的。在本章中，为了便于分析求解，我们把注意力集中在承受小变形的线性弹性系统上——这个条件在大部分飞行器计算中都很典型。

然而，在针对弦、薄膜、直升机旋翼叶片、涡轮叶片和旋转空间飞行器中的柔性杆等一系列线性方程中，某个层次的几何非线性理论也是必需的。在这些问题中，这里只讨论了弦。的确，如果没有对非线性的初始考虑和随后的仔细消除，是没法得到弦的自由振动的线性运动方程的。

在进行复合梁的建模时，处理办法会超出通常教科书上给出的素材的范围。通过总结这一部分，读者可以对与这些普遍存在的结构元素相关的物理现象有一个更好的了解，并且理解可以将这些梁当做适用于气动弹性剪裁（见第 4 章）的简单形式。文中的处理方法紧跟 Euler 的引用语中的精神：在力学中，我们尝试做出某种假设（即假想前提），虽然这些假设不一定非要提供真实原因的有关信息，但是它们确实为我们提供了一个对分析和设计有用的数学模型。经证实，这些模型的有用性仅次于实验和更高精度的模型。例如，如果定义梁为细长结构单元，即一个方向的尺寸比另外两个方向的尺寸大得多，就可以发现很多飞机机翼没有梁的几何形状。然而，如果展弦比足够大，那么梁模型也能足够描述一个机翼的全部行为特征。

## 2.1 质点和刚体

最简单的动力学系统是质点。质点被理想化为一个"点质量"，即它虽然质量非零，但却不占空间。质点在笛卡儿坐标系中的坐标向量可以由其三个笛卡儿坐标确定，例如 $x, y$ 和 $z$。质点有速度和加速度，但是没有角速度和角加速度。引入三个单

位向量 $\hat{i}, \hat{j}$ 和 $\hat{k}$,可以认为它们在笛卡儿坐标系 $F$ 中是固定的,因此可以得到质点 $Q$ 相对于 $F$ 中固定点 $O$ 的位置向量

$$p_Q = x\hat{i} + y\hat{j} + z\hat{k} \tag{2.1}$$

质点 $Q$ 在 $F$ 中的速度可以写成位置向量的时间导数,其中单位向量在 $F$ 中视为固定的(即时间导数为零),因此,

$$v_Q = \dot{x}\hat{i} + \dot{y}\hat{j} + \dot{z}\hat{k} \tag{2.2}$$

最后,可以给出 $F$ 中 $Q$ 点的加速度公式为

$$a_Q = \ddot{x}\hat{i} + \ddot{y}\hat{j} + \ddot{z}\hat{k} \tag{2.3}$$

## 2.1.1　牛顿定律

惯性系是牛顿定律成立的一种参考系。确定某一参考系是否足够近似惯性系的唯一方法就是将计算结果与实验数据进行比较。牛顿定律表述如下:

第一定律,合力作用为零的质点在惯性系中将保持恒定速度运动。

第二定律,作用于质点的合力等于其质量乘以惯性系中的加速度。换言之,这一加速度定义如方程(2.3)所列,且参考系 $F$ 为惯性系。

第三定律,当质点 $P$ 对另一质点 $Q$ 有一作用力时,质点 $Q$ 同时以大小相同但方向相反的力作用于质点 $P$。这一定律经常简化为:"每一个作用都有一个大小相等方向相反的反作用。"

## 2.1.2　欧拉定律和刚体

欧拉将牛顿定律推广到质点系系统,包括刚体。刚体 $B$ 在运动学上可视作参考系。可以很容易知道,如果(a)刚体 $B$ 上任意固定点(如质心 $C$)的位置在参考系 $F$ 中是已知的,并且(b)刚体 $B$ 的方向在参考系 $F$ 中也是已知的,则刚体 $B$ 上每一点的位置在参考系 $F$ 中都是确定的。

对于刚体,欧拉第一定律简单地表述为作用于刚体上的合力等于其质量乘以刚体质心在惯性系中的加速度。欧拉第二定律更加复杂,可以用多种方式表示。下面是本书中最常用的两种表述方式:

- 关于刚体质心 $C$ 的力矩之和,等于刚体在参考系 $F$ 中相对质心 $C$ 的角动量的时间变化率,其中参考系 $F$ 为惯性系。
- 关于惯性固定于刚体的一点 $O$ 的力矩之和,等于刚体在参考系 $F$ 中点 $O$ 的角动量的时间变化率,其中参考系 $F$ 为惯性系。后文将点 $O$ 看做一个"转轴点"。

考虑仅在两个方向上运动的刚体,其质心 $C$ 仅在 $x$-$y$ 平面内运动,且刚体有相对于 $z$ 轴的转动运动。假设惯性矩 $I_{xz} = I_{yz} = 0$ 使得刚体达到"平衡",则欧拉第二定律可简化为标量方程

$$T_C = I_C \ddot{\theta} \qquad (2.4)$$

其中，$T_C$ 是过 $C$ 点的绕 $z$ 轴全部力的力矩，$I_C$ 是绕 $C$ 点的惯性矩，$\ddot{\theta}$ 是刚体在惯性系中绕 $z$ 轴的角加速度。若将 $C$ 点换成 $O$ 点，则这个方程依然成立。

## 2.1.3　动　能

质点 $Q$ 在参考系 $F$ 中的动能 $K$ 可写为

$$K = \frac{m}{2} \mathbf{v}_Q \cdot \mathbf{v}_Q \qquad (2.5)$$

其中，$m$ 是质点的质量，$\mathbf{v}_Q$ 是 $Q$ 在参考系 $F$ 中的速度。为了在力学中使用这个动能表达式，要求 $F$ 必须是惯性系。

刚体 $B$ 在参考系 $F$ 中的动能 $K$ 可写为

$$K = \frac{m}{2} \mathbf{v}_C \cdot \mathbf{v}_C + \frac{1}{2} \boldsymbol{\omega}_B \cdot \underline{\mathbf{I}}_C \cdot \boldsymbol{\omega}_B \qquad (2.6)$$

其中，$m$ 是刚体质量，$\underline{\mathbf{I}}_C$ 是 $B$ 相对于 $C$ 的惯性张量，$\mathbf{v}_C$ 是 $C$ 在参考系 $F$ 中的速度，$\boldsymbol{\omega}_B$ 是 $B$ 在参考系 $F$ 中的角速度。在平衡刚体的二维运动中，可以简化方程(2.6)为

$$K = \frac{m}{2} \mathbf{v}_C \cdot \mathbf{v}_C + \frac{I_C}{2} \dot{\theta}^2 \qquad (2.7)$$

其中，$I_C$ 是过 $C$ 点绕 $z$ 轴的惯性矩，$\dot{\theta}$ 是 $B$ 在 $F$ 中绕 $z$ 轴的角速度，$z$ 轴垂直于运动平面。将 $C$ 点换成 $O$ 点(转轴点)，类似的方程依然成立，即

$$K = \frac{I_O}{2} \dot{\theta}^2 \qquad (2.8)$$

其中，$I_O$ 是 $B$ 过 $O$ 点的绕 $z$ 轴的惯性矩。为了在力学中使用这些动能表达式，要求 $F$ 必须是惯性系。

## 2.1.4　功

作用于点 $Q$ 的力 $\mathbf{F}$ 在参考系 $F$ 中所做的功可以表示为

$$W = \int_{t_1}^{t_2} \mathbf{F} \cdot \mathbf{v}_Q \, \mathrm{d}t \qquad (2.9)$$

这里的点 $Q$ 可以是一个质点或者刚体上的某一点，其中，$\mathbf{v}_Q$ 是点 $Q$ 在参考系 $F$ 中的速度，$t_1$ 和 $t_2$ 是任意时刻。当有接触力和非接触力作用于刚体时，可以将所有这些力所做的功表示为作用于 $C$ 点的合力 $\mathbf{R}$ 和所有这些绕 $C$ 点总的力矩 $\mathbf{T}$ 的形式，即

$$W = \int_{t_1}^{t_2} (\mathbf{R} \cdot \mathbf{v}_C + \mathbf{T} \cdot \boldsymbol{\omega}_B) \, \mathrm{d}t \qquad (2.10)$$

在本教材中，这个公式最普遍的应用是计算虚功(即外力在虚位移上所做的功)。

## 2.1.5　拉格朗日方程

在计算结构系统的受迫响应时，在很多情况下需要用到拉格朗日方程。拉格朗

日方程的推导如附录 A 所示,它可以写为

$$\frac{\mathrm{d}}{\mathrm{d}t}\left(\frac{\partial L}{\partial \dot{\xi}_i}\right) - \frac{\partial L}{\partial \xi_i} = \Xi_i \quad (i = 1, 2, \cdots) \tag{2.11}$$

其中,$L = K - P$ 被称为"拉格朗日变量",即系统总动能 $K$ 和总势能 $P$ 之间的差;$\xi_i$ 是广义坐标;方程右边的项 $\Xi_i$ 称为"广义力",代表了所有非保守力以及没有计入总势能中的任何保守力的作用。

在很多情况下,动能可以表示为仅有坐标变化率的函数,因此

$$K = K(\dot{\xi}_1, \dot{\xi}_2, \dot{\xi}_3, \cdots) \tag{2.12}$$

势能 $P$ 由应变能、离散弹簧力、重力和外加载荷(仅包括保守力)等的贡献组成。势能可以表示为仅有坐标本身的函数,即

$$P = P(\xi_1, \xi_2, \xi_3, \cdots) \tag{2.13}$$

因此,拉格朗日方程可以写为

$$\frac{\mathrm{d}}{\mathrm{d}t}\left(\frac{\partial K}{\partial \dot{\xi}_i}\right) + \frac{\partial P}{\partial \xi_i} = \Xi_i \quad (i = 1, 2, \cdots) \tag{2.14}$$

## 2.2　弦的动力学建模

在其他章节考虑的连续系统中,弦是最简单的。通常,现在绝大多数学生在他们本科阶段的学习中对弦-振动问题都有一定的了解,这里给出控制方程、势能、动能和外加分布横向力的虚功的推导,以便后文参考。

### 2.2.1　运动方程

一个初始长 $l_0$ 的弦在 $x$ 方向被拉伸,处于两堵墙之间,两墙之间的距离为 $l$,大于弦初始长 $l_0$。弦拉力 $T(x,t)$ 认为较大,而横向位移 $v(x,t)$ 和斜率 $\beta(x,t)$ 看做小量。在任意时刻,这一弦系统可以由图 2.1 表示。为了描述系统的动力学行为,作用于弦微元 $\mathrm{d}x$ 上的力可以表示为图 2.2。

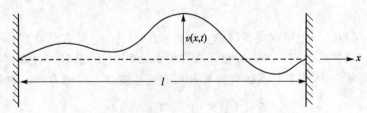

**图 2.1　弦振动示意图**

需要注意的是,这里微元右端的纵向位移 $u(x,t)$、横向位移、斜率和拉力表示为左端项的泰勒级数形式。因为弦微元的长度是可以任意短的,所以对级数进行了截断,忽略了 $\mathrm{d}x^2$ 及更高阶的项。

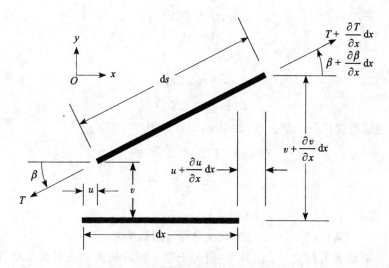

**图 2.2　显示位移分量和拉力的弦微元**

忽略重力及任何其他外载荷，通过求解 $x$ 和 $y$ 方向的拉力，并令作用于微元的合力等于其质量 $m\mathrm{d}x$ 和质心加速度之积，可以得到两个运动方程。忽略高阶微分项，可以得到运动方程

$$\frac{\partial}{\partial x}(T\cos\beta) = m\,\frac{\partial^2 u}{\partial^2 t}, \quad \frac{\partial}{\partial x}(T\sin\beta) = m\,\frac{\partial^2 v}{\partial^2 t} \tag{2.15}$$

其中，对于截面质量均匀的弦来说，

$$m = \iint_A \rho\,\mathrm{d}A = \rho A \tag{2.16}$$

是单位长度的质量。从图 2.2 可知，忽略 $\mathrm{d}x$ 的二次及更高次项，并令 $\mathrm{d}s = (1+\varepsilon)\,\mathrm{d}x$，这里 $\varepsilon$ 是伸长的部分，则可以得到

$$\left.\begin{aligned} \cos\beta &= \frac{1}{1+\varepsilon}\left(1+\frac{\partial u}{\partial x}\right) \\ \sin\beta &= \frac{1}{1+\varepsilon}\,\frac{\partial v}{\partial x} \end{aligned}\right\} \tag{2.17}$$

注意到 $\cos^2\beta + \sin^2\beta = 1$，因此可以得到伸长 $\varepsilon$ 为

$$\varepsilon = \frac{\partial s}{\partial x} - 1 = \sqrt{\left(1+\frac{\partial u}{\partial x}\right)^2 + \left(\frac{\partial v}{\partial x}\right)^2} - 1 \tag{2.18}$$

最后，考虑弦是均匀、各向同性的，且为线弹性，所以可以将拉力写为伸长量的线性函数形式，即

$$T = EA\varepsilon \tag{2.19}$$

其中 $EA$ 为弦的常数纵向刚度。这样就完成了控制弦振动的非线性方程系统的建立。为了得到解析解，必须简化这些方程。

首先假设弦变形存在一个静平衡解，因此，

$$
\left.\begin{aligned}
u(x,t) &= \bar{u}(x) \\
v(x,t) &= 0 \\
\beta(x,t) &= 0 \\
\varepsilon(x,t) &= \bar{\varepsilon}(x) \\
T(x,t) &= \bar{T}(x)
\end{aligned}\right\} \tag{2.20}
$$

然后可以发现有这样一个解存在：如果 $\bar{u}(0)=0$，则

$$
\left.\begin{aligned}
\bar{T}(x) &= T_0 \\
\bar{\varepsilon}(x) &= \varepsilon_0 = \frac{T_0}{EA} = \frac{\delta}{l_0} \\
\bar{u}(x) &= \varepsilon_0 x
\end{aligned}\right\} \tag{2.21}
$$

其中，$T_0$ 和 $\varepsilon_0$ 是常值，$\delta=l-l_0$ 是弦被拉伸前后的长度差。

如果定常状态下拉力 $T_0$ 相当大，则关于静平衡解的摄动变形会很小，因而，可以假设

$$
\left.\begin{aligned}
u(x,t) &= \bar{u}(x) + \hat{u}(x,t) \\
v(x,t) &= \hat{v}(x,t) \\
\beta(x,t) &= \hat{\beta}(x,t) \\
\varepsilon(x,t) &= \bar{\varepsilon}(x) + \hat{\varepsilon}(x,t) \\
T(x,t) &= \bar{T}(x) + \hat{T}(x,t)
\end{aligned}\right\} \tag{2.22}
$$

其中($\hat{\phantom{x}}$)认为是无限小。更进一步，由方程(2.17)的第 2 式，可以将 $\hat{\beta}$ 表示成其他量的形式，即

$$
\hat{\beta} = \frac{1}{1+\varepsilon_0} \frac{\partial \hat{v}}{\partial x} \tag{2.23}
$$

将方程(2.22)和方程(2.23)的摄动表达式代入方程(2.15)，同时忽略所有($\hat{\phantom{x}}$)的平方和相乘项，发现运动方程可以简化为两个线性偏微分方程

$$
\left.\begin{aligned}
EA \frac{\partial^2 \hat{u}}{\partial x^2} &= m \frac{\partial^2 \hat{u}}{\partial t^2} \\
\frac{T_0}{1+\varepsilon_0} \frac{\partial^2 \hat{v}}{\partial x^2} &= m \frac{\partial^2 \hat{v}}{\partial t^2}
\end{aligned}\right\} \tag{2.24}
$$

因此，方程(2.15)中弦自由振动的两个非线性方程简化成为两个解耦的线性方程：一个是纵向振动方程，另一个是横向振动方程。因为一般来说 $EA \gg T_0$，所以纵向运动幅值相对非常小，且固有振动频率非常高，因而纵向运动通常不是我们感兴趣的。更进一步，$EA \gg T_0$ 这一事实导致了 $\varepsilon_0 \ll 1$ 和 $\delta \ll l_0$（见方程(2.21)）。因此，横向运动由以下方程控制，即

$$
T_0 \frac{\partial^2 \hat{v}}{\partial x^2} = m \frac{\partial^2 \hat{v}}{\partial t^2} \tag{2.25}
$$

为了方便,去掉(~)和角标,可以得到振动学教材中通常的弦振动方程,即

$$T\frac{\partial^2 v}{\partial x^2} = m\frac{\partial^2 v}{\partial t^2} \tag{2.26}$$

方程(2.26)被称为一维"波动方程",它和边界条件、初始条件一起决定了弦的结构动力学行为。由于方程含有对时间和空间的二阶导数,因此求解这个方程需要两个边界条件和两个初始条件。弦的端部边界条件对应零位移,可描述为

$$v(0,t) = v(l,t) = 0 \tag{2.27}$$

注意到 $l$ 和 $l_0$ 之间的区别不再相关。这些齐次边界条件的波动方程的一般解是一个简单的特征值问题;在 3.1 节中给出了它的求解过程和初始条件的处理方法。

## 2.2.2　应变能

应用拉格朗日方程求解弦的受迫响应问题,需要用到由弦的拉伸引起的应变能表达式,即

$$P = \frac{1}{2}\int_0^{l_0} EA\varepsilon^2\,\mathrm{d}x \tag{2.28}$$

其中,如前,

$$\varepsilon = \frac{\partial s}{\partial x} - 1 = \sqrt{\left(1 + \frac{\partial u}{\partial x}\right)^2 + \left(\frac{\partial v}{\partial x}\right)^2} - 1 \tag{2.29}$$

$l_0$ 是初始长度。为了得到拉格朗日方程中全部的线性项,必须通过未知量的平方来包含能量中的所有项。取适当的未知量相对于未变形弦的拉伸进行摄动,可以再次写出

$$\left.\begin{aligned}\varepsilon(x,t) &= \bar{\varepsilon}(x) + \hat{\varepsilon}(x,t)\\u(x,t) &= \bar{u}(x) + \hat{u}(x,t)\\v(x,t) &= \hat{v}(x,t)\end{aligned}\right\} \tag{2.30}$$

对于 $EA$ 为常值的情况,应变能为

$$P = \frac{EA}{2}\int_0^{l_0}(\bar{\varepsilon}^2 + 2\bar{\varepsilon}\hat{\varepsilon} + \hat{\varepsilon}^2)\,\mathrm{d}x \tag{2.31}$$

由方程(2.21)可知 $\bar{T} = T_0$, $\bar{\varepsilon} = \varepsilon_0$,其中 $T_0$ 和 $\varepsilon_0$ 是常值。因此,$P$ 的第一项是常值,可以忽略。因为 $T_0 = EA\varepsilon_0$,所以应变能可以简化为

$$P = T_0\int_0^{l_0}\hat{\varepsilon}\,\mathrm{d}x + \frac{EA}{2}\int_0^{l_0}\hat{\varepsilon}^2\,\mathrm{d}x \tag{2.32}$$

从方程(2.29)和方程(2.30)可以得到纵向应变为

$$\hat{\varepsilon} = \frac{\partial \hat{u}}{\partial x} + \frac{1}{2(1+\varepsilon_0)}\left(\frac{\partial \hat{v}}{\partial x}\right)^2 + \cdots \tag{2.33}$$

其中,省略号表示 $\hat{u}$ 和 $\hat{v}$ 对空间偏导的三次及更高次项。接下来,当去掉所有 $\hat{u}$ 和 $\hat{v}$ 对空间偏导的三次及更高次项时,应变能变为

$$P = T_0 \int_0^{l_0} \frac{\partial \hat{u}}{\partial x} \mathrm{d}x + \frac{T_0}{2(1+\varepsilon_0)} \int_0^{l_0} \left(\frac{\partial \hat{v}}{\partial x}\right)^2 \mathrm{d}x + \frac{EA}{2} \int_0^{l_0} \left(\frac{\partial \hat{u}}{\partial x}\right)^2 \mathrm{d}x + \cdots \quad (2.34)$$

假设 $\hat{u}(0) = \hat{u}(l_0) = 0$,可以发现第一项为零。因为我们最感兴趣的横向变形的摄动是未知的,还因为纵向位移的摄动与这些是解耦的,且纵向振动频率非常高,所以不需要最后一项。这样就只剩下第二项了。如前,注意到 $\varepsilon_0 \ll 1$,并且为了方便,去掉(^)和角标,可以得到振动学教材中振动弦的势能,即

$$P = \frac{T}{2} \int_0^l \left(\frac{\partial v}{\partial x}\right)^2 \mathrm{d}x \quad (2.35)$$

在任何连续的系统中,无论是弦、梁、平板或者壳,都可以将连接的弹簧视为一个外力,因而将其影响归到广义力中。这样的连接弹簧可以是离散的(即作用于某一点)或者是分布的。相反,也可以通过计入它们的势能而将它们视为系统增加的部分。注意不要重复考虑同一个力;对于其他物体来说,上述处理方法也是正确的。

## 2.2.3　动　能

为了采用拉格朗日方程求解弦的受迫响应问题,也需要动能。一段微元长度的弦的动能为

$$\mathrm{d}K = \frac{m}{2} \left[ \left(\frac{\partial u}{\partial t}\right)^2 + \left(\frac{\partial v}{\partial t}\right)^2 \right] \mathrm{d}x \quad (2.36)$$

回顾起前面纵向位移 $u$ 没有横向位移 $v$ 显著,当为小扰动运动时,在平衡状态点将它们解耦,现在可以将整个弦沿 $l$ 方向的动能表示为

$$K = \frac{1}{2} \int_0^l m \left(\frac{\partial v}{\partial t}\right)^2 \mathrm{d}x \quad (2.37)$$

## 2.2.4　外加分布力的虚功

为了采用拉格朗日方程求解弦的受迫响应问题,也需要得到没有在势能中计及的所有外力的虚功的一般表达式。这些外力和外力矩通常被当做外部载荷。它们可能是,也可能不是响应的函数。它们也包括任何耗散载荷,例如阻尼器的力。记横向分布载荷为 $f(x,t)$,为了确定 $f(x,t)$ 的贡献,虚功可以由外力通过虚位移所做的功来计算,即

$$\overline{\delta W} = \int_0^l f(x,t) \delta v(x,t) \mathrm{d}x \quad (2.38)$$

其中虚位移 $\delta v$ 也看做位移场的拉格朗日改变量。这个改变量可以看做在满足所有几何约束条件时的位移场的增量。

## 2.3　基本梁理论

现在已经考虑了有关弦的结构动力学分析的基础理论,这些概念同样可以应用

到梁的扭转和弯曲变形的动力学分析上。梁在典型的航空结构上有更多应用。事实上,大展弦比的机翼和直升机旋翼叶片常常被理想化为梁结构,尤其是在概念和初步设计阶段。即使对于小展弦比机翼,使用平板模型可能更符合实际情况,但是在弯曲和扭转变形的计算中,仍然可以使用近似梁理论来调整刚度系数。

## 2.3.1  扭  转

为了保持一定程度的简单性,提高可处理性,利用扭转的圣维南理论,并且将问题理想化为扭转和横向变形是解耦的程度。扭转刚度 $\overline{GJ}$ 是给定的,并且可能随 $x$ 变化。对于均匀和各向同性梁, $\overline{GJ} = GJ$ ,其中 $G$ 表示剪切模量, $J$ 表示由横截面几何形状决定的一个常数。为了不与弯曲和其他类型的变形发生耦合, $x$ 轴必须沿弹性轴,同时也必须沿横截面的质心轨迹。对于各向同性梁,弹性轴同时也是横截面的剪心的轨迹。

对于这样的梁结构, $J$ 可以通过求解横截面的边界值问题来确定,这需要找到由扭转导致的横截面翘曲。尽管当截面几何形状较简单时,可以解得横截面的弯曲和扭转刚度的解析解,但是对于更一般的形状,则求解起来极其复杂,可能需要一个横截面上的拉普拉斯方程的数值解。此外,当梁是由一种以上材料构成和/或当一个或更多的组成材料是各向异性和不均匀时,就必须解决一个更复杂的横截面边界值问题。关于这一点更多的讨论,请参考 2.4 节。

**运动方程。** 首先假设梁沿 $x$ 轴方向不均匀,且加载一个已知的分布扭转力矩 $r(x,t)$ 。对于弹性扭转变形角 $\theta$ ,其正方向符合如图 2.3 所示方向的右手定则。相比之下,扭转力矩 $T$ 是结构扭矩(即在横截面上绕弹性轴所受合力的合成力矩)。回顾一下,正 $x$ 面外向法向指向右侧,而负 $x$ 面外向法向则指向左侧。因此,沿着正 $x$ 面,由右手定则可知,一个正扭矩的正向与 $x$ 轴正向一致;而沿着负 $x$ 面,由右手定则可以得到,其正向与 $-x$ 轴方向一致,与 $+x$ 轴方向不一致,如图 2.3 所示。这会影响边界条件,该问题将在第 3 章中与理论应用相联系进行讨论。

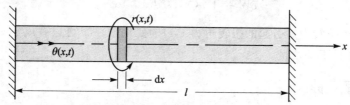

**图 2.3  承受扭转变形的梁**

如图 2.4 所示的梁段微元,令 $\overline{\rho I_{\mathrm{p}}}\mathrm{d}x$ 表示对 $x$ 轴的极惯性矩,可以通过如下方式获得运动方程,在这一段的两侧合扭转力矩等于该微段绕弹性轴的动量矩的变化率,可表示为

$$T + \frac{\partial T}{\partial x}\mathrm{d}x - T + r(x,t)\mathrm{d}x = \overline{\rho I_{\mathrm{p}}}\mathrm{d}x\,\frac{\partial^2 \theta}{\partial t^2} \tag{2.39}$$

或

$$\frac{\partial T}{\partial x} + r(x,t) = \overline{\rho I}_\mathrm{p} \frac{\partial^2 \theta}{\partial t^2} \qquad (2.40)$$

其中质量极惯性矩可表示为

$$\overline{\rho I}_\mathrm{p} = \iint_A \rho (y^2 + z^2)\,\mathrm{d}A \qquad (2.41)$$

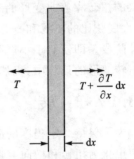

**图 2.4** 承受扭转变形的
梁的横截面微段

这里,$A$ 表示梁的横截面,$y$ 和 $z$ 是横截面的笛卡儿坐标,$\rho$ 表示梁的质量密度。当整个截面的 $\rho$ 为常值时,$\overline{\rho I}_\mathrm{p} = \rho I_\mathrm{p}$,其中 $I_\mathrm{p}$ 表示单位长度的面积极惯性矩。一般情况下,$\overline{\rho I}_\mathrm{p}$ 会沿 $x$ 轴变化。

扭转力矩可以写成扭转曲率和圣维南扭转刚度 $\overline{GJ}$ 的形式,即

$$T = \overline{GJ}\,\frac{\partial \theta}{\partial x} \qquad (2.42)$$

将式(2.42)代入方程(2.40),可以得到非均匀梁的偏微分运动方程为

$$\frac{\partial}{\partial x}\left(\overline{GJ}\,\frac{\partial \theta}{\partial x}\right) + r(x,t) = \overline{\rho I}_\mathrm{p}\,\frac{\partial^2 \theta}{\partial t^2} \qquad (2.43)$$

**应变能**。各向同性梁承受纯扭转变形的应变能可表示为

$$U = \frac{1}{2}\int_0^l \overline{GJ}\left(\frac{\partial \theta}{\partial x}\right)^2 \mathrm{d}x \qquad (2.44)$$

此式也适用于表示没有弹性耦合的复合梁的扭转应变能。

**动能**。梁在承受纯扭转变形下的动能可表示为

$$K = \frac{1}{2}\int_0^l \overline{\rho I}_\mathrm{p}\left(\frac{\partial \theta}{\partial t}\right)^2 \mathrm{d}x \qquad (2.45)$$

**外加分布扭转力矩的虚功**。在承受扭转变形的梁上施加分布扭转力矩 $r(x,t)$,其虚功可计算为

$$\overline{\delta W} = \int_0^l r(x,t)\delta\theta(x,t)\,\mathrm{d}x \qquad (2.46)$$

其中 $\delta\theta$ 表示由扭转力矩引起的扭转角 $\theta(x,t)$ 的变化量。$\delta\theta$ 可以看成 $\theta(x,t)$ 满足所有几何约束条件下的增量。

## 2.3.2 弯 曲

与扭转的情况一样,最初认为梁在沿 $x$ 轴方向是非均匀的。以 $x$ 轴作为纯弯曲的单个横截面中性轴的连线,并且正交于图 2.5 所示的平面。然而,为了简单,只考虑 $xy$ 平面内的无耦合弯曲,因此排除了梁的初始扭转的影响。$y$ 方向的弯曲变形记作 $v(x,t)$。排除初始曲线梁,假定 $x$ 方向为直线。继续假设梁的属性允许选择 $x$ 轴,以至弯曲和扭转在结构与惯性上都是解耦的。因此在出现弯曲的平面上,剪心和质心的位置均须与 $x$ 轴保持一致。最后,假设梁的横向位移 $v$ 足够小,允许用线弹

性表示变形。

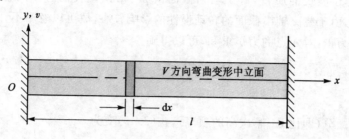

$V$方向弯曲变形中立面

**图 2.5 梁的弯曲动力学示意图**

**运动方程。**梁微段的自由体示意图如图 2.6 所示,包含剪力 $V$ 和弯矩 $M$。回顾前文规定,扭转力矩在正 $x$ 面外法线上向右,在负 $x$ 面外法线上向左。由此可知,$V$ 是正 $x$ 剖面上正 $y$ 方向(图 2.6 向上)的横向剪切应力的合力,也是负 $x$ 剖面上负 $y$ 方向的横向剪切应力的合力。换言之,正的剪切力引起正 $x$ 面向上偏,负 $x$ 面向下偏,如图 2.6 所示。弯矩 $M$ 是纵向应力绕 $z$ 轴平行线(垂直于图 2.6 的平面)的横截面的平面与中性面之间交点处的力矩。因此,正弯矩引起正 $x$ 绕 $z$ 轴正向转动(在右手坐标系中来看),负 $x$ 面绕 $z$ 轴反向转动。这会引起边界条件的不同,该部分内容会在第 3 章中详细介绍。该分布力可以记为 $f(x,t)$(每单位长度的力单位)。横向梁的运动方程可以通过各个微段合力等于质量乘以加速度得到,记为

$$f(x,t)\mathrm{d}x - V + \left(V + \frac{\partial V}{\partial x}\mathrm{d}x\right) = m\mathrm{d}x\,\frac{\partial^2 v}{\partial t^2} \tag{2.47}$$

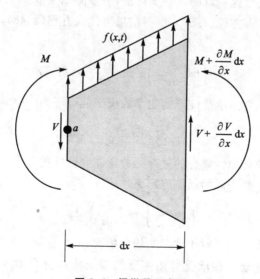

**图 2.6 梁微段示意图**

并得到

$$\frac{\partial V}{\partial x} + f(x,t) = m\,\frac{\partial^2 v}{\partial t^2} \tag{2.48}$$

其中，$m$ 为单位展长的质量，对于均匀截面由 $\rho A$ 给出。我们必须同样考虑力矩方程。注意到，由于绕 $z$ 轴横截面的转动惯性的影响较小，故可以忽略不计。以顺时针方向的力矩为正，对 $a$ 点的力矩求和，可以得到

$$-M+\left(M+\frac{\partial M}{\partial x}\mathrm{d}x\right)+\left(V+\frac{\partial V}{\partial x}\mathrm{d}x\right)\mathrm{d}x+\left(f-m\frac{\partial^2 v}{\partial t^2}\right)\frac{(\mathrm{d}x)^2}{2}=0$$

$$(2.49)$$

在忽略高阶微分（即比 $\mathrm{d}x$ 幂次高的项）后，式（2.49）变为

$$\frac{\partial M}{\partial x}+V=0 \tag{2.50}$$

回顾起弯矩与局部曲率成比例关系，因此可得

$$M=\overline{EI}\,\frac{\partial^2 v}{\partial x^2} \tag{2.51}$$

其中，$\overline{EI}$ 为梁的特定横截面的等效弯曲刚度，并随着 $x$ 而改变。对于各向同性梁，弯曲刚度的计算可通过直接对各个截面积分实现，记为

$$\overline{EI}=\iint\limits_{A}Ey^2\mathrm{d}A \tag{2.52}$$

其中 $E$ 表示杨氏模量。当梁为均质时，杨氏模量可从积分中移除，因此式（2.52）可简化为 $\overline{EI}=EI$，其中 $I$ 表示特定横截面绕 $z$ 轴的面积惯性矩。这里，$y$ 轴和 $z$ 轴的原点位于截面面心。然而，当一种或多种组成材料是各向异性时，严格确定有效弯曲刚度变得更加困难。关于这一点的进一步讨论，请参阅 2.4 节。

　　将方程（2.51）代入方程（2.50），所得结果再代入方程（2.48），可得到展向非均匀梁的偏微分方程为

$$\frac{\partial^2}{\partial x^2}\left(\overline{EI}\,\frac{\partial^2 v}{\partial x^2}\right)+m\,\frac{\partial^2 v}{\partial t^2}=f(x,t) \tag{2.53}$$

　　**应变能。** 各向同性梁承受纯弯曲变形的应变能可写为

$$U=\frac{1}{2}\int_0^l\overline{EI}\left(\frac{\partial^2 v}{\partial x^2}\right)^2\mathrm{d}x \tag{2.54}$$

式（2.54）也适用于没有弹性耦合的复合梁的弯曲应变能的表示。

　　**动能。** 梁承受弯曲变形的动能可写为

$$K=\frac{1}{2}\int_0^l m\left(\frac{\partial v}{\partial t}\right)^2\mathrm{d}x \tag{2.55}$$

该式与弦振动的形式一致。对于展向非均匀的梁，$m$ 会随着 $x$ 而改变。

　　**外加分布力的虚功。** 在承受弯曲变形的梁上施加分布力 $f(x,t)$，其虚功可表示为

$$\overline{\delta W}=\int_0^l f(x,t)\delta v(x,t)\mathrm{d}x \tag{2.56}$$

该式与弦振动的形式一致。

# 2.4　复合梁

对于各向同性的均匀梁,取消 $x$ 轴(即轴向坐标),选择横截面剪切中心的轨迹,这种选择通常表示为"弹性轴",因为它的横向剪切变形和弯曲与结构扭转是不耦合的。因此当横向力通过该轴作用时,梁不会产生扭转。然而,即便对于展向均匀的复合梁,当横向剪切力作用在通过任意截面的轴线时,这些力仍可能引起梁的扭转,因为此时弯曲-扭转耦合是存在的。本书在进行复合梁分析时,仍选 $x$ 轴沿剪切中心的轨迹;但是,对于复合梁,这种选择只是对扭转和横向剪切变形解耦。因此,虽然通过 $x$ 轴作用的横向剪切力不直接导致扭转,但当弯扭耦合存在时,由剪切力引起的弯矩仍能导致扭转。

## 2.4.1　弯曲和扭转耦合的本构定律和应变能

为了从之前描述过的基本梁方程中导出这样的耦合,一个直接的方法是改变"本构定律"(即横截面的组合应力与广义应变之间的关系)。所以,我们改变

$$
\begin{bmatrix} T \\ M \end{bmatrix} = \begin{bmatrix} \overline{GJ} & 0 \\ 0 & \overline{EI} \end{bmatrix} \begin{bmatrix} \dfrac{\partial \theta}{\partial x} \\ \dfrac{\partial^2 v}{\partial x^2} \end{bmatrix}
\tag{2.57}
$$

为

$$
\begin{bmatrix} T \\ M \end{bmatrix} = \begin{bmatrix} \overline{GJ} & -K \\ -K & \overline{EI} \end{bmatrix} \begin{bmatrix} \dfrac{\partial \theta}{\partial x} \\ \dfrac{\partial^2 v}{\partial x^2} \end{bmatrix}
\tag{2.58}
$$

其中,$\overline{EI}$ 为有效弯曲刚度,$\overline{GJ}$ 为有效扭转刚度,$K$ 为有效弯曲-扭转耦合刚度(其量纲与 $\overline{EI}$ 和 $\overline{GJ}$ 相同)。$\overline{EI}$ 和 $\overline{GJ}$ 严格为正,$K$ 则可正、可负或者为零。当 $K$ 为正时表示当梁的端部加载竖直向上的力时,得到的正弯矩会引起正的扭矩。$\overline{GJ}$、$\overline{EI}$ 和 $K$ 的值可以从VABS™(一个佐治亚理工学院开发的商业程序,Hodges,2006 年)等中查找。

现在,给定方程(2.58),可以直接写出应变能为

$$
U = \frac{1}{2} \int_0^l \begin{bmatrix} \dfrac{\partial \theta}{\partial x} \\ \dfrac{\partial^2 v}{\partial x^2} \end{bmatrix}^{\mathrm{T}} \begin{bmatrix} \overline{GJ} & -K \\ -K & \overline{EI} \end{bmatrix} \begin{bmatrix} \dfrac{\partial \theta}{\partial x} \\ \dfrac{\partial^2 v}{\partial x^2} \end{bmatrix} \mathrm{d}x
\tag{2.59}
$$

其中,由于物理原因,这个 $2\times2$ 矩阵必须是正定的,这意味着必须是 $K^2 < \overline{GJ} \cdot \overline{EI}$。

## 2.4.2　弯曲和扭转耦合的惯性力和动能

事实上,弯曲和扭转变形之间也存在惯性耦合。该耦合通过 $d$ 来表征,如图 2.7

所示,它表示横截面上质量中心与 $x$ 轴的偏移量,可记为

$$md = -\iint_A \rho z \, \mathrm{d}A \tag{2.60}$$

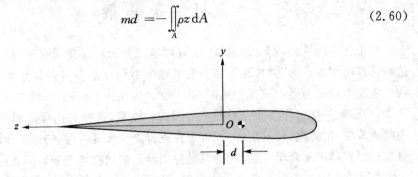

**图 2.7　弯曲和扭转耦合的梁的横截面**

因此,质心的加速度可表示为

$$\boldsymbol{a}_C = \left( \frac{\partial^2 v}{\partial t^2} + d \frac{\partial^2 \theta}{\partial t^2} \right) \hat{\boldsymbol{j}} \tag{2.61}$$

对于非均匀梁,偏移量 $d$ 可定义为 $x$ 轴到横截面质心的距离,质心从 $x$ 轴指向翼尖为正。

　　同理,如果忽略质心平面绕 $z$ 轴的惯性力,则截面上绕点 $C$ 的角动量为

$$\boldsymbol{H}_C = \left( \overline{\rho I}_{\mathrm{p}} \frac{\partial \theta}{\partial t} + md \frac{\partial v}{\partial t} \right) \hat{\boldsymbol{k}} \tag{2.62}$$

其中,梁的各个截面的材料密度并不相同,可以计算出横截面质量的极惯性矩为

$$\overline{\rho I}_{\mathrm{p}} = \iint_A \rho (y^2 + z^2) \, \mathrm{d}A \tag{2.63}$$

　　同理,可以将系统的动能表示为

$$K = \frac{1}{2} \int_0^l \left[ m \left( \frac{\partial v}{\partial t} \right)^2 + 2md \frac{\partial \theta}{\partial t} \frac{\partial v}{\partial t} + \overline{\rho I}_{\mathrm{p}} \left( \frac{\partial \theta}{\partial t} \right)^2 \right] \mathrm{d}x \tag{2.64}$$

### 2.4.3　弯曲和扭转耦合的运动方程

　　通过耦合的本构定律和惯性力,复合梁的弯曲和扭转耦合的运动偏微分方程变为

$$\left.\begin{aligned}
\overline{\rho I}_{\mathrm{p}} \frac{\partial^2 \theta}{\partial t^2} + md \frac{\partial^2 v}{\partial t^2} - \frac{\partial}{\partial x} \left( \overline{GJ} \frac{\partial \theta}{\partial x} - K \frac{\partial^2 v}{\partial x^2} \right) = r(x,t) \\
m \left( \frac{\partial^2 v}{\partial t^2} + d \frac{\partial^2 \theta}{\partial t^2} \right) - \frac{\partial^2}{\partial x^2} \left( \overline{EI} \frac{\partial^2 v}{\partial x^2} - K \frac{\partial \theta}{\partial x} \right) = f(x,t)
\end{aligned}\right\} \tag{2.65}$$

由式(2.65)可知,结构耦合通过 $K$ 实现,惯性耦合通过 $d$ 实现。

　　当然,对于承受弯曲和扭转耦合的各向同性梁,可以通过令 $K=0$ 来简化方程组(2.65)。

# 2.5　稳定性概念

考虑一个承受准静态外力的结构，在这种情况下，由弹性结构变形来维持静态平衡。此时在任何外力水平下如果施加一个小的外部扰动，则结构仅仅会在平衡状态附近发生振动，这时的平衡状态认为是稳定的。这个扰动可以以变形或者速度的方式存在，所谓的"小"表示"尽可能地小"，从这个定义考虑，可以说平衡状态对于小扰动来说是稳定的。除此之外，还规定当施加扰动时，外部作用力保持恒定。反之，如果弹性结构保持在扰动位置（情况(a)）或者偏离平衡状态（情况(b)），则称平衡状态是不稳定的。一些学者喜欢区分这两种情况，并将情况(a)称为"中性稳定"，将情况(b)称为"不稳定"。当这两种情况中的任何一种发生时，外部作用力的水平被称为"临界状态"。

如图 2.8 所示的系统由一个重量为 $W$ 的球组成，并将其放置在一个面上的不同点，在图中，这些点的法线方向与其切线方向垂直。面上零坡度的点代表静平衡位置（例如点 $A$、$B$ 和 $C$）。更进一步，这些点的平衡特点是极其不同的。在点 $A$，如果系统受到微小扰动（例如小的位移或速度），则它只会在静平衡点 $A$ 附近发生振动，称这种平衡位置对小扰动稳定。在点 $B$，如果系统受到扰动，小球会从静平衡点 $B$ 离开，称这种平衡位置对小扰动不稳定。在点 $C$，如果系统受到扰动，小球会保持受扰动状态，称这种平衡位置为中性稳定或对小扰动中立。之所以用"小扰动"这个词进行表达，是因为其定义是由扰动的小的程度来决定的，并且它还是能够利用线性化方程进行分析的根本原因。如果允许扰动为有限幅值，那么系统就可能对小扰动不稳定而对大扰动稳定（例如图 2.9(a)中的点 $B$），或者对小扰动稳定而对大扰动不稳定（例如图 2.9(b)中的点 $A$）。[①]

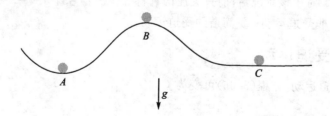

**图 2.8　静平衡位置的特性**

---

① 　2.5 节的部分内容，包括图 2.8 和图 2.9，摘选自 Simitses 与 Hodges 合著的 2006 年版和 2010 年版图书，它们的使用获得许可。

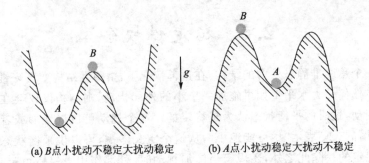

(a) $B$ 点小扰动不稳定大扰动稳定　　　　(b) $A$ 点小扰动稳定大扰动不稳定

**图 2.9　有限扰动下的静平衡位置特性**

# 2.6　单自由度系统

单自由度系统的力学行为受到关注是理所当然的。尽管具有各种形式各异的模态近似方法，比如里兹（Ritz）法和伽辽金（Galerkin）法（见 3.5 节），但是，复杂系统的力学行为经常可以简化成一组单自由度系统形式的方程组。因此，研究这种系统的各种形式的行为是十分必要的。

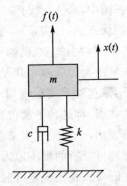

**图 2.10　单自由度系统**

考虑一个质量块 $m$，受到弹性常数为 $k$ 的弹簧与阻尼常数为 $c$ 的阻尼器的约束，质量块受力为函数 $f(t)$，如图 2.10 所示。系统方程可表示为

$$m\ddot{x} + c\dot{x} + kx = f(t) \qquad (2.66)$$

其中，只有 $x(t)$ 一个未知数，通常代表位移或转角，但也不限于此；质量 $m$、阻尼 $c$ 和刚度 $k$ 表示系统参数；$f(t)$ 为强迫力函数。对于该系统，目前只关注两种特殊情况：① $f(t)$ 为零的非受迫运动；② 简谐的受迫运动。

## 2.6.1　非受迫运动

对于非受迫运动，方程（2.66）可变为

$$m\ddot{x} + c\dot{x} + kx = 0 \qquad (2.67)$$

大篇幅处理这个方程超出了本教材的范畴，对于本教材的目标而言，考虑不同参数组合下的定性运动就足够了。这里，我们关心正负阻尼和正负刚度的影响。为探究它的力学行为，现定义固有频率 $\omega$，且 $k = m\omega^2$。将方程除以 $m$，并引入阻尼比 $\zeta$，且 $c = 2m\zeta\omega$，则运动方程可简化为

$$\ddot{x} + 2\zeta\omega\dot{x} + \omega^2 x = 0 \qquad (2.68)$$

接下来引入无量纲的时间参数，令 $\psi = \omega t$，并用 $(\ )'$ 表示求导，则方程（2.68）成为

$$x'' + 2\zeta x' + x = 0 \qquad (2.69)$$

我们主要关心小阻尼比（$\zeta<1$）时的系统响应。此时，通解为

$$x(\psi) = \mathrm{e}^{-\zeta\psi}\left[ a\cos(\sqrt{1-\zeta^2}\psi) + b\sin(\sqrt{1-\zeta^2}\psi) \right] \Bigg\}$$
$$x'(\psi) = \mathrm{e}^{-\zeta\psi}\Big[ (b\sqrt{1-\zeta^2} - \zeta a)\cos(\sqrt{1-\zeta^2}\psi) - \hspace{2em} (2.70)$$
$$(\zeta b + a\sqrt{1-\zeta^2})\sin(\sqrt{1-\zeta^2}\psi) \Big]$$

任意初始位移和速度下的响应可通过单位位移与速度的组合响应来实现。对于单位位移，令 $x(0)=1$、$x'(0)=0$，可以得到 $a=1$、$b=\zeta/\sqrt{1-\zeta^2}$。对于单位速度，令 $x(0)=0$、$x'(0)=1$，可以得到 $a=0$、$b=1/\sqrt{1-\zeta^2}$。在所有情况下，位移和速度二者都显示了振动特性：当 $\zeta>0$ 时引起振幅衰减，当 $\zeta<0$ 时引起振幅增大。正阻尼引起衰减的响应信号（图 2.11），负阻尼引起增大的响应信号（图 2.12）。

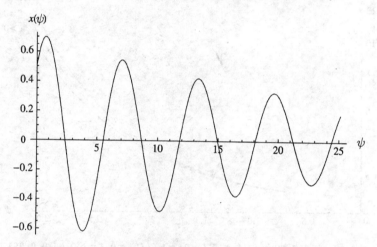

**图 2.11**　$k$ 为正数时的系统响应（$x(0)=x'(0)=0.5$，$\zeta=0.04$）

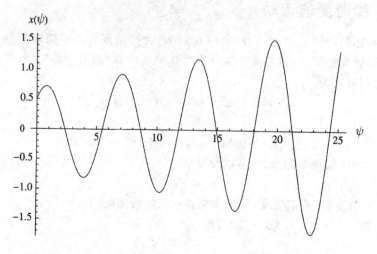

**图 2.12**　$k$ 为正数时的系统响应（$x(0)=x'(0)=0.5$，$\zeta=-0.04$）

实际的机械系统的刚度永远是正的。然而随着智能材料的出现,也可能有负的有效刚度产生。同时在气动弹性领域,气动力会产生负刚度效应,这可能超过由结构或者支持引起的正刚度。当系统存在负的等效刚度时,响应可写为

$$x(\psi) = \mathrm{e}^{-\zeta t}\left[a\cosh\left(t\sqrt{1+\zeta^2}\right) + b\sinh\left(t\sqrt{1+\zeta^2}\right)\right] \tag{2.71}$$

此函数仅仅受 $\zeta$ 的正负号和初始条件的轻微影响。典型的响应结果如图 2.13 所示。由负刚度引起的响应为发散的非振荡运动。当刚度为负时,由阻尼引起的变化较小,由负阻尼引起的响应略大。总之,当系统遇到不稳定时会产生发散的响应,响应可能振荡,也可能不振荡。

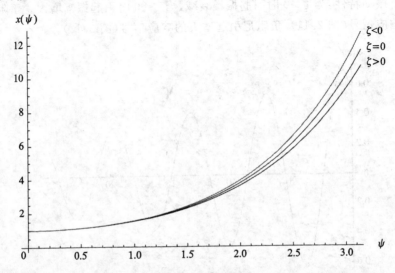

**图 2.13** $k$ 为负数时的系统响应($x(0)=1, x'(0)=0, \zeta = -0.05, 0, 0.05$)

## 2.6.2 简谐受迫运动

此处考虑简谐受迫运动,$f(t) = kA\cos(\Omega t)$ 为简谐函数。在简谐激励下的响应是一个值得研究的问题,但在简单的讨论中几乎还没有"触及表象"。在当前的目标下,运动方程可写为

$$m\ddot{x} + c\dot{x} + kx = kA\cos(\Omega t) \tag{2.72}$$

式(2.72)除以 $m$,可得

$$\ddot{x} + 2\zeta\omega\dot{x} + \omega^2 x = A\omega^2\cos(\Omega t) = A\omega^2 \mathrm{e}^{\mathrm{i}\Omega t} \tag{2.73}$$

如果仅考虑响应的稳态部分,则可以假设

$$x = X\mathrm{e}^{\mathrm{i}\Omega t} \tag{2.74}$$

其中 $X$ 为复数变量,我们发现,$X$ 的实部表示系统的实际位移[①]。

将方程(2.74)代入方程(2.73)可得

---

① 此段文字在原著中位于式(2.73)之后,译者将其移至式(2.74)之后。——译者注

$$\frac{X}{A} = G(i\Omega) = \frac{1}{1 - \left(\dfrac{\Omega}{\omega}\right)^2 + 2i\zeta\dfrac{\Omega}{\omega}} \tag{2.75}$$

其中 $G(i\Omega)$ 表示频率响应。这种形式允许我们写出解为

$$x = A\,|\,G(i\Omega)\,|\cos(\Omega t - \phi) \tag{2.76}$$

其中 $|\,G(i\Omega)\,|$ 称为放大系数,可表示为

$$|\,G(i\Omega)\,| = \frac{1}{\sqrt{4\left(\dfrac{\Omega}{\omega}\right)^2\zeta^2 + \left[1 - \left(\dfrac{\Omega}{\omega}\right)^2\right]^2}} \tag{2.77}$$

如图 2.14 所示。相位角

$$\phi = \arctan\left[\frac{2\zeta\dfrac{\Omega}{\omega}}{1 - \left(\dfrac{\Omega}{\omega}\right)^2}\right] \tag{2.78}$$

表明了 $f(t)$ 的峰值和 $x(t)$ 的峰值的延迟。其中,$f(t)$ 的峰值位于 $t = 2n\pi/\Omega$,$x(t)$ 的峰值位于 $t = \phi/\Omega + 2n\pi/\Omega$,$n = 0,1,\cdots$

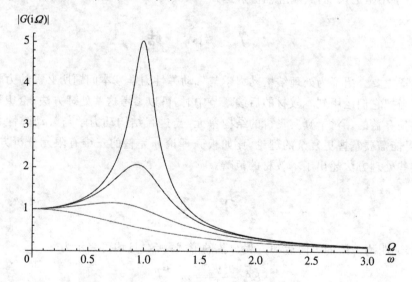

**图 2.14　$\zeta$ 取不同值时简谐激励系统的放大系数 $|\,G(i\Omega)\,|$ 随 $\Omega/\omega$ 变化的关系**

现在,作为举例,对于特别选出的 $\zeta$ 和 $\Omega/\omega$,当 $A = 1$ 时,我们考虑一个简谐强迫力函数 $f(t)$,并与 $x(t)$ 一起画图,如图 2.15 所示。在这里,相位滞后是明显的,响应峰值向右移动,约为 $43.45°$。

当激励频率 $\Omega$ 非常接近 $\omega$ 时,在共振情况下,简谐受迫系统也可能表现出比较大并且可能危险的响应。对于无阻尼系统,响应信号增大为

$$\frac{A}{2}\big[t\sin(\omega t) + \cos(\omega t)\big] \tag{2.79}$$

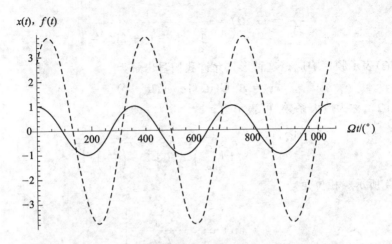

图 2.15 $\zeta=0.1$、$\Omega/\omega=0.9$ 时简谐激励系统的激励 $f(t)$(实线)和
响应 $x(t)$(虚线)随 $\Omega t$ 变化的关系

然而,对于小阻尼系统,其响应幅值可达到 $1/(2\zeta)$。

# 2.7　小　结

　　本章主要介绍了为处理结构动力学与气动弹性力学基本问题所必需的力学基础理论。当把它们运用到本教材的后续章节中时,可以参考这些处理方法,希望学生们发现它是有益的。对于真实飞机的结构单元,当进行结构动力学与气动弹性力学分析时,可能需要掌握更复杂的理论,比如板壳理论和完整的三维有限元分析方法等,但是这些处理方法超出了本教材的范畴。

# 习　题

　　1. 证明均匀梁的纵向运动方程与弦的形式一致,且均可表示为

$$EA\,\frac{\partial^2 u}{\partial x^2}=m\,\frac{\partial^2 u}{\partial t^2}$$

　　2. 证明梁的纵向变形的应变能与弦的形式一致,且均可表示为

$$P=\int_0^l EA\left(\frac{\partial u}{\partial x}\right)^2 \mathrm{d}x$$

　　3. 证明由梁的纵向变形产生的动能与弦的形式一致,且均可表示为

$$K=\int_0^l m\left(\frac{\partial u}{\partial t}\right)^2 \mathrm{d}x$$

　　4. 证明方程(2.65)为复合梁弯曲-扭转耦合行为的运动方程。

# 第 3 章　结构动力学

啊,学生,请学习数学,不要做没有基础的事情……

—— Leonardo da Vinci

本章的目的是向学生传授结构动力学导论的部分知识,所介绍的很多知识都是由从牛顿到瑞利时期的数学家建立的,因此,掌握这些数学基础本身就成为需要努力达到的目标。此外,正如 Leonardo da Vinci 引语所暗示的那样,这些基础知识的合理运用能够促进科技的发展。

结构动力学是一门广泛的学科,包括固有频率和模态振型的确定(即所谓的自由振动问题)、初始状态响应、在时域中的受迫响应和频率响应。在接下来的讨论中,将解决除最后一项外的所有问题。对于响应问题,如果载荷中至少有一部分是由空气动力引起的,那么这种响应就称为气动弹性。通常,空气动力载荷由结构变形决定,而结构变形又由气动载荷决定。本章介绍线性结构动力学问题,线性气动弹性问题将在后面章节中介绍,其他重要的现象,例如升力面的极限环振荡,必须利用复杂的非线性分析方法来处理,它们超出了本教材的范围。

对于气动弹性现象的一般学习来说,结构动力学的作用是:对于连续结构系统在外力作用下的响应,可以提供一种手段来定量描述任意瞬时的变形形式。尽管有很多种估算结构变形形式的方法,但只要运用的结构模型是线性的,则几种广泛应用的方法就可以简化为所谓的“模态表示法”。本章的目的是建立模态表示的概念,并且展示它是怎样用来描述连续弹性系统动力学行为的。同时介绍了里兹法和伽辽金法,这两种方法是使用假设模态或者相似函数集来获取近似结果的。确实,这两种方法都与有限元法有着密切的联系,有限元法是一种应用广泛的近似方法,可以精确分析真实结构的构型。本章只涉及将有限元法应用于梁的基础知识,许多书描述了这种方法的细节,提供了应用于结构分析更加先进的观点,这些书列在参考文献中。

本章介绍的分析方法在概念上与完整飞行器的分析方法相似,为了保持分析简单,用于分析的连续结构都是均匀一维结构。尽管这种结构相对于常规飞行器来说显得不够实用,但是它们却显示了结构动力学特性和表达式,这些在本质上与全尺寸飞行器是相同的。

## 3.1　均匀弦动力学

为了更便于理解连续弹性系统结构动力学力学机理的数学描述,首先考虑经典的"弦振动问题"。尽管在第 2 章推导出单自由度振动的弦可以用线性二次偏微分方程来描述(见方程(2.26)),但是它可以代表航空飞行器等更加复杂的线弹性系统。在回顾了弦的基本概念之后,讨论了其他更有代表性的这类飞行器的部件。尽管弦的自由振动和均匀梁的拉伸与扭转振动可以用相同形式的运动方程来分析,我们还是选择弦作为第一个例子,这主要是因为相比于其他结构的行为,弦的行为可以容易观察到。更进一步,通常在本科学习阶段,大多数学生对于弦振动问题的求解都有了一定的了解。

## 3.1.1　驻波(模态)求解

非均匀弦的控制横向振动的波动方程由均匀弦方程(2.26)导出,为了方便,在这里重写一遍,并做微小的一般化处理,即

$$T \frac{\partial^2 v}{\partial x^2} = m(x) \frac{\partial^2 v}{\partial t^2} \tag{3.1}$$

其中,质量分布 $m(x)$ 允许沿弦的方向变化。这个偏微分运动方程包含两个独立变量,可以通过"分离变量"将其简化为两个常微分方程,横向位移的非独立变量可以表示为

$$v(x,t) = X(x)Y(t) \tag{3.2}$$

将式(3.2)的乘积形式代入波动方程(3.1)中,为了简化表达,令 $(\ )'$ 和 $(\dot{\ })$ 分别表示对 $x$ 和 $t$ 的导数,由此,波动方程变为

$$TX''(x)Y(t) = m(x)X(x)\ddot{Y}(t) \tag{3.3}$$

重新整理得

$$\frac{TX''(x)}{m(x)X(x)} = \frac{\ddot{Y}(t)}{Y(t)} \tag{3.4}$$

可以看到,方程左边仅是单一独立变量 $x$ 的函数,方程右边仅是变量 $t$ 的函数,$m(x)$ 的存在反映了材料密度和/或几何外形随弦向的变化,常数 $T$ 与近似用在导出方程(3.1)中的一致。因为方程两边各自为不同的独立变量的函数,方程成立的唯一方式是两边都等于同一常数,令这个常数为 $-\omega^2$,则有

$$\frac{TX''(x)}{m(x)X(x)} = \frac{\ddot{Y}(t)}{Y(t)} = -\omega^2 \tag{3.5}$$

这就产生了两个常微分方程,分别为

$$\left. \begin{array}{l} TX''(x) + m(x)\omega^2 X(x) = 0 \\ \ddot{Y}(t) + \omega^2 Y(t) = 0 \end{array} \right\} \tag{3.6}$$

这两个方程都是线性常微分方程,第二个方程具有常系数,并且是具有频率 $\omega$ 的简谐振荡器的控制方程。因为第一个方程第二项中含有变化的系数 $m(x)$,所以仅在特殊情况下才可以得到解析解。

特殊的,当单位长度质量 $m$ 为常数时,方程(3.6)的第一个方程具有常见的形

式,在这种情况下,为了方便,引入

$$\alpha^2 = \frac{m\omega^2}{T} \tag{3.7}$$

因此,两个常微分方程具有相同的形式,即

$$\left. \begin{array}{l} X''(x) + \alpha^2 X(x) = 0 \\ \ddot{Y}(t) + \omega^2 Y(t) = 0 \end{array} \right\} \tag{3.8}$$

由于这些线性二次常微分方程的通解是常见的,因此不作更进一步的假设,它们可以写为

$$\left. \begin{array}{l} X(x) = A\sin(\alpha x) + B\cos(\alpha x) \\ Y(t) = C\sin(\omega t) + D\cos(\omega t) \end{array} \right\} \tag{3.9}$$

其中

$$\omega = \alpha \sqrt{\frac{T}{m}} \tag{3.10}$$

注意这些解仅在 $\alpha \neq 0$ 时有效。

方程(2.27)给出了弦的边界条件,弦左端 $x=0$ 的边界条件可以写为

$$v(0,t) = X(0)Y(t) = 0 \tag{3.11}$$

当式(3.11)满足时,有

$$X(0) = 0 \tag{3.12}$$

所以

$$B = 0 \tag{3.13}$$

弦右端的边界条件为

$$v(l,t) = X(l)Y(t) = 0 \tag{3.14}$$

当式(3.14)满足时,有

$$X(l) = 0 \tag{3.15}$$

所以

$$A\sin(\alpha l) = 0 \tag{3.16}$$

如果 $A=0$,则对于所有的 $x$ 和 $t$,位移恒等于零,尽管这是一种可以接受的解,但是意义不大,因此称其为"平凡解"。而我们更关注的是当

$$\sin(\alpha l) = 0 \tag{3.17}$$

时的情况,将这个关系式称为"特征方程",并且有一个可数的无限解集,称其为"特征值"。这些解可以写为

$$\alpha_i = \frac{i\pi}{l} \quad (i = 1, 2, \cdots) \tag{3.18}$$

其中,考虑到 $\alpha \neq 0$ 是这个解的必要条件,所以必须排除对应于 $i=0$ 的根。要想确定一个非平凡的 $\alpha=0$ 的解是否存在,就必须回到方程(3.8)中的第一式,确定当 $\alpha=0$ 时是否存在非平凡解并满足所有的边界条件,即 $X''=0$ 是否存在非平凡解满足

$X(0) = X(l) = 0$。显然,这个问题无解。当考虑存在刚体模态的问题时,可以更详细地讨论与 $\alpha = 0$ 相关的解。

因此,对于 $i$ 的每个整数值,存在一个特征值 $\alpha_i$ 和一个与 $X_i$ 关联的解,称为"特征函数",它构成基于相应的 $Y_i$ 的通解,因此,它的全部贡献可以写为

$$v_i(x, t) = X_i(x) Y_i(t) \tag{3.19}$$

其中

$$\left.\begin{array}{l} X_i(x) = A_i \sin(\alpha_i x) \\ Y_i(t) = C_i \sin(\omega_i t) + D_i \cos(\omega_i t) \end{array}\right\} \tag{3.20}$$

常数 $A_i$、$C_i$ 和 $D_i$ 对每个特征值可以有不同的数值解,因此,这些常数用下标 $i$ 标记。弦位移的大多数通解的组成会与所有的特征值有关,因此,通解可以写为整个集合的和的形式

$$v(x, t) = \sum_{i=1}^{\infty} v_i(x, t) = \sum_{i=1}^{\infty} \sin\left(\frac{i\pi x}{l}\right) \left[E_i \sin(\omega_i t) + F_i \cos(\omega_i t)\right] \tag{3.21}$$

其中

$$\omega_i = \frac{i\pi}{l} \sqrt{\frac{T}{m}} \tag{3.22}$$

注意到最初的常数可以组合为

$$\left.\begin{array}{l} E_i = A_i C_i \\ F_i = A_i D_i \end{array}\right\} \tag{3.23}$$

仔细检查整个弦位移表达式发现,对于任意给定的瞬时,横向变形由无穷振型集合中的可数个振型之和表示,每个振型有不确定的振幅,并且与特定的特征函数关联,在结构动力学领域,这些振型又称为"模态振型",在这里它们用 $\phi_i(x)$ 表示,因此,对于弦的横向变形,模态振型可以写为

$$\phi_i(x) = \sin\left(\frac{i\pi x}{l}\right) \tag{3.24}$$

或者是任意常数乘以 $\phi_i(x)$。通过这个函数可以观察到(图 3.1),模态的阶数 $i$ 越高,在 $0 < x < l$ 区间上,穿越零轴的次数越多,这些穿越点往往被称为"节点"。在结构动力学中,节点数随着模态阶数的增加而增加的趋势通常是正确的。

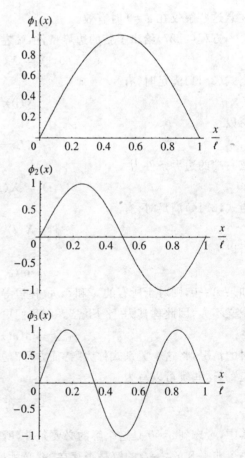

图 3.1　振动弦的前三阶模态振型

在前面的总位移求解中,每个模态振型都与一个时间的函数相乘,这个乘数称为"广义坐标",用 $\xi_i(t)$ 表示,对于这个特定的问题,广义坐标为

$$\xi_i(t) = E_i \sin(\omega_i t) + F_i \cos(\omega_i t) \tag{3.25}$$

因而可以看做频率为 $\omega_i$ 的时间简谐函数。因为没有外部载荷作用于弦上,所以前面的结果被称为"齐次解";如果存在外部载荷,则可以通过与时间相关的广义坐标来反映。

因此,弦的总位移可以写为"模态"贡献的和的形式,有

$$v(x,t) = \sum_{i=1}^{\infty} \phi_i(x) \xi_i(t) \tag{3.26}$$

这个表达式可以认为是模态振型的加权和,每项都有一个与时间相关的模态振幅(即广义坐标)。对于这里获得的齐次解,这种时间相关性是对应于每阶模态或者特征值的某一频率下的简谐函数,这些简谐函数称为模态的"固有频率"或者"模态频率",用 $\omega_i$ 表示。对于弦,它们是

$$\omega_i = \frac{i\pi}{l} \sqrt{\frac{T}{m}} \quad (i = 1, 2, \cdots, \infty) \tag{3.27}$$

最低的频率由最低的模态数给出。确实,正如节点数通常会随着模态阶数的增加而增加,节点数也会随着固有频率的增加而增加。当问题的物理和几何参数都以任一相容[①]的单位表达时,固有频率的单位就是 rad/s。除以 $2\pi$,频率的单位转化为"周每秒"或者赫兹。以赫兹为单位的固有频率的倒数是振荡的周期。

总结一下在解决波动方程时伴随的问题,可以说弦的位移是 $x$ 和 $t$ 的函数,它可以表示为模态的和。表达式中的每阶模态都是给定系统(即弦)的结构动力学特性,而且可以完全由模态振型和模态频率来描述。对于任意的保守线弹性结构,这样的"振动模态"都可以用方程来表示。这个表达包含两个约束,在模态表示时必须满足:① 线性,在这里由线性波动方程满足;②系统必须是保守的,这意味着在自由振动时没有能量的增加与减少。一个典型的违背第②条约束的情况是存在阻尼,例如结构或者气动阻尼,当阻尼存在时,可以认为它是外部载荷。模态振型只由齐次方程的解决定,并且通常只对于自伴随方程才为实数。

## 3.1.2 模态振型正交性

弦的模态振型的一个最重要的性质是它们构成了一个具有正交性的数学函数集,如果质量分布沿 $x$ 方向不均匀,那么模态振型就不再是 $\sin(i\pi x/l)$,它们必须通过求解方程(3.6)的第一式来获得,然而得到的模态振型可能无法以解析解来表达。尽管如此,它们也是正交的,只是需要相应的质量分布作为权重函数,在这样的情况

---

① 例如,在国际单位制里,$T$ 的单位是 N,$m$ 的单位是 kg/m,$l$ 的单位是 m。在英制单位里,$T$ 的单位是 lb,$m$ 的单位是 slugs/ft,$l$ 的单位是 ft。

下,函数的正交性可以解析地表达为

$$\int_0^l m(x)\phi_i(x)\phi_j(x)\mathrm{d}x \begin{cases} =0 & (i \neq j) \\ \neq 0 & (i = j) \end{cases} \tag{3.28}$$

为了证明弦的模态振型是正交的,给出一阶单独模态的贡献为

$$v_i(x,t) = \phi_i(x)\xi_i(t) \tag{3.29}$$

其中 $\phi_i(x)$ 是方程(3.6)第一式归一化的解,将 $v_i(x,t)$ 代入控制微分方程(即波动方程)中可以得到

$$T \frac{\partial^2 v_i}{\partial x^2} = m \frac{\partial^2 v_i}{\partial t^2} \tag{3.30}$$

或者

$$T\phi_i''(x)\xi_i(t) = m(x)\phi_i(x)\ddot{\xi}_i(t) \tag{3.31}$$

因为对应广义坐标的通解(齐次解)是简谐函数,所以可以写为

$$\ddot{\xi}_i = -\omega_i^2 \xi_i \tag{3.32}$$

由此,波动方程变为

$$T\phi_i''(x)\xi_i(t) = -m(x)\phi_i(x)\omega_i^2\xi_i(t) \tag{3.33}$$

所以

$$T\phi_i''(x) = -m(x)\phi_i(x)\omega_i^2 \tag{3.34}$$

如果将第 $j$ 阶模态的贡献代入波动方程,并重复这个过程,则可以得到一个相似的结果

$$T\phi_j''(x) = -m(x)\phi_j(x)\omega_j^2 \tag{3.35}$$

方程(3.34)乘以 $\phi_j$,方程(3.35)乘以 $\phi_i$,两式相减并将结果在整个弦长上积分,可以得到

$$(\omega_i^2 - \omega_j^2)\int_0^l m(x)\phi_i(x)\phi_j(x)\mathrm{d}x = T\int_0^l [\phi_i(x)\phi_j''(x) - \phi_i''(x)\phi_j(x)]\mathrm{d}x \tag{3.36}$$

等式右边的积分可以通过使用

$$\int_a^b u\,\mathrm{d}v = uv\Big|_a^b - \int_a^b v\,\mathrm{d}u \tag{3.37}$$

来分部积分,即对于第一项,令

$$\begin{rcases} u = \phi_i, & \mathrm{d}u = \phi_i'\mathrm{d}x \\ v = \phi_j', & \mathrm{d}v = \phi_j''\mathrm{d}x \end{rcases} \tag{3.38}$$

对于第二项,令

$$\begin{rcases} u = \phi_j, & \mathrm{d}u = \phi_j'\mathrm{d}x \\ v = \phi_i', & \mathrm{d}v = \phi_i''\mathrm{d}x \end{rcases} \tag{3.39}$$

式(3.36)的结果变为

$$(\omega_i^2 - \omega_j^2)\int_0^l m(x)\phi_i(x)\phi_j(x)\mathrm{d}x = T(\phi_i\phi_j' - \phi_i'\phi_j)\Big|_0^l - T\int_0^l (\phi_i'\phi_j' - \phi_i'\phi_j')\mathrm{d}x = 0 \tag{3.40}$$

此式右边各项均为零:由方程(2.27)给出的边界条件,模态振型在两端均为零,因此,第一项和第二项为零;积分项为零是因为相互抵消。现在可以总结为:当 $i \neq j$ 时,因为 $\omega_i \neq \omega_j$,所以有

$$\int_0^l m(x)\phi_i(x)\phi_j(x)\mathrm{d}x = 0 \tag{3.41}$$

这个关系式表明两端固定的弦的模态振型构成正交集合。但是,当 $i=j$ 时

$$\int_0^l m(x)\phi_i^2(x)\mathrm{d}x = M_i \tag{3.42}$$

这个积分的值 $M_i$ 称为第 $i$ 阶模态的"广义质量",广义质量的数值依赖于用于模态振型 $\phi_i(x)$ 的归一化方法。

这个推导过程用于非均匀单位长度质量和定常张力的弦,值得注意的是,它可以推广到更加复杂的梁的扭转和弯曲变形的推导过程中。在这种情形下,结构刚度可以类比为弦问题中的张力,它也可能沿展向分布不均匀,此时,结构刚度可能不能提取到积分外面,但是余下的推导过程相似,见本章的习题8(a)和习题10(a)。

容易看出,模态振型像方程(3.24)那样归一化的均匀弦,对于所有的 $i$ 和 $j$,方程(3.41)中的正交条件和方程(3.42)中的广义质量各自简化为

$$\int_0^l \phi_i(x)\phi_j(x)\mathrm{d}x = 0, \quad M_i = \frac{ml}{2} \quad (\text{仅当 } m = \text{常数时}) \tag{3.43}$$

## 3.1.3　利用正交性

正交性在结构动力学分析的很多方面都很有用。作为实例,考虑一非受迫均匀弦对初始条件的响应,在这个实例中,没有外部载荷作用在弦上,但是假设有一初始的形状变形和初始速度分布,令这些初始条件表示为

$$\left.\begin{array}{l} v(x,0) = f(x) \\[2mm] \dfrac{\partial v}{\partial t}(x,0) = g(x) \end{array}\right\} \tag{3.44}$$

其中 $f(x)$ 和 $g(x)$ 都必须与边界条件相容。

利用方程(3.21),这些初始条件可以写成模态表达的形式

$$\left.\begin{array}{l} v(x,0) = \displaystyle\sum_{i=1}^{\infty} F_i \sin\left(\dfrac{i\pi x}{l}\right) = f(x) \\[4mm] \dfrac{\partial v}{\partial t}(x,0) = \displaystyle\sum_{i=1}^{\infty} \dfrac{E_i i\pi}{l}\sqrt{\dfrac{T}{m}}\sin\left(\dfrac{i\pi x}{l}\right) = g(x) \end{array}\right\} \tag{3.45}$$

将方程(3.45)的两式乘以 $\sin(j\pi x/l)\mathrm{d}x$,并且沿弦长积分,第一个表达式变为

$$\int_0^l f(x)\sin\left(\frac{j\pi x}{l}\right)\mathrm{d}x = \sum_{i=1}^{\infty} F_i \int_0^l \sin\left(\frac{i\pi x}{l}\right)\sin\left(\frac{j\pi x}{l}\right)\mathrm{d}x$$

$$= F_j \int_0^l \sin^2\left(\frac{j\pi x}{l}\right)\mathrm{d}x = \frac{F_j l}{2} \tag{3.46}$$

其中,求解时利用模态正交性,使得在无限求和式中除了 $i=j$ 时的项外,其余各项均为零。本例中单位长度质量是常数,因此在积分式中没有出现。第二个表达式可以用相似的方法简化为

$$\int_0^l g(x)\sin\left(\frac{j\pi x}{l}\right)\mathrm{d}x = \sum_{i=1}^{\infty}\frac{E_i i\pi}{l}\sqrt{\frac{T}{m}}\int_0^l \sin\left(\frac{i\pi x}{l}\right)\sin\left(\frac{j\pi x}{l}\right)\mathrm{d}x$$

$$= \frac{E_j j\pi}{l}\sqrt{\frac{T}{m}}\int_0^l \sin^2\left(\frac{j\pi x}{l}\right)\mathrm{d}x$$

$$= \frac{E_j j\pi}{2}\sqrt{\frac{T}{m}} \tag{3.47}$$

这种初始条件的处理允许对弦的总位移的模态表达式中的未知常数($E_i$ 和 $F_i$)进行直接求解,即

$$\left.\begin{aligned}E_i &= \frac{2}{i\pi}\sqrt{\frac{m}{T}}\int_0^l g(x)\sin\left(\frac{i\pi x}{l}\right)\mathrm{d}x\\F_i &= \frac{2}{l}\int_0^l f(x)\sin\left(\frac{i\pi x}{l}\right)\mathrm{d}x\end{aligned}\right\} \tag{3.48}$$

因此,对于前面描述的由 $f(x)$ 和 $g(x)$ 给出的初始条件,弦的位移可以描述为

$$v(x,t) = \sum_{i=1}^{\infty}\sin\left(\frac{i\pi x}{l}\right)\left[E_i\sin(\omega_i t) + F_i\cos(\omega_i t)\right] \tag{3.49}$$

　　例:给定初始形状下的响应。为了更深入地说明这个过程,考虑一拨动的弦,它没有初始速度,令初始形状如图 3.2 所示。如果假设初始速度为零,那么对于所有的 $i$,有 $g(x)=0$,$E_i=0$,弦的位移为

$$v(x,t) = \sum_{i=1}^{\infty}F_i\sin\left(\frac{i\pi x}{l}\right)\cos(\omega_i t) \tag{3.50}$$

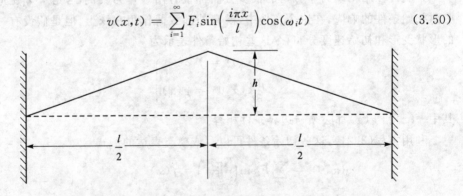

**图 3.2　拨动弦的初始形状**

为了求解常数 $F_i$,弦的初始形状可以写为

$$f(x) = \begin{cases} 2h\left(\dfrac{x}{l}\right), & 0 \leqslant x \leqslant \dfrac{l}{2} \\[2mm] 2h\left(1-\dfrac{x}{l}\right), & \dfrac{l}{2} \leqslant x \leqslant l \end{cases} \tag{3.51}$$

将函数 $f(x)$ 代入到式(3.48)的第二式中得到

$$F_i = \frac{4h}{l^2}\left[\int_0^{\frac{l}{2}} x\sin\left(\frac{i\pi x}{l}\right)\mathrm{d}x + \int_{\frac{l}{2}}^l (l-x)\sin\left(\frac{i\pi x}{l}\right)\mathrm{d}x\right]$$

$$= \frac{8h}{(i\pi)^2}\sin\left(\frac{i\pi}{2}\right) \tag{3.52}$$

可以注意到,对于所有的偶数 $i$,$\sin(i\pi/2)$ 都为零,对于所有的奇数 $i$,$\sin(i\pi/2)$ 都为 $+1$ 或 $-1$,如果需要,这些常数可以写为

$$F_i = \begin{cases} \dfrac{8h}{(i\pi)^2}(-1)^{\frac{i-1}{2}}, & (i \text{ 为奇数}) \\[2mm] 0 & (i \text{ 为偶数}) \end{cases} \tag{3.53}$$

对于所有的偶数 $i$,$F_i=0$ 的事实表明,弦的初始位移关于中点对称,即因为初始形状关于 $x=l/2$ 对称,所以反对称振动模态没有激发。弦的总位移变为

$$v(x,t) = \frac{8h}{\pi^2}\sum_{i=1,3,\cdots}^{\infty} \frac{(-1)^{\frac{i-1}{2}}}{i^2}\sin\left(\frac{i\pi x}{l}\right)\cos(\omega_i t) \tag{3.54}$$

其中

$$\omega_i = \frac{i\pi}{l}\sqrt{\frac{T}{m}} \tag{3.55}$$

由这个解可以注意到,随着模态数(即下标 $i$)的增加,其对总位移的贡献显著减小。这可由 $F_i$ 与 $i$ 的关系推断出,这也是所有结构动力学响应问题的特性,因此,允许将无限求和问题截断为其中的低阶模态有限求和的问题。上述结果表明,弦将永远振动并周期性地恢复到初始形状。然而,对于实际系统,经常存在的耗散现象会使振动随着时间的推移而逐渐消失。这一点将在第 5 章讲述气动弹性颤振时加以考虑。

## 3.1.4　行波的解

在之前的章节中,利用模态法求解了弦的振动问题。该求解将总位移用一些与弦的端部有关的特殊的振型来表达,一般来说,每一个振型的幅值是一个关于时间的函数。当这些单独的模态贡献在它们的模态频率上并保持定常幅值时,它们像是沿着弦的停止或固定的波形。

弦振动响应的另一个解释可以从研究具有初始位移的,但初始速度与外载荷均为零的解来得到。在这种情况下,$E_i$ 项都为零,所以位移可以表述为

$$v(x,t) = \sum_{i=1}^{\infty} \sin\left(\frac{i\pi x}{l}\right) F_i\cos\left(\sqrt{\frac{T}{m}}\,\frac{i\pi t}{l}\right) \tag{3.56}$$

其中 $F_i$ 可以由初始振型 $f(x)$ 确定,即

$$F_i = \frac{2}{l}\int_0^l f(x)\sin\left(\frac{i\pi x}{l}\right)\mathrm{d}x \tag{3.57}$$

同时应当注意到,初始振型可以描述为

$$v(x,0) = f(x) = \sum_{i=1}^{\infty} F_i \sin\left(\frac{i\pi x}{l}\right) \tag{3.58}$$

方程(3.58)可以认为是函数 $f(x)$ 的傅里叶正弦级数展开,关于傅里叶级数更多的内容可以参阅更深入的结构动力学和应用数学的书籍。现在用下面两个大家熟知的等式给出该方程的一般通解

$$\left.\begin{array}{l} \sin(\alpha + \beta) = \sin\alpha\cos\beta + \cos\alpha\sin\beta \\ \sin(\alpha - \beta) = \sin\alpha\cos\beta - \cos\alpha\sin\beta \end{array}\right\} \tag{3.59}$$

两式相加可以得到另一个等式

$$\sin\alpha\cos\beta = \frac{1}{2}\big[\sin(\alpha + \beta) + \sin(\alpha - \beta)\big] \tag{3.60}$$

利用这些等式可以将方程(3.56)的通解重新写为

$$v(x,t) = \frac{1}{2}\sum_{i=1}^{\infty} F_i \left\{ \sin\left[\frac{i\pi}{l}\left(x + \sqrt{\frac{T}{m}}t\right)\right] + \sin\left[\frac{i\pi}{l}\left(x - \sqrt{\frac{T}{m}}t\right)\right] \right\} \tag{3.61}$$

方程(3.58)利用系数为 $F_i$ 的正弦函数无限求和给出了函数 $f(x)$ 的表达式。方程(3.61)右端的两项与方程(3.58)中的求和是一致的,而且可以通过类似 $f(x)$ 函数表达式的等式列出,但是机理不同。于是,方程(3.61)可重新写为

$$v(x,t) = \frac{1}{2}\left[f\left(x + \sqrt{\frac{T}{m}}t\right) + f\left(x - \sqrt{\frac{T}{m}}t\right)\right] \tag{3.62}$$

这是行波求解的理论基础。在实际情况中,它与之前给出的驻波求解方程(3.56)在数学上是相同的,唯一的区别是观点不同。

　　为了阐明方程(3.62)如何表达弦的行波函数,将形函数的两个自变量用新的空间坐标系代替,它们的原点与时间相关。新坐标系定义为

$$\left.\begin{array}{l} x_{\mathrm{L}}(x,t) \equiv x + \sqrt{\frac{T}{m}}t \\ x_{\mathrm{R}}(x,t) \equiv x - \sqrt{\frac{T}{m}}t \end{array}\right\} \tag{3.63}$$

方程(3.62)变为

$$v(x,t) = \frac{1}{2}\big[f(x_{\mathrm{L}}) + f(x_{\mathrm{R}})\big] \tag{3.64}$$

式(3.64)表明,弦的与时间相关的波形是两个与初始波形形式相同的波形的叠加,但是幅值仅有一半。初始时,在 $t=0$ 时刻,$x_{\mathrm{L}}$ 与 $x_{\mathrm{R}}$ 的原点与 $x$ 的原点一致,即

$$\left.\begin{array}{l} x_{\mathrm{L}}(x,0) = 0, \quad \text{在 } x = 0 \text{ 处} \\ x_{\mathrm{R}}(x,0) = 0, \quad \text{在 } x = 0 \text{ 处} \end{array}\right\} \tag{3.65}$$

任意后来的 $t>0$ 时刻,$x_{\mathrm{L}}$ 与 $x_{\mathrm{R}}$ 的原点位置可以表示为

$$x_L(x,t) = 0, \quad \text{在 } x = -\sqrt{\frac{T}{m}}t \text{ 处}$$

$$x_R(x,t) = 0, \quad \text{在 } x = \sqrt{\frac{T}{m}}t \text{ 处} \tag{3.66}$$

上述结果表明，$x_L$ 坐标系以 $\sqrt{T/m}$ 的速度向左移动，$x_R$ 坐标系以相同的速度向右移动，在图 3.3 中标出了这些原点位置，其运动的结果使得波形 $f(x_L)/2$ 向左定常传播而 $f(x_R)/2$ 向右定常传播，传播速度为

$$V = \sqrt{\frac{T}{m}} \tag{3.67}$$

所以方程(3.62)可以采用形式

$$v(x,t) = \frac{1}{2}[f(x+Vt) + f(x-Vt)] \tag{3.68}$$

来表达，这也是方程的达朗贝尔形式。

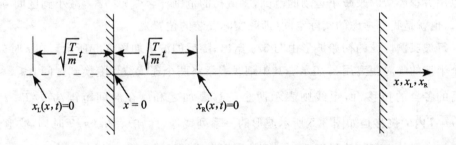

**图 3.3　移动坐标系 $x_L$ 和 $x_R$ 示意图**

当这些振型有一个到达墙面时，为了满足边界条件，挠度必须为零。每个墙面的这个条件使得波反射到相反的方向。这些反射波同样以 $V = \sqrt{T/m}$ 的速度逆向传播离开墙面。这些反射波的特性与方程(3.58)给出的傅里叶正弦级数 $f(x)$ 相同。可以令方程(3.68)的 $f(x \pm Vt)$ 中的 $t = 0$ 来确定弦的位移随时间的变化，虽然函数 $f(x)$ 仅定义在 $0 \leqslant x \leqslant l$ 的范围内，但是变量 $x+Vt$ 和 $x-Vt$ 明显超越了这个范围。方程(3.58)中函数 $f(x)$ 的傅里叶正弦级数具有两个截然不同的数学特性，容许函数值在超越变量的扩展区域内显示出反射波的特性。

**$f(x)$ 的第一个特性。** 由于函数 $f(x)$ 的傅里叶正弦级数中的所有项都是关于 $x$ 的奇函数，所以 $f(x)$ 必然是奇函数。这个性质可以描述为

$$f(-x) = -f(x) \tag{3.69}$$

显而易见，在墙面 $x = 0$ 处，反射波的位移是该性质的一个体现。

**$f(x)$ 的第二个特性。** 由于函数 $f(x)$ 的傅里叶正弦级数中的所有项都是关于 $x$

的周期为 $2l$ 的周期函数,所以 $f(x)$ 必然是关于 $x$ 的周期为 $2l$ 的周期函数。该性质
可以表述为

$$f(x) = f(x + 2nl), \quad 对于 \ n = 0, \pm 1, \pm 2, \cdots \tag{3.70}$$

结合之前提到的 $f(x)$ 的奇函数特性,式(3.70)的关系可以用来描述在墙面 $x = l$ 处
的反射波的行为。

**$f(x \pm Vt)$ 的通解**。$f(x)$ 的两种特性可以应用在任何变量取值下求解 $f(x + Vt)$
和 $f(x - Vt)$,即 $x \pm Vt$。当这些变量位于区间

$$nl \leqslant x \pm Vt \leqslant (n + 1)l \tag{3.71}$$

时,其中

$$n = 0, \pm 1, \pm 2, \cdots \tag{3.72}$$

则有

$$f(x \pm Vt) = (-1)^n f \left\{ (-1)^n \left[ x \pm Vt + \frac{(-1)^n - 2n - 1}{2} l \right] \right\} \tag{3.73}$$

可以用方程(3.70)来减小运动的范围,将最初的范围 $-\infty \leqslant x \leqslant +\infty$ 减小到区间 $0 \leqslant x \leqslant l$,也就是我们考虑的实际空间(即弦实际安装的位置)。

**行波实例**。弦的初始波形由图 3.4 给出,随后的波形如图 3.5 所示。在 $t$ 时刻,
每个半波的绝对距离用 $\bar{x}$ 表示。其中细线表示将两个连续波形变换到区间 $0 \leqslant x \leqslant l$
之后的各自的位移,而粗线则表示两个位移叠加之和。在时间范围 $l\sqrt{m/T} \leqslant t \leqslant 2l\sqrt{m/T}$ 内的位移是如图 3.5 所示波形的一系列镜像,而在 $t = 2l\sqrt{m/T}$ 时刻,波形恢复到初始形状,之后,波形以 $2l\sqrt{m/T}$ 的周期做周期运动。

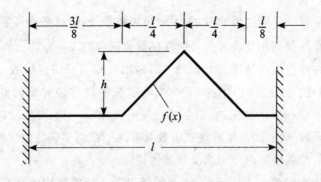

**图 3.4　初始波形实例**

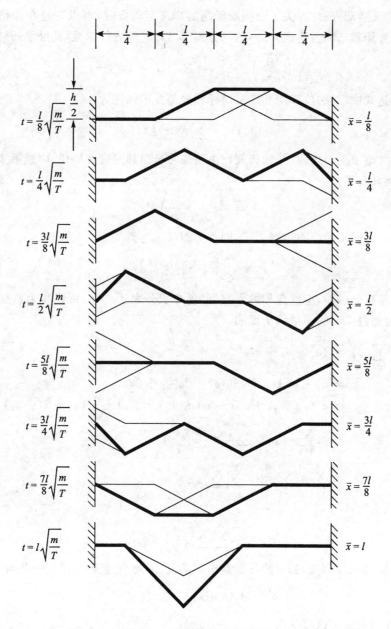

图 3.5 不同时刻的行波形状

## 3.1.5 广义运动方程

对于线性保守系统,一旦自由振动的模态确定了,那么任意外载荷下系统的响应就可以确定。这伴随着将每个振动模态作为单自由度系统来处理,其标量坐标就是模态广义坐标。对于各个模态自由度,由拉格朗日方程(见附录 A 和 2.1.5 小节)可以建立"广义运动方程"。关于弦振动问题的广义运动方程，可以通过在拉格朗日方程中代入势能和动能表达式来建立，见方程(2.14)。为方便起见，此处重新列出

$$\frac{\mathrm{d}}{\mathrm{d}t}\left(\frac{\partial K}{\partial \dot{\xi}_i}\right) + \frac{\partial P}{\partial \xi_i} = \Xi_i \quad (i = 1, 2, \cdots) \tag{3.74}$$

在能量表达式中，弦的位移用其广义坐标和模态振形描述为

$$v(x, t) = \sum_{i=1}^{\infty} \phi_i(x)\xi_i(t) \tag{3.75}$$

由于忽略了重力效应，弦的势能仅由弦的伸长引起的应变组成，回顾第 2.2.2 小节，可以将其表述为

$$P = \frac{T}{2}\int_0^l \left(\frac{\partial v}{\partial x}\right)^2 \mathrm{d}x \tag{3.76}$$

用方程(3.75)所示的模态振型表示，则总势能可以写为

$$P = \frac{T}{2}\int_0^l \left(\sum_{i=1}^{\infty} \phi_i' \xi_i\right)^2 \mathrm{d}x \tag{3.77}$$

在计算积分以前，应注意和的平方（出现在积分表达式中）可以写为双重求和的形式，这可通过下面的简单例子证明，即

$$\left(\sum_{i=1}^{3} a_i\right)^2 = (a_1 + a_2 + a_3)^2$$

$$= a_1^2 + a_2^2 + a_3^2 + 2a_1a_2 + 2a_2a_3 + 2a_3a_1$$

$$= a_1(a_1 + a_2 + a_3) + a_2(a_1 + a_2 + a_3) + a_3(a_1 + a_2 + a_3)$$

$$= a_1\sum_{i=1}^{3} a_i + a_2\sum_{i=1}^{3} a_i + a_3\sum_{i=1}^{3} a_i$$

$$= \sum_{j=1}^{3} a_j \sum_{i=1}^{3} a_i = \sum_{j=1}^{3}\sum_{i=1}^{3} a_i a_j \tag{3.78}$$

因此，势能变为

$$P = \frac{T}{2}\sum_{i=1}^{\infty}\sum_{j=1}^{\infty} \xi_i \xi_j \int_0^l \phi_i'\phi_j' \mathrm{d}x \tag{3.79}$$

对于弦来讲，振型和它们的一阶导数是正弦函数；因此，它们形成了正交集合[①]，即

$$\int_0^l \phi_i'(x)\phi_j'(x)\mathrm{d}x = 0 \quad (i \neq j) \tag{3.80}$$

所以，势能关系式可以简化为

$$P = \frac{T}{2}\sum_{i=1}^{\infty} \xi_i^2 \int_0^l \phi_i'^2 \mathrm{d}x \tag{3.81}$$

该表达式中的积分可以采用分部积分的形式

---

① 一般说来，模态振型函数的导数组成正交集合是不正确的。

$$\int_0^l \phi'_i \phi'_i \mathrm{d}x = \phi'_i \phi_i \Big|_0^l - \int_0^l \phi_i(x)\phi''_i(x)\mathrm{d}x \tag{3.82}$$

得益于两端的边界条件,式(3.82)的第一项为零。用方程(3.34)代替最后一项(即积分项)得到

$$T\int_0^l \phi'^2_i \mathrm{d}x = \omega_i^2 \int_0^l m(x)\phi_i^2 \ \mathrm{d}x = M_i \omega_i^2 \tag{3.83}$$

如前所述,$\omega_i$ 是第 $i$ 阶模态的固有频率,$M_i$ 为广义质量(见方程(3.42))(注意到第 $i$ 阶广义质量依赖于第 $i$ 阶模态振型和该模态振型正交化的方法)。所以,势能变为

$$P = \frac{1}{2}\sum_{i=1}^\infty M_i \omega_i^2 \xi_i^2 \tag{3.84}$$

回顾方程(2.37)的动能方程,为方便起见,这里重写一遍为

$$K = \int_0^l \left[\frac{m}{2}\left(\frac{\partial v}{\partial t}\right)^2\right]\mathrm{d}x \tag{3.85}$$

现在可以采用模态表示,写作

$$K = \frac{1}{2}\int_0^l m\left(\sum_{i=1}^\infty \phi_i \dot{\xi}_i\right)^2 \mathrm{d}x \tag{3.86}$$

采用双重求和记号,动能简化为

$$K = \frac{1}{2}\int_0^l \sum_{i=1}^\infty \sum_{j=1}^\infty \phi_i \dot{\xi}_i \phi_j \dot{\xi}_j m(x)\mathrm{d}x = \frac{1}{2}\sum_{i=1}^\infty \sum_{j=1}^\infty \dot{\xi}_i \dot{\xi}_j \int_0^l m(x)\phi_i \phi_j \mathrm{d}x \tag{3.87}$$

由于模态振型为正交函数,即

$$\int_0^l m(x)\phi_i(x)\phi_j(x)\mathrm{d}x = \begin{cases} 0, & (i \neq j) \\ M_i \neq 0, & (i = j) \end{cases} \tag{3.88}$$

因此,总的动能变为

$$K = \frac{1}{2}\sum_{i=1}^\infty M_i \dot{\xi}_i^2 \tag{3.89}$$

"广义运动方程"可以通过将方程(3.89)的动能表达式和方程(3.84)的势能表达式代入方程(3.74)的拉格朗日方程中得到,结果为

$$M_i(\ddot{\xi}_i + \omega_i^2 \xi_i) = \varXi_i \quad (i = 1, 2, \cdots) \tag{3.90}$$

当采用模态表示时,可以用这种形式的方程来做任何线性弹性结构的动力学分析。当然,广义质量和固有频率会有所不同,这取决于结构是弦、是扭转或弯曲梁、是板或壳,还是完整的飞机。不考虑所分析的这些具体系统,方程的左端至少有这些项。动能和势能也可能包含离散单元的贡献,比如增加的质点、刚体或弹簧。最后,保守外载荷的势能也会导致出现附加项,如重力。

相反的,方程的右端项高度依赖于具体问题的情形,在后文中会加以强调。没有外力的振动结构是一个特殊情况,前面 3.1.3 小节已经讨论过。当没有外力时,对于所有的 $i$,$\varXi_i = 0$,方程(3.90)得到的通解与 3.1.3 小节的结果相同,从该节得到的解没有参考广义运动方程,仅依赖于初始条件。当在势能中包含了一个像弹簧的实体

时,我们就要扩大系统的边界去包括新的单元。然而,当这个物体通过广义力的贡献包括到系统里时,它就被当做外力源,即系统以外的东西。不考虑这个基本区别,最终的结果是相同的(见习题 5)。任何可以通过势能包含在广义运动方程中的影响均可改为通过广义力来包含。特别重要的是不要重复计及相同的效应(比如,同时包含相同物体的势能和广义力)。

## 3.1.6　广义力

广义力 $\Xi_i(t)$——出现在广义运动方程右端项——代表了没有计及在 $P$ 中的与所有力和力矩相关的有效载荷,它包含任何非保守力和力矩。这些力和力矩通常认为是外加作用载荷,它们可能是或不是模态响应的函数。它们也包括任何耗散载荷,比如来源于阻尼器的载荷。为了确定分布载荷的贡献,记为 $f(x,t)$,采用方程(2.38)计算虚功,为方便起见,在这里重写一遍为

$$\overline{\delta W} = \int_0^l f(x,t)\delta v(x,t)\mathrm{d}x \tag{3.91}$$

其中表达式 $\delta v(x,t)$ 代表了位移场的变化,通常叫做"虚位移",它可以用广义坐标和振型写为

$$\delta v(x,t) = \sum_{i=1}^{\infty} \phi_i(x)\delta\xi_i(t) \tag{3.92}$$

其中 $\delta\xi_i(t)$ 是第 $i$ 个广义坐标的任意增量,该虚功变为

$$\overline{\delta W} = \int_0^l \sum_{i=1}^{\infty} f(x,t)\phi_i(x)\delta\xi_i(t)\mathrm{d}x = \sum_{i=1}^{\infty}\delta\xi_i(t)\int_0^l f(x,t)\phi_i(x)\mathrm{d}x \tag{3.93}$$

从而广义力为

$$\Xi_i(t) = \int_0^l f(x,t)\phi_i(x)\mathrm{d}x \tag{3.94}$$

我们发现,虚功可以简化为

$$\overline{\delta W} = \sum_{i=1}^{\infty} \Xi_i(t)\delta\xi_i(t) \tag{3.95}$$

在展开式(3.94)中,载荷 $f(x,t)$ 是单位长度单位力的分布载荷。如果用集中在一点或多点上的载荷代替,如图 3.6 所示作用在 $x=x_c$ 处的单位力 $F_c(t)$,那么它的函数

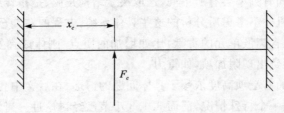

**图 3.6　作用于弦上的集中力**

表达式必须包括狄拉克函数 $\delta(x-x_c)$，它类似于时域脉冲函数。这时，分布载荷可以写为

$$f(x,t) = F_c(t)\delta(x-x_c) \tag{3.96}$$

回顾狄拉克函数 $\delta$，可以看做当矩形宽度趋于 0 时，面积保持不变且等于单位 1 的极限，如图 3.7 所示。因此，可以通过积分属性来定义它，例如，对于 $a < x_0 < b$，有

$$\left. \begin{array}{l} \displaystyle\int_a^b \delta(x-x_0)\mathrm{d}x = 1 \\[2mm] \displaystyle\int_a^b f(x)\delta(x-x_0)\mathrm{d}x = f(x_0) \end{array} \right\} \tag{3.97}$$

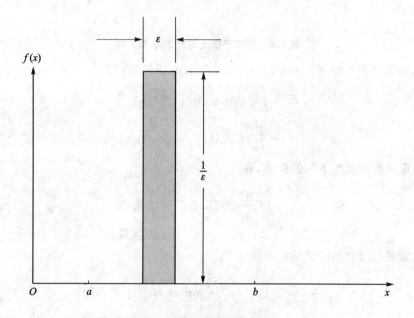

**图 3.7　狄拉克函数 δ 的逼近**

此时，将上述广义力的积分表达式应用于集中力，则有

$$\begin{aligned} \Xi_i(t) &= \int_0^l F_c(t)\delta(x-x_c)\phi_i(x)\mathrm{d}x \\ &= F_c(t)\int_0^l \delta(x-x_c)\phi_i(x)\mathrm{d}x \\ &= F_c(t)\phi_i(x_c) \\ &= F_c(t)\sin\left(\frac{i\pi x_c}{l}\right) \end{aligned} \tag{3.98}$$

## 3.1.7　受迫响应计算实例

本小节给出两个受迫响应计算的实例，这些实例也可以叫做"初始值问题"。第一个实例具有零初始位移和零初始速度。第二个实例具有非零初始位移和零初始

速度。

**实例:受迫响应计算**。利用一个受动态载荷的均匀弦的实例来说明广义力的计算和随后的弦位移的求解。该特例具有简单简谐振幅(在时间上)的均匀分布载荷(在空间上),如图 3.8 所示,即

$$f(x,t) = \bar{F}\sin(\omega t) \tag{3.99}$$

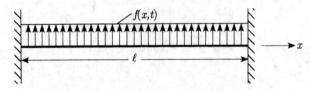

**图 3.8　作用于弦上的分布力 $f(x,t)$**

弦的初始位移和初始速度为零。该广义力的计算很简单,为

$$\Xi_i = \int_0^l \bar{F}\sin(\omega t)\sin\left(\frac{i\pi x}{l}\right)\mathrm{d}x$$

$$= \frac{\bar{F}l}{i\pi}\sin(\omega t)\left[1 - \cos(i\pi)\right] \tag{3.100}$$

分别考虑奇数和偶数下标的模态,有

$$\Xi_i = \begin{cases} \dfrac{2\bar{F}l}{i\pi}\sin(\omega t), & (i \text{ 为奇数}) \\ 0, & (i \text{ 为偶数}) \end{cases} \tag{3.101}$$

由方程(3.101),广义运动方程变为

$$M_i(\ddot{\xi}_i + \omega_i^2\xi_i) = \begin{cases} \dfrac{2\bar{F}l}{i\pi}\sin(\omega t), & (i \text{ 为奇数}) \\ 0, & (i \text{ 为偶数}) \end{cases} \tag{3.102}$$

由于位移和速度的初始条件均为零,即

$$v(x,0) = \frac{\partial v}{\partial t}(x,0) = 0 \tag{3.103}$$

可以得到响应只决定于广义力。因此,偶数下标的模态不会被激发,因为它们的广义力也是零。对于奇数下标的模态,运动方程的通解为

$$\xi_i = A_i\sin(\omega_i t) + B_i\cos(\omega_i t) + C_i\sin(\omega t) \tag{3.104}$$

需要指出,式(3.104)右侧的前两项对应齐次解部分,第三项代表特解。在该例中,特解与广义力随时间的变化具有相同的形式。

为了求齐次解的常数 $A_i$ 和 $B_i$,可以采用与 3.1.2 小节求其初始条件问题相似的步骤。这个实例的初始位移可以写为

$$v(x,0) = \sum_{i=1,3,\cdots}^{\infty} \phi_i(x)\xi_i(0) = \sum_{i=1,3,\cdots}^{\infty} B_i\sin\left(\frac{i\pi x}{l}\right) = 0 \tag{3.105}$$

将关系式(3.105)两边同时乘以 $\sin(j\pi x/l)\mathrm{d}x$，并对 $x$ 从 0 到 $l$ 积分，可得

$$\sum_{i=1,3,\cdots}^{\infty} B_i \int_0^l \sin\left(\frac{i\pi x}{l}\right) \sin\left(\frac{j\pi x}{l}\right) \mathrm{d}x = 0 \tag{3.106}$$

利用积分表达式中正弦函数的正交性，表明

$$B_i = 0 \quad (i \text{ 为奇数}) \tag{3.107}$$

将相同的计算步骤应用于初始速度，其中

$$\frac{\partial v}{\partial t}(x,0) = \sum_{i=1,3,\cdots}^{\infty} \phi_i(x)\dot{\xi}_i(0) = \sum_{i=1,3,\cdots}^{\infty} (A_i\omega_i + C_i\omega)\sin\left(\frac{i\pi x}{l}\right) = 0 \tag{3.108}$$

再一次，将关系式(3.108)两边同时乘以 $\sin(j\pi x/l)\mathrm{d}x$，并且沿弦长积分，此时由正交性可以得到

$$A_i = -\frac{\omega C_i}{\omega_i} \quad (i \text{ 为奇数}) \tag{3.109}$$

要想得到零位移和零速度的初始条件，奇数下标的模态广义坐标需写为

$$\xi_i = C_i\left[\sin(\omega t) - \frac{\omega}{\omega_i}\sin(\omega_i t)\right] \quad (i \text{ 为奇数}) \tag{3.110}$$

将广义坐标代回到广义运动方程，可以得到特解的常系数 $C_i$，由于

$$M_i C_i (\omega_i^2 - \omega^2)\sin(\omega t) = \frac{2\bar{F}l}{i\pi}\sin(\omega t) \tag{3.111}$$

利用方程(3.42)，我们发现对于所有的 $i$，有 $M_i = ml/2$。所以，$C_i$ 变为

$$C_i = \frac{4\bar{F}}{i\pi m(\omega_i^2 - \omega^2)} \tag{3.112}$$

因此，弦线位移现在可以写为奇数下标的模态贡献的求和。回顾无论是激励载荷还是初始条件，均不能激发起偶数下标的模态。因此

$$v(x,t) = \sum_{i=1,3,\cdots}^{\infty} \xi_i(t)\phi_i(x)$$

$$= \frac{4\bar{F}}{m\pi} \sum_{i=1,3,\cdots}^{\infty} \left[\frac{\sin(\omega t) - \dfrac{\omega}{\omega_i}\sin(\omega_i t)}{i(\omega_i^2 - \omega^2)}\right] \sin\left(\frac{i\pi x}{l}\right) \tag{3.113}$$

当强迫力的频率与其中一个固有频率相同时，会导致一个有意思的情形。只考虑方程(3.113)级数中有代表性的时间项，即

$$\frac{\sin(\omega t) - \dfrac{\omega}{\omega_i}\sin(\omega_i t)}{i(\omega_i^2 - \omega^2)} \tag{3.114}$$

可以发现，当 $\omega \to \omega_i$ 时，这一项变为不定项。为了知道它的极限值，令 $\omega_i = \omega + \varepsilon_i$，则给出

$$\frac{\sin(\omega t) - \dfrac{\omega}{\omega + \varepsilon_i}\sin[(\omega + \varepsilon_i)t]}{i[(\omega + \varepsilon_i)^2 - \omega^2]} \tag{3.115}$$

调用 L'Hopital 法则,令极限 $\varepsilon_i \to 0$,可以得到

$$\frac{\sin(\omega t) - \omega t \cos(\omega t)}{2i\omega^2} \tag{3.116}$$

由于时间会线性地增加幅值,因此第二项会变为无穷大,这种现象称为"共振";并且由于它的破坏特性,必须予以避免,即当用简谐激励作用于一个结构上时,强迫力的频率不能与结构的任何一个固有频率太靠近。

　　**实例:具有非零初始条件的受迫响应计算。**第二个实例用来说明集中力与初始条件不恒为零的处理方法。如图 3.9 所示,在该情况下,幅值为 $F_0$ 的集中阶跃函数的力作用在弦线中点处。回顾单位阶跃函数 $1(t)$ 的定义为

$$1(t) = \begin{cases} 0, & (t < 0) \\ 1, & (t \geqslant 0) \end{cases} \tag{3.117}$$

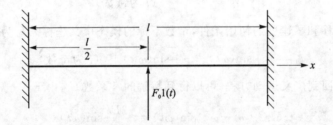

**图 3.9　集中力在半展长处的弦**

弦的初始振型为

$$v(x,0) = h\sin\left(\frac{4\pi x}{l}\right) \tag{3.118}$$

并且初始速度为零。

　　广义力可以由分布载荷的积分确定,即

$$\begin{aligned}
\Xi_i &= \int_0^l f(x,t)\phi_i(x)\,\mathrm{d}x \\
&= \int_0^l F_0 1(t)\delta\left(x - \frac{l}{2}\right)\phi_i(x)\,\mathrm{d}x \\
&= F_0 1(t)\phi_i\left(\frac{l}{2}\right) \\
&= F_0 1(t)\sin\left(\frac{i\pi}{2}\right)
\end{aligned} \tag{3.119}$$

因为

$$\sin\left(\frac{i\pi}{2}\right) = \begin{cases} 0, & (i \text{ 为偶数}) \\ (-1)^{\frac{i-1}{2}}, & (i \text{ 为奇数}) \end{cases} \tag{3.120}$$

所以广义运动方程变为

$$M_i(\ddot{\xi}_i + \omega_i^2 \xi_i) = \begin{cases} 0, & (i \text{ 为偶数}) \\ F_0 1(t)(-1)^{\frac{i-1}{2}}, & (i \text{ 为奇数}) \end{cases} \qquad (3.121)$$

相应的, 通解变为

$$\left. \begin{array}{l} \xi_i = A_i \sin(\omega_i t) + B_i \cos(\omega_i t) \qquad (i \text{ 为偶数}) \\ \xi_i = A_i \sin(\omega_i t) + B_i \cos(\omega_i t) + C_i \quad (i \text{ 为奇数}) \end{array} \right\} \qquad (3.122)$$

考虑有限初始位移为

$$\begin{aligned} v(x,0) &= \sum_{i=1}^{\infty} \xi_i(0)\phi_i(x) \\ &= \sum_{i=2,4,\cdots}^{\infty} B_i \sin\left(\frac{i\pi x}{l}\right) + \sum_{i=1,3,\cdots}^{\infty} (B_i + C_i) \sin\left(\frac{i\pi x}{l}\right) \\ &= h \sin\left(\frac{4\pi x}{l}\right) \end{aligned} \qquad (3.123)$$

将最后一个等式乘以 $\sin(j\pi x/l)\mathrm{d}x$, 并且沿弦长积分, 可以得到

$$\begin{aligned} h \int_0^l \sin\left(\frac{4\pi x}{l}\right) \sin\left(\frac{j\pi x}{l}\right) \mathrm{d}x &= \sum_{i=2,4,\cdots}^{\infty} B_i \int_0^l \sin\left(\frac{i\pi x}{l}\right) \sin\left(\frac{j\pi x}{l}\right) \mathrm{d}x + \\ &\quad \sum_{i=1,3,\cdots}^{\infty} (B_i + C_i) \int_0^l \sin\left(\frac{i\pi x}{l}\right) \sin\left(\frac{j\pi x}{l}\right) \mathrm{d}x \end{aligned}$$
$$(3.124)$$

注意到正弦函数的正交性, 这些积分可以很容易计算, 因此, 可得到常数 $B_i$ 的值, 即

$$\left. \begin{array}{l} B_4 = h \\ B_i = 0 \qquad (i \text{ 为偶数, 但 } i \neq 4) \\ B_i = -C_i \quad (i \text{ 为奇数}) \end{array} \right\} \qquad (3.125)$$

初始速度为零, 则需要

$$\frac{\partial v}{\partial t}(x,0) = \sum_{i=1}^{\infty} \dot{\xi}_i(0)\phi_i(x) = \sum_{i=1}^{\infty} \omega_i A_i \sin\left(\frac{i\pi x}{l}\right) = 0 \qquad (3.126)$$

式 (3.126) 乘以 $\sin(j\pi x/l)\mathrm{d}x$ 并且积分, 可以确定对于所有的 $i$, 有 $A_i = 0$, 这些结果可以通过求和得到。注意到对于所有的偶数 $i$, 有 $\xi_i = 0$, 但除了

$$\xi_4 = h\cos(\omega_4 t) \qquad (3.127)$$

并且对于奇数 $i$, 有

$$\xi_i = C_i [1 - \cos(\omega_i t)] \quad (i \text{ 为奇数}) \qquad (3.128)$$

常数 $C_i$ 可以通过将奇数广义坐标代回到运动方程中求得, 即

$$M_i C_i \omega_i^2 = F_0 (-1)^{\frac{i-1}{2}}, \quad t \geqslant 0 \qquad (3.129)$$

给定 $M_i = ml/2$, 会得到

$$C_i = \frac{2lF_0 (-1)^{\frac{i-1}{2}}}{T (i\pi)^2} \qquad (3.130)$$

所以, 完整的弦位移变为

$$v(x,t) = \sum_{i=1}^{\infty} \xi_i(t)\phi_i(x)$$

$$= h\cos(\omega_4 t)\sin\left(\frac{4\pi x}{l}\right) + \frac{2lF_0}{T\pi^2}\sum_{i=1,3,\cdots}^{\infty}\frac{(-1)^{\frac{i-1}{2}}}{i^2}[1-\cos(\omega_i t)]\sin\left(\frac{i\pi x}{l}\right)$$

$$(3.131)$$

因此,第一项是由初始位移导致的响应,并且所有奇数下标的模态之和是强迫力函数导致的响应。

# 3.2 均匀梁扭转动力学

尽管弦振动易于显示,并且表现出很多航空结构的振动特征,但是为了分析这些结构,我们需要更实际的模型。本节将把模态表示的相关概念应用于梁扭转的动力学分析中。梁是指某一方向的尺寸比其他两个方向的尺寸大得多的结构单元。因此就不难理解为什么采用梁理论来理想化大展弦比机翼和直升机旋翼的扭转和弯曲,特别是在概念设计和初步设计阶段。因为许多典型航空结构的行为特征是在梁中发现的,所以对于静气动弹性和动气动弹性,梁形式的升力面的扭转问题均扮演着至关重要的角色。

## 3.2.1 运动方程

对于梁扭转的自由振动,通过设 $r(x,t)=0$,可以得到由 2.3.1 小节推导的运动方程的特殊形式

$$\frac{\partial}{\partial x}\left[\overline{GJ}(x)\frac{\partial\theta}{\partial x}\right] = \overline{\rho I}_p(x)\frac{\partial^2\theta}{\partial t^2} \tag{3.132}$$

上式除了在数量上乘以了一个偏导数外,与弦的动力学方程形式相似。不同的是刚度系数 $\overline{GJ}(x)$ 不像弦的张力,它可能不是一个常数。为了获得解析解,对展向均匀的特殊情况进行研究。虽然属性随 $x$ 的变化并不是 3.5 节中讨论的不同近似方法应用的障碍,但是我们关注的是获取一个解析解用于帮助理解这个结果。当详细探究边界条件时,可以看出,扭转梁可能比弦的边界条件更有趣。

如前所述,应用分离变量法,通过代入

$$\theta(x,t) = X(x)Y(t) \tag{3.133}$$

到偏微分运动方程中,并调整这些项使得 $x$ 与 $t$ 的相关项在等式两边分离,即

$$\frac{[\overline{GJ}(x)X'(x)]'}{\overline{\rho I}_p(x)X(x)} = \frac{\ddot{Y}(t)}{Y(t)} \tag{3.134}$$

两端必同时等于一个常数,比如 $-\omega^2$,因此

$$\frac{[\overline{GJ}(x)X'(x)]'}{\overline{\rho I}_p(x)X(x)} = \frac{\ddot{Y}(t)}{Y(t)} = -\omega^2 \tag{3.135}$$

得到两个常微分方程,即

$$
\left.\begin{array}{r}
\left[\overline{GJ}(x)X'(x)\right]' + \overline{\rho I}_{\mathrm p}(x)\omega^2 X(x) = 0 \\
\ddot{Y}(t) + \omega^2 Y(t) = 0
\end{array}\right\} \tag{3.136}
$$

方程(3.136)的第一项以 $x$ 为变量系数,且得不到解析解,除非是某一特殊情况,比如展向是均匀的。方程(3.136)的第二项与方程(3.6)的第二项相同,其解是众所周知的。

为了深入探讨,需要采用一些特殊化处理。因此,仅仅考虑具有展向均匀属性的梁,则方程(3.136)变为

$$
\left.\begin{array}{r}
X'' + \alpha^2 X = 0 \\
\ddot{Y} + \omega^2 Y = 0
\end{array}\right\} \tag{3.137}
$$

其中,$\alpha^2 = \overline{\rho I}_{\mathrm p}\omega^2 / \overline{GJ}$。当 $\alpha \neq 0$ 时,解可以写为

$$
\left.\begin{array}{r}
X(x) = A\sin(\alpha x) + B\cos(\alpha x) \\
Y(t) = C\sin(\omega t) + D\cos(\omega t)
\end{array}\right\} \tag{3.138}
$$

为了完成求解,常数 $A$ 和常数 $B$ 可以由梁端部的边界条件乘以一个常数来确定,常数 $C$ 和常数 $D$ 为梁变形和变形率的初始值的函数。由于均匀弦横向振动和均匀梁扭转振动的偏微分运动方程均是一维的波动方程,因此自然可以想到之前讨论过的行波与驻波的性质也同样适用于这里。

注意到 $\alpha = 0$ 的特殊情况,它是一种非常重要的特殊情况,其解与通解不同,这将在 3.2.3 小节中予以更细致的强调。

## 3.2.2　边界条件

对于承受纯扭转的梁,每一端均需要一个边界条件。数学上,边界条件由梁端部的 $\theta$ 以及它的偏导数来决定,比如 $\dfrac{\partial \theta}{\partial x}$ 和 $\dfrac{\partial^2 \theta}{\partial t^2}$。由分离变量的前后关系可知,这些端部条件关系到相应的 $X$ 和/或 $X'$ 的条件。对于确定相差一个倍数的常数 $A$ 和 $B$,这些关系是必要且充分的。

端部边界条件的本质来源于端部是怎样被约束的。若端部横截面没有被约束,则该处的拉力等于零。相反,最严格的条件是固支,即不允许端部横截面有转动。虽然这是一种常见的理想化情况,但是在实际中也几乎不可能存在。

对于端部横截面仅仅被部分约束的情况,(约束)包括弹性和/或惯性反作用力。例如,飞机机翼连接一个弹性支撑,如机身就不是完全固支条件,由于在连接点处的固有柔性将使翼根包含一些转动。对于弹性支撑,扭转弹簧理想化的边界条件可以用来创建一个更真实的模型。弹性支撑可以通过静力试验来估计一个合理的值。惯性反作用力的边界条件可能来源于连接的刚体,以体现燃油箱、发动机和武器等的影响。

本小节将考虑两种"基本的"边界条件,并考虑包含导出边界条件的两个例子,该

导出边界条件施加在梁的端部来确定常数 $A$
和 $B$。

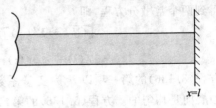

**固支端**：第一种基本的情况(图 3.10)，
在 $x=l$ 的端部，假定梁是固支的或者是刚性
连接到一个固定的支持上。因此，梁端部不
会产生弹性转动，边界条件为

图 3.10　梁的固支端

$$\theta(l,t) = 0 = X(l)Y(t) \quad (3.139)$$

式(3.139)在

$$X(l) = 0 \quad\quad\quad (3.140)$$

时恒满足。

**自由端**：第二种基本的情况，考虑在 $x=l$ 的梁端横截面上没有应力(图 3.11)。
因此，作用在端部横截面上的总扭矩必将为零，即

$$T(l,t) = \overline{GJ}(l)\,\frac{\partial\theta}{\partial x}(l,t) = 0 \quad\quad (3.141)$$

由于 $\overline{GJ}(l)>0$，等式简化为

$$\frac{\partial\theta}{\partial x}(l,t) = X'(l)Y(t) = 0 \quad\quad (3.142)$$

因此，要满足的具体条件是

$$X'(l) = 0 \quad\quad\quad (3.143)$$

**其他端部约束形式**：承受变形的梁的
任意横截面，在其典型横截面上存在一组
拉力，该拉力是应力(三维)投影到面(二
维)上的。从已知横截面的拉力，可以定义
梁在该位置的合力与力矩。当梁的端部与
刚体相连时，刚体施加在梁上的力和力矩

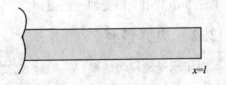

图 3.11　梁的自由端

将与端部横截面的分布力平衡，也就是说，端部横截面上的合力与合力矩是作用在刚
体上的大小相等、方向相反的力和力矩。这些条件与适用于连接体的相应运动定律
一起应用，使我们能够确定边界条件。

对于扭转情况，在任何横截面上，由横向剪切应力引起的拉力绕 $x$ 的合力矩可
认为是扭转力矩 $T$，表示为

$$T \equiv \overline{GJ}\,\frac{\partial\theta}{\partial x} \quad\quad\quad (3.144)$$

$x$ 的方向向右，沿梁端 $x=l$ 的正 $x$ 外法向，正扭矩按右手法则指向 $x$，为了避免与横
向运动耦合，规定连接刚体的质心 $C$ 位于 $x$ 轴(即梁的弹性轴)。该物体绕 $C$ 的质量
惯性矩为 $I_C$，因为它在梁上提供了一个集中转动惯量效应。该问题的受力图如图 3.12
所示。由牛顿第三定律，梁的扭矩对刚体产生一个大小相等、方向相反的扭矩。

回顾 2.1.2 小节叙述的刚体的欧拉第二定律，这里作用在刚体上的力只有来自

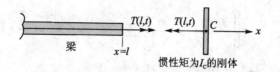

**图 3.12 梁 $x=l$ 端的示意图,显示了扭转力矩 $T$ 和作用于刚体上的大小相等、方向相反的扭矩**

于梁的接触力[①]。因此,欧拉定律左端的 $x$ 分量是作用在该物体上所有力矩的总和,即

$$\left(\sum M_C\right)_x = -T(l,t) \tag{3.145}$$

其中,$T$ 前面的符号为负,这是根据自由体示意图和符号规则,即作用在物体上的力矩与物体转动方向一致为正——在右手法则意义下沿 $x$ 方向。右边的 $x$ 分量是绕 $C$ 的惯性角动量的时间导数,这里简化为惯性力矩乘以角加速度,即

$$\left(\frac{{}^F dH_C}{dt}\right)_x \equiv I_C \frac{\partial^2\theta}{\partial t^2}(l,t) \tag{3.146}$$

其中,左端的左上标 $F$ 表示在 2.1.2 小节中建立的惯性系 $F$ 中的时间导数。

对于刚体的欧拉定律,可以等同表示成下面两种不同的形式,即

$$-T(l,t) \equiv I_C \frac{\partial^2\theta}{\partial t^2}(l,t) \tag{3.147}$$

或

$$-\overline{GJ}\frac{\partial\theta}{\partial x}(l,t) \equiv I_C \frac{\partial^2\theta}{\partial t^2}(l,t) \tag{3.148}$$

该方程表示无耦合扭转振动的梁在 $x=l$ 处连接了刚性的边界条件。

当物体连接于 $x=0$ 端时,存在一种微妙但重要的不同。当 $x$ 指向右侧,梁端 $x=0$ 处的外法向指向负 $x$ 方向,正扭矩按右手法则指向 $-x$。该问题的自由体图如图 3.13 所示。由牛顿第三定律,扭矩对刚体产生一个大小相等、方向相反的扭矩,指向物体的正转向。因此,欧拉定律(由此得到的边界条件)可以写成

$$T(0,t) \equiv I_C \frac{\partial^2\theta}{\partial t^2}(0,t) \tag{3.149}$$

或

$$\overline{GJ}\frac{\partial\theta}{\partial x}(0,t) \equiv I_C \frac{\partial^2\theta}{\partial t^2}(0,t) \tag{3.150}$$

该式可表示无耦合扭转振动的梁在 $x=0$ 处连接了刚体的边界条件。

下面的实例以一个简单的方法来说明弹簧对只承受扭转转动的梁边界条件的贡献。考虑梁在 $x=l$ 处与刚体连接,反过来说,也就是刚体被一个接地弹簧约束。转

---

[①] 注意对于自由振动问题,我们通常忽略重力。

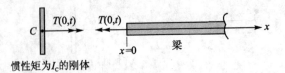

图 3.13　梁 $x=0$ 端的示意图,显示了扭转力矩 $T$ 和
作用于刚体上的大小相等、方向相反的扭矩

动的符号规则不变,$\theta$ 沿 $x$ 方向总为正(比如按右手定则的右手边)。由于连接到梁的端部,故刚体通过 $\theta(l,t)$ 转动。因此,扭转弹簧反作用于这个转动,通过弹簧作用到物体的力矩与转动方向相反(图 3.14)。在刚体上应用欧拉第三定律得到梁的边界条件,因此

$$-k\theta(l,t) - T(l,t) \equiv I_C \frac{\partial^2 \theta}{\partial t^2}(l,t) \tag{3.151}$$

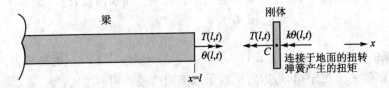

图 3.14　具有刚体和弹簧的例子

如果将物体-弹簧机构替代为 $x=0$ 的梁端,那么通过弹簧施加的力矩方向仍然相同。然而,作用在梁上的正扭矩方向相反,其边界条件变为

$$-k\theta(0,t) + T(0,t) \equiv I_C \frac{\partial^2 \theta}{\partial t^2}(0,t) \tag{3.152}$$

显然,如果没有刚体,即可设定 $I_C=0$,如图 3.15 所示。该问题简化为边界条件为弹性约束的问题。在 $x=l$ 端,对于由扭转引起的任何有限转动,梁端部的扭矩必定与弹簧反作用力大小相等、方向相反,因此

$$-T(l,t) = -\overline{GJ}\frac{\partial\theta}{\partial x}(l,t) = k\theta(l,t) \tag{3.153}$$

然而,在 $x=0$ 端

$$T(0,t) = \overline{GJ}\frac{\partial\theta}{\partial x}(0,t) = k\theta(0,t) \tag{3.154}$$

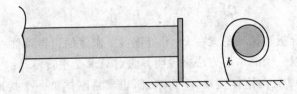

图 3.15　一端受弹性约束的梁

为了利用分离变量法，必须确定关于 $X$ 的相应的边界条件。因此，如前文一样把 $\theta(x,t)$ 写成 $X(x)Y(t)$，即

$$\overline{GJ}X'(l)Y(t) = -kX(l)Y(t) \tag{3.155}$$

即需要

$$\overline{GJ}X'(l) = -kX(l) \tag{3.156}$$

读者可以验证在另一端的相同类型的边界条件将导出

$$\overline{GJ}X'(0) = kX(0) \tag{3.157}$$

其中，符号的改变依据先前定义的正扭转力矩方向的改变。

反过来，如果没有弹簧，则可以设 $k=0$，这个问题简化为惯性约束的情形，仅仅在 $x=l$ 端与刚体连接（图 3.16）。对于端部任意有限的角加速度，梁端部的扭矩必定与集中转动惯量的惯性反作用力大小相等、方向相反。因此

$$-\overline{GJ}\,\frac{\partial\theta}{\partial x}(l,t) = I_c\,\frac{\partial^2\theta}{\partial t^2}(l,t) \tag{3.158}$$

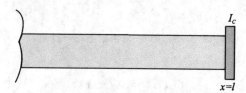

**图 3.16　一端受惯性约束的梁**

用 $X(x)$，$Y(t)$ 以及它们的导数来表示这个条件，可以发现

$$-\overline{GJ}X'(l)Y(t) = I_cX(l)\ddot{Y}(t) \tag{3.159}$$

根据分离变量法，对于自由振动（比如没有外部力），可以把 $Y(t)$ 当做对简谐运动的描述，这一点可以从方程（3.137）中的第二式确定，即有

$$\ddot{Y}(t) = -\omega^2Y(t) = -\frac{\alpha^2\,\overline{GJ}}{\rho I_{\mathrm{p}}}Y(t) \tag{3.160}$$

将式（3.160）代入条件式（3.159）中，得到

$$\overline{GJ}X'(l)Y(t) = \alpha^2\,\frac{\overline{GJ}}{\rho I_{\mathrm{p}}}I_cX(l)Y(t) \tag{3.161}$$

即需要

$$\overline{\rho I_{\mathrm{p}}}X'(l) = \alpha^2I_cX(l) \tag{3.162}$$

如前所述，读者可以验证在另一端的相同类型的边界条件将导出

$$\overline{\rho I_{\mathrm{p}}}X'(0) = -\alpha^2I_cX(0) \tag{3.163}$$

注意到，运用方程（3.160）可以将方程（3.158）表达为

$$\overline{GJ}\,\frac{\partial\theta}{\partial x}(l,t) = \omega^2I_c\theta(l,t) \tag{3.164}$$

需要说明的是，该方程仅仅针对简谐运动成立。

### 3.2.3　模态振型与频率求解实例

本小节将考虑几个扭转振动梁的模态振型与固有频率计算的实例。首先从固支-自由的情况开始,即经常说的"悬臂梁"。然后,考虑自由-自由的情况,加以说明刚体模态的概念。最后,考虑一个需要超越特征方程数值求解的工况:梁在其根部固支,在其梢部用扭转弹簧进行约束。

**固支-自由梁求解实例。** 为了说明这些边界条件的应用,考虑一根均匀梁的情况,在 $x=0$ 处固支,在 $x=l$ 处自由,如图 3.17 所示。该情况下的边界条件为

$$X(0) = X'(l) = 0 \tag{3.165}$$

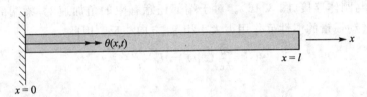

**图 3.17　固支-自由梁扭转示意图**

回顾前面确定通解为

$$\theta(x,t) = X(x)Y(t) \tag{3.166}$$

其中,$X$ 和 $Y$ 由方程(3.138)给出。对于 $\alpha \neq 0$,这些方程的第一式有解

$$X(x) = A\sin(\alpha x) + B\cos(\alpha x) \tag{3.167}$$

显然边界条件会导致

$$\left.\begin{array}{ll} X(0) = 0 & \text{需满足 } B = 0 \\ X'(l) = 0 & \text{需满足 } A\alpha\cos(\alpha l) = 0 \end{array}\right\} \tag{3.168}$$

如果 $A=0$,则可得到一个平凡解,即变形始终为零。因为 $\alpha \neq 0$,故非平凡解要求

$$\cos(\alpha l) = 0 \tag{3.169}$$

该式称为"特征方程",它的解由称为"特征值"的可数无限集组成,表示为

$$\alpha_i l = \frac{(2i-1)\pi}{2} \quad (i = 1,2,\cdots) \tag{3.170}$$

注意到一般解的 $Y(t)$ 部分显示出简谐运动形式,如方程(3.160)所列,因此固有频率为

$$\omega = \alpha\sqrt{\frac{GJ}{\rho I_{\text{p}}}} \tag{3.171}$$

因为 $\alpha$ 仅有特定值,所以频率也只能取特定的数值,其公式为

$$\omega_i = \alpha_i\sqrt{\frac{GJ}{\rho I_{\text{p}}}} = \frac{(2i-1)\pi}{2l}\sqrt{\frac{GJ}{\rho I_{\text{p}}}} \tag{3.172}$$

这就是梁的固有频率。与每个频率相关的是"模态振型",可以通过通解中与 $x$ 相关的部分来确定。这些模态振型(或者特征函数)可以写为

$$\phi_i(x) = \sin(\alpha_i x) = \sin\left[\frac{(2i-1)\pi x}{2l}\right] \tag{3.173}$$

或者是任何一个常数乘以 $\phi_i(x)$，这些模态振型的前三阶如图 3.18 所示。自由端的导数为零表明自由端没有扭转力矩。

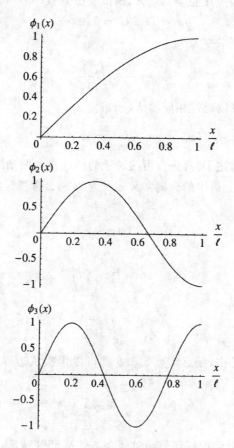

**图 3.18　固支-自由梁扭转振动的前三阶模态**

**自由-自由梁求解实例。** 第二个实例是梁两端为自由-自由的情况，如图 3.19 所示，本例将同时展现前文所述的弹性运动和刚体运动。边界条件为

$$X'(0) = X'(l) = 0 \tag{3.174}$$

**图 3.19　自由-自由梁扭转示意图**

从方程(3.138)对 $X(x)$ 的通解中可以发现，对于 $\alpha \neq 0$

$$X'(x) = A\alpha\cos(\alpha x) - B\alpha\sin(\alpha x) \tag{3.175}$$

因此，在 $x=0$ 处的条件需满足

$$A\alpha = 0 \tag{3.176}$$

对于 $A=0$,在 $x=l$ 处的条件需满足

$$\sin(\alpha l) = 0 \tag{3.177}$$

因为当 $B=0$ 时,将获得一个空解($\theta \equiv 0$),所以特征方程(3.177)将通过式

$$\alpha_i l = i\pi \quad (i = 1, 2, \cdots) \tag{3.178}$$

来满足。相应的固有频率变为

$$\omega_i = \frac{i\pi}{l} \sqrt{\frac{GJ}{\rho \overline{I}_{\mathrm{p}}}} \tag{3.179}$$

与之相关的模态振型可以通过相应的 $X(x)$ 确定为

$$\phi_i(x) = \cos(\alpha_i x) = \cos\left(\frac{i\pi x}{l}\right) \tag{3.180}$$

这些频率和模态振型描述了自由-自由扭转梁的弹性自由振动的正交模态。

　　这时,如果将先前分析中的分离常数 $\alpha$ 设为 0,那么常微分控制方程将变为

$$\frac{X''}{X} = \frac{\overline{\rho I_{\mathrm{p}}}}{GJ} \frac{\ddot{Y}}{Y} = 0 \tag{3.181}$$

或

$$X''(x) = 0 \quad \text{且} \quad \ddot{Y}(t) = 0 \tag{3.182}$$

这些方程的通解可写为

$$\left. \begin{array}{l} X(x) = ax + b \\ Y(t) = ct + d \end{array} \right\} \tag{3.183}$$

在解的空间的相关部分中,任意常数 $a$ 和 $b$ 都可以再次从边界条件中确定。对于这个自由-自由梁的情况,需要满足条件

$$\begin{array}{ll} X'(0) = 0 & \text{需满足 } a = 0 \\ X'(l) = 0 & \text{需满足 } a = 0 \end{array} \tag{3.184}$$

由于对于常数 $b$,在不需强加任何限制时两个条件都可以满足,因此这个常数可以是任意的,这就表明对于 $\alpha=0$,扭转变形是非平凡解。从满足 $a=0$ 的 $X(x)$ 中,很明显地看出相应的 $\theta$ 值与坐标 $x$ 无关。这意味着对于 $\alpha=0$,梁的运动是"刚性"转动。

　　该运动与时间相关的解 $Y(t)$ 也不同于弹性运动获得的解。首先,该运动不是振动,因此,刚体的固有频率为零。任意常数 $c$ 和 $d$ 可以通过刚体的指向和角速度的初始值来获得。为了总结自由-自由扭转梁的完整解,广义坐标的集合可以定义为

$$\theta(x, t) = \sum_{i=0}^{\infty} \phi_i(x) \xi_i(t) \tag{3.185}$$

其中,

$$\left. \begin{array}{l} \phi_0 = 1 \\ \phi_i = \cos\left(\frac{i\pi x}{l}\right) \quad (i = 1, 2, \cdots) \end{array} \right\} \tag{3.186}$$

前三阶弹性模态振型如图 3.20 所示。梁两端的导数为零表明不存在扭转力矩。与这些模态振型对应的固有频率为

$$\left.\begin{aligned}\omega_0 &= 0 \\ \omega_i &= \frac{i\pi}{l}\sqrt{\frac{GJ}{\rho \bar{I}_\mathrm{p}}} \quad (i=1,2,\cdots)\end{aligned}\right\} \tag{3.187}$$

注意到,刚体广义坐标 $\xi_0(t)$ 代表梁绕 $x$ 轴刚性转动的弧度值。

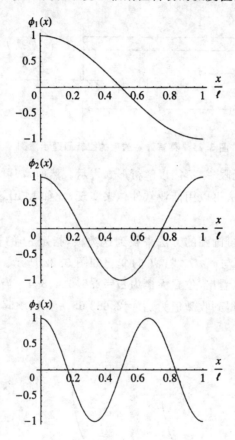

**图 3.20　自由-自由梁扭转振动的前三阶弹性模态**

一种快速验证刚体模态存在的方法是:将 $\omega=0$ 和 $X=a$ 常数代入到微分方程以及关于 $X$ 的边界条件中,当且仅当所有条件都满足时,刚体模态才存在。注意:不要尝试讨论因为 $\alpha=0$ 满足特征方程(3.177)而导致刚体模态存在,因为我们为了获得这个方程,已经假设了 $\alpha \neq 0$。

**固支-弹簧约束梁求解实例。** 最后一个扭转梁实例是如图 3.21 所示的系统。梁在 $x=0$ 端固支,另一端用扭转弹簧约束,弹性常数 $k=\zeta\overline{GJ}/l$,其中 $\zeta$ 为无量纲参数。因此关于 $X$ 的边界条件为

$$X(0) = 0$$

$$\overline{GJ}X'(l) = -kX(l) = -\frac{\overline{GJ}}{l}\zeta X(l) \rightarrow lX'(l) + \zeta X(l) = 0 \Bigg\} \quad (3.188)$$

把这些边界条件代入方程(3.138)的通解,可以看出,第一个条件需要 $B = 0$;由第二个条件连同对非平凡解的要求一起,得到

$$\zeta\tan(\alpha l) + \alpha l = 0 \qquad (3.189)$$

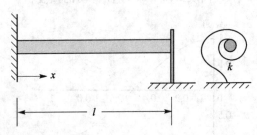

**图 3.21  具有弹簧约束的扭转问题示意图**

超越方程的根为可数无限集,不能以解析形式表示。然而,却可以使用数值方法来获得所需要的根,数值方法可以用商业软件包来实现,比如 Mathematica™,Maple™和MATLAB™。

一般来说,可以通过画图的方法来找到这类根,指定 $\alpha l$ 的初始值,比如,对一个指定的值 $\zeta = 5$,$\tan(\alpha l)$ 与 $-\alpha l/\zeta$ 随 $\alpha l$ 的变化如图 3.22 所示。曲线的交点(如图中圆点所示)即为解,可以看出,位置大概为 $\alpha l = 2.6, 5.4, 8.4$。当这些值用于寻找根的初步估计时,可以快速得到收敛值为 $\alpha_1 l = 2.653\,66$,$\alpha_2 l = 5.454\,35$ 和 $\alpha_3 l = 8.391\,35$。

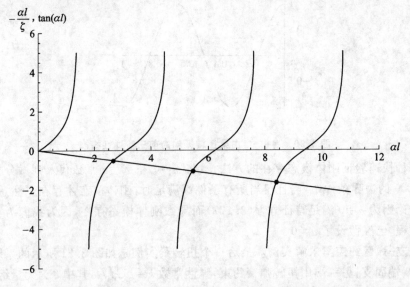

**图 3.22  对于 $\zeta = 5$,$\tan(\alpha l)$ 与 $-\alpha l/\zeta$ 随 $\alpha l$ 的变化曲线**

作为这个特例的一种可选方法,可以求解关于 $\zeta$ 的方程(3.189),并且无须迭代,通过画出 $\zeta$-$\alpha l$ 的关系图来找出根。

因此,方程(3.189)的根是 $\zeta$ 的函数,前四个根随 $\zeta$ 的变化如图 3.23 所示。通过 $\alpha_i$ 表示这些根,其中 $i=1,2,\cdots$,可以得到相应的固有频率

$$\omega_i = \alpha_i \sqrt{\frac{GJ}{\rho \bar{I}_p}} \quad (i = 1, 2, \cdots) \tag{3.190}$$

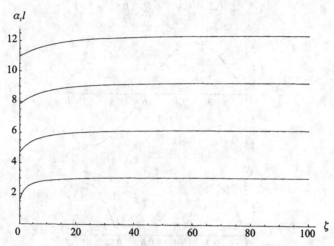

**图 3.23  对固支-弹簧约束的扭转梁的 $\alpha_i$ 最小值随 $\zeta$ 的变化曲线**

从图 3.23(和方程(3.189))可以看出,当 $\zeta$ 趋于 0 时,$\alpha_1 l$ 趋向于 $\pi/2$,这意味着基本的固有频率为

$$\omega_1 = \frac{\pi}{2l} \sqrt{\frac{GJ}{\rho \bar{I}_p}} \quad (\zeta \to 0) \tag{3.191}$$

这就是固支-自由扭转梁的固有频率(方程(3.191))。也可以看出,当 $\zeta$ 趋向于无穷时,$\alpha_1 l$ 趋向于 $\pi$,因此基本固有频率为

$$\omega_1 = \frac{\pi}{l} \sqrt{\frac{GJ}{\rho \bar{I}_p}} \quad (\zeta \to \infty) \tag{3.192}$$

这就是固支-固支扭转梁的固有频率。回顾控制方程和边界条件的相似性,固支-固支扭转梁的固有频率的确定是直接效仿先前两端均固定的弦的固有频率的求解得到的。

为了获得相应的模态振型,我们提取关于 $\alpha_i$ 的解并代回到 $X$ 中,且任意设定 $A=1,B=0$。因此,得到的模态振型为

$$\phi_i = \sin(\alpha_i x) \quad (i = 1, 2, \cdots) \tag{3.193}$$

对于 $\zeta=1$ 的前三阶振型如图 3.24 所示。正如预料的那样,扭转角及其导数二者在端部均不等于零。仔细观察图 3.24 可以看出,频率越高,弹簧约束端的特征越像自由端。

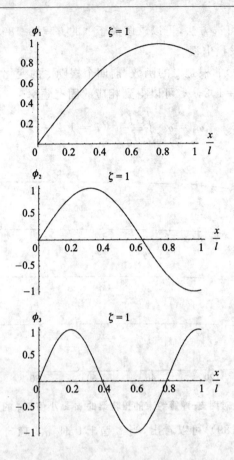

**图 3.24** $\zeta=1$ 时固支-弹簧约束扭转梁的前三阶模态振型

### 3.2.4 受迫响应计算

　　如 3.1.7 小节所述,扭转梁初始值问题的方程几乎与弦的相同。首先要确定外加载荷的虚功,比如 2.3.1 小节讨论的单位长度分布的扭转力矩。我们可以从这里找到与扭转运动关联的广义力。一旦得知广义力,就可以求解广义运动方程,形式如方程(3.90)所列。如 3.1.7 小节的实例所述,这个初始值问题可以采用正交性来解决,从而获得通解和特解的任意常数。

## 3.3　均匀梁弯曲动力学

　　梁弯曲的自由振动一般指"横向振动",这种运动与弦的横向运动和梁的扭转运动的不同之处在于运动控制方程具有不同的数学形式。尽管这些方程不同,但它们的解可以通过相似的形式和相似的物理特征得到。再次说明,我们从沿 $x$ 方向变化的属性开始,这一点在需要的时候会予以强调。观察发现,尽管多数航空结构同时经历弯曲和扭转振动,但在这里我们选择特定的构型变量来解耦这些运动形式。

## 3.3.1　运动方程

根据 2.3.2 小节,为方便起见,方程(2.53)重新写为

$$\frac{\partial^2}{\partial x^2}\left(\overline{EI}\,\frac{\partial^2 v}{\partial x^2}\right)+m\,\frac{\partial^2 v}{\partial t^2}=f(x,t) \tag{3.194}$$

在以下部分,我们将当 $f(x,t)=0$ 时的自由振动作为特殊情况对待。

## 3.3.2　通　解

梁横向振动的运动方程的解可以由独立变量的分离来得到。该分离记为

$$v(x,t)=X(x)Y(t) \tag{3.195}$$

将其代入运动方程中,可以得到

$$\frac{(\overline{EI}X'')''}{mX}=-\frac{\ddot{Y}}{Y} \tag{3.196}$$

由于与 $x$ 和 $t$ 的相关项被分离到等式两端,因此每端必须等于一个常数,即 $\omega^2$,从而导致常微分方程变成

$$\left.\begin{array}{l}(\overline{EI}X'')''-m\omega^2 X=0\\[6pt]\ddot{Y}+\omega^2 Y=0\end{array}\right\} \tag{3.197}$$

为了简化,考虑沿展向全部属性都均匀的特殊情形,则方程(3.197)的第一式简化为

$$X^{(4)}=\alpha^4 X \tag{3.198}$$

其中

$$\alpha^4=\frac{m\omega^2}{EI} \tag{3.199}$$

是一个常数。

对于 $\alpha\neq 0$,方程(3.197)的第二式的通解可以写为与弦振动及梁扭转相同的形式,即

$$Y(t)=A\sin(\omega t)+B\cos(\omega t) \tag{3.200}$$

对于 $\alpha\neq 0$,与空间相关的方程的通解可以通过假设解具有形式

$$X(x)=\exp(\lambda x) \tag{3.201}$$

来得到,把这个假设形式代入关于 $X(x)$ 的四阶微分方程中,可以得到

$$\lambda^4-\alpha^4=0 \tag{3.202}$$

方程(3.202)可以因式分解为

$$(\lambda-\mathrm{i}\alpha)(\lambda+\mathrm{i}\alpha)(\lambda-\alpha)(\lambda+\alpha)=0 \tag{3.203}$$

表明通解形式为

$$X(x)=C_1\exp(\mathrm{i}\alpha x)+C_2\exp(-\mathrm{i}\alpha x)+C_3\exp(\alpha x)+C_4\exp(-\alpha x) \tag{3.204}$$

把指数函数重写为三角正弦、三角余弦、双曲正弦和双曲余弦的函数,可以得到通解的另一种形式

$$X(x) = D_1\sin(\alpha x) + D_2\cos(\alpha x) + D_3\sinh(\alpha x) + D_4\cosh(\alpha x) \quad (3.205)$$

最终确定常数 $D_i(i=1,2,3,4)$ 和 $\alpha$ 需要指定合适的边界条件。为了实现这个求解过程,式(3.205)解的形式可以调整为

$$X(x) = E_1[\sin(\alpha x) + \sinh(\alpha x)] + E_2[\sin(\alpha x) - \sinh(\alpha x)] +$$
$$E_3[\cos(\alpha x) + \cosh(\alpha x)] + E_4[\cos(\alpha x) - \cosh(\alpha x)] \quad (3.206)$$

这样在某些情况下,可以提供代数运算上的微小优势。为了得到完整的解,首先,需要通过梁的初始挠度和挠度率来确定常数 $A$ 和 $B$,余下的四个常数 $C_i$、$D_i$ 或者 $E_i$($i=1,2,3,4$)必须利用梁两端的边界条件得到。与扭转一样,一个重要且特殊的情形是,$\alpha=0$ 对应的是梁弯曲的刚体模态,这将在 3.3.4 小节中予以更细致的强调。

### 3.3.3 边界条件

对于梁的弯曲问题,提供梁两端的边界条件是非常必要的。在数学上,边界条件会影响横向振动方程的解 $v$ 及其偏导数,如 $\partial v/\partial x, \partial^2 v/\partial x^2, \partial^3 v/\partial x^3, \partial^2 v/\partial t^2, \partial^3 v/\partial x\partial t^2$。在分离变量的前提下,边界条件也就相应地约束了 $X, X', X'', X'''$ 中的几个或所有情况,从而要得到常数 $C_i$、$D_i$ 或者 $E_i$($i=1,2,3,4$),就只需获取四种边界条件对 $X$ 及其导数的影响,而最终的结果,例如 $C_1$ 和 $C_3$ 之间,则会是一个常系数比值关系。

与扭转相同,边界条件的性质源于端部是如何被约束的。当端部截面没有被约束时,拉力恒为 0。相反地,最严格的边界条件是完全固支,此种固支条件将完全约束截面的平动和转动。需要说明的是,与扭转情况相同,虽然是实际中难以实现的,但弯曲中的固支端仍然是一种常见的理想化模型。

对于弯曲问题,端部截面只被部分地约束的各种情况是实际存在的。这些情况大多涉及弹性和/或惯性条件的反作用。通常,使用平动和转动弹簧作为理想化的边界条件模型来模拟更真实的柔性支撑。通过静态试验可以确定平动和转动的柔性支撑的合理值。最后,可以使用刚体和弹簧的组合来建立连接刚体的模型,比如油箱、发动机、武器外挂和实验室夹具。

本节将分别考虑四种“基本”的边界条件;四种涉及单独弹性和惯性约束的导出边界条件;还有两个导出边界条件的实例,该边界条件涉及 $v$ 及其偏导数组合,并施加在梁的端部,用于确定通解 $X$ 中的四个任意常量。

边界条件可以涉及以下一个或更多线性关系的形式:梁的挠度、前三阶空间偏导数和前两阶时间偏导数。虽然数学上没有做出要求,但是指定在梁端部的特定条件的组合应该代表物理上能实现的约束。不同的梁挠度的空间偏导数反映了沿梁任意点处的特定状态。有以下四种我们关心的实际状态:

① 变形 $= v(x,t) = X(x)Y(t)$;

② 斜率 $=\beta(x,t)=\dfrac{\partial v}{\partial x}(x,t)=X'(x)Y(t)$；

③ 弯矩 $=M(x,t)=\overline{EI}(x)\dfrac{\partial^2 v(x,t)}{\partial x^2}=\overline{EI}(x)X''(x)Y(t)$；

④ 剪力 $=V(x,t)=-\dfrac{\partial}{\partial x}\left[\overline{EI}(x)\dfrac{\partial^2 v(x,t)}{\partial x^2}\right]=-\left[\overline{EI}(x)X''(x)\right]'Y(t)$。

应当注意的是：在讨论梁的这些状态量的时候，习惯上将两端的挠度取相同的正方向，转角也一样。但是，剪力和弯矩则不同，它们各自在梁两端的正方向是相反的，如图 2.6 中所示。

作用于梁端部的最常见的边界条件包含成对的独立状态量为零的情况。这样典型的边界条件有下面几种构型（专门针对展向均匀梁）：

● 固支端，零挠度，零转角，如图 3.10 所示，有 $v(l,t)=\dfrac{\partial v(l,t)}{\partial t}=0$，因此 $X(l)=X'(l)=0$。

● 自由端，零弯矩，零剪力，如图 3.11 所示，有 $M(l,t)=V(l,t)=0$，因此 $X''(l)=X'''(l)=0$。

● 简支端，零挠度，零弯矩，用"$\triangle$"符号表示，如图 3.25 所示，并且有 $v(l,t)=M(l,t)=0$，因此 $X(l)=X''(l)=0$。

● 滑动端，零剪力，零转角，如图 3.26 所示，有 $\dfrac{\partial v(l,t)}{\partial t}=V(l,t)=0$，因此 $X'(l)=X'''(l)=0$。

上述边界条件也能以相同的形式出现在 $x=0$ 端。

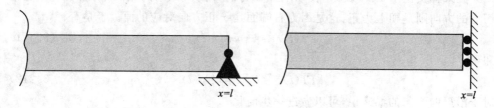

图 3.25  铰接端状态示意图          图 3.26  滑动端状态示意图

除了这些零状态的条件外，也可以派生出涉及弹性和惯性元件的等效线性约束反作用力的边界条件。这些边界条件有如下四种最简单的情况：

● 平动的弹性约束；
● 转动的弹性约束；
● 平动的惯性约束；
● 转动的惯性约束。

下面更加深入地呈现两个额外的实例，这是由于这两个实例将用来说明这四种形式的组合。

**平动的弹性约束。** 如图 3.27 所示，考虑一个承受弯曲梁，在 $x=0$ 端连接一个具有弹性常数为 $k$ 的平动弹簧的情况。设 $x=0$ 端的挠度由 $v(0,t)$ 表示，此处向上为正方向，则弹簧会产生一个将梁往原位置拉的向下的力，这个力的大小为 $kv(0,t)$。由于在左端面（$-x$ 方向对应的面），截面剪切应力向下为正，则此处的边界条件为

$$V(0,t) = kv(0,t) \tag{3.207}$$

由剪切应力的定义得到

$$-\frac{\partial}{\partial x}\left(\overline{EI}\,\frac{\partial^2 v}{\partial x^2}\right)(0,t) = kv(0,t) \tag{3.208}$$

为了应用分离变量之便，必须代入 $v(x,t)=X(x)Y(t)$，即得到

$$\left[\overline{EI}(0)X''(0)\right]' = -kX(0) \tag{3.209}$$

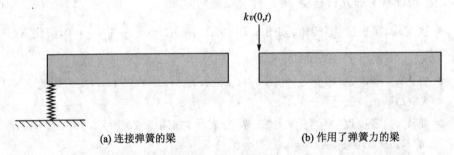

(a) 连接弹簧的梁　　　　　　　(b) 作用了弹簧力的梁

**图 3.27　在 $x=0$ 端具有弹簧的承受弯曲的梁的实例**

对于展向均匀的梁来说，可以做进一步简化

$$\overline{EI}X'''(0) = -kX(0) \tag{3.210}$$

如果弹簧位于 $x=l$ 端，则在该端弹簧力的方向与原来的相同，依然朝下。但剪切力的方向则是朝上为正，这是因为右端面是 $x$ 正方向对应的面。于是有

$$V(l,t) = -kv(l,t) \tag{3.211}$$

和

$$\left[\overline{EI}(l)X''(l)\right]' = kX(l) \tag{3.212}$$

对于沿展向均匀的梁来说，可以做进一步简化

$$\overline{EI}X'''(l) = kX(l) \tag{3.213}$$

每端还需再补充一个边界条件，因为每端都需要两个边界条件。例如，考虑两端都具有平动弹簧的梁，如图 3.28 所示。在这种情况下，每端的另一个边界条件应该是弯矩为零。

**转动的弹性约束。** 如图 3.29 描述的那样，下面考虑右端存在转动弹簧的情况。对于在 $x=l$ 端转角为 $\partial v/\partial x$ 的端部截面转动，以逆时针方向为正。而弹簧则会施加一个相反方向的恢复力矩。由于梁右端弯矩以逆时针为正，边界条件即变为

$$M(l,t) = -k\,\frac{\partial v}{\partial x}(l,t) \tag{3.214}$$

由弯矩的定义，有

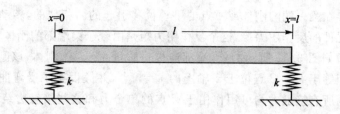

**图 3.28　两端均具有平动弹簧的梁的示意图**

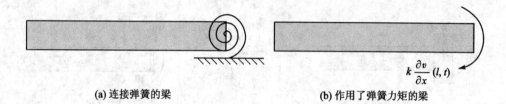

(a) 连接弹簧的梁　　　　　　　　　(b) 作用了弹簧力矩的梁

**图 3.29　右端具有扭转弹簧的承受弯曲的梁的实例**

$$\overline{EI}\,\frac{\partial^2 v(l,t)}{\partial x^2} = -\,k\,\frac{\partial v(l,t)}{\partial x} \tag{3.215}$$

则关于 $X$ 的边界条件变为

$$\overline{EI}X''(l) = -\,kX'(l) \tag{3.216}$$

　　与剪切力一样,弯矩符号的规律也是两端相反,即两端正方向相反。在此处即左端,弹簧施加了一个顺时针的力矩;但这时,弯矩沿顺时针方向为正。因此,可以将

$$\left.\begin{array}{l} M(0,t) = k\,\dfrac{\partial v(0,t)}{\partial x} \\[3mm] \overline{EI}\,\dfrac{\partial^2 v(0,t)}{\partial x^2} = k\,\dfrac{\partial v(0,t)}{\partial x} \end{array}\right\} \tag{3.217}$$

写为关于 $v(x,t)$ 及其偏导数的条件,将

$$\overline{EI}X''(0) = kX'(0) \tag{3.218}$$

写为关于 $X(x)$ 及其偏导数的条件。与之前一样,每端各还需要一个条件。例如,考虑如图 3.30 所示两端具有转动弹簧的梁,在这里,需要设定梁两端的剪切力等于零。

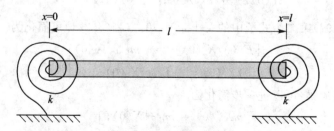

**图 3.30　两端都具有扭转弹簧的梁的示意图**

**平动和转动的惯性约束。**平动惯性约束来源于惯性元件的反作用力,这个反作

用力是由连接在梁一端的刚体或质点的平动位移引起的。相似的,转动惯性约束也来源于惯性元件的反作用力矩,这个反作用力矩是由置于梁端部的刚体转动产生的。

　　下面考虑如图 3.31 所示的梁,端部连接一质量为 $m_C$ 的刚体,该刚体绕质心 $C$ 的质量惯性矩等于 $I_C$。$C$ 点位于 $x$ 轴上的 $x=0$ 点,并假设梁承受弯曲变形。梁施加在物体上的所有接触力均可用作用于 $C$ 点的单个力和这些接触力绕 $C$ 点的力矩来等效。而实际上,这些接触力的合力可以简单地表示为剪切力 $V(0,t)$,它们绕 $C$ 点的力矩是弯矩 $M(0,t)$。

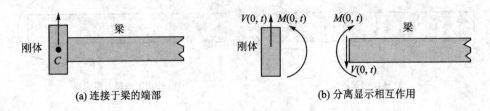

(a) 连接于梁的端部　　　　　　　　　(b) 分离显示相互作用

**图 3.31　刚体示意图**

　　因此,写出欧拉第一和第二定律的形式就是

$$\left.\begin{array}{l} V(0,t) = m_C \dfrac{\partial^2 v(0,t)}{\partial t^2} \\[3mm] M(0,t) = I_C \dfrac{\partial^3 v(0,t)}{\partial x \partial t^2} \end{array}\right\} \tag{3.219}$$

则分别写成 $v$ 及其偏导数的形式为

$$\left.\begin{array}{l} -\dfrac{\partial}{\partial x}\left[\overline{EI}(0)\,\dfrac{\partial^2 v(0,t)}{\partial x^2}\right] = m_C \dfrac{\partial^2 v(0,t)}{\partial t^2} \\[4mm] \overline{EI}(0)\,\dfrac{\partial^2 v(0,t)}{\partial x^2} = I_C \dfrac{\partial^3 v(0,t)}{\partial x \partial t^2} \end{array}\right\} \tag{3.220}$$

为了确定在 $X$ 上的边界条件,先代入 $v(x,t)=X(x)Y(t)$ 到式(3.220)中,得到

$$\left.\begin{array}{l} -\left[\overline{EI}(0)X''(0)\right]'Y(t) = m_C X(0)\ddot{Y}(t) \\[3mm] \overline{EI}(0)X''(0)Y(t) = I_C X'(0)\ddot{Y}(t) \end{array}\right\} \tag{3.221}$$

回顾方程(3.197)第二个式子中的 $\ddot{Y}+\omega^2 Y=0$,方程(3.221)可简化为

$$\left.\begin{array}{l} -\left[\overline{EI}(0)X''(0)\right]' = -m_C\,\omega^2 X(0) \\[3mm] \overline{EI}(0)X''(0) = -I_C\,\omega^2 X'(0) \end{array}\right\} \tag{3.222}$$

对于展向均匀的梁,可以进一步简化为

$$\left.\begin{array}{l} mX'''(0) = m_C\,\alpha^4 X(0) \\[3mm] mX''(0) = -I_C\,\alpha^4 X'(0) \end{array}\right\} \tag{3.223}$$

方程(3.223)适用于一个刚体连接于自由端的情况。而对于质点来说,可以简单地设置 $I_C=0$。最后,当考虑梁的另一端时,只需要改变合力的符号,即

$$
\left.\begin{array}{c}
-V(l,t) = m_C \, \dfrac{\partial^2 v(l,t)}{\partial t^2} \\[2mm]
-M(l,t) = I_C \, \dfrac{\partial^3 v(l,t)}{\partial x \partial t^2}
\end{array}\right\}
\tag{3.224}
$$

从式(3.224)可得展向均匀梁关于 $X$ 的边界条件,即

$$
\left.\begin{array}{c}
mX'''(l) = - m_C \, \alpha^4 X(l) \\[2mm]
mX''(l) = I_C \, \alpha^4 X'(l)
\end{array}\right\}
\tag{3.225}
$$

注意到,允许利用方程(3.225)的第二式将方程(3.197)表示为

$$
\left.\begin{array}{c}
V(l,t) = m_C \, \omega^2 v(l,t) \\[2mm]
M(l,t) = I_C \, \omega^2 \, \dfrac{\partial v(l,t)}{\partial x}
\end{array}\right\}
\tag{3.226}
$$

需要满足的限制条件仅适用于自由振动。

　　**其他边界形式。**现在我们转移注意力到另外两个稍微复杂的实例。第一个实例如图 3.32 所示。右端连接一质量为 $m_C$ 的刚体,该刚体对质心 $C$ 的转动惯量为 $I_C$。物体的质心与连接点($x=l$)的偏置距离为 $e$(本例和前一例不同之处在于,前例的质心 $C$ 位于 $x=l$ 处,且 $e=0$,参看图 3.31)。假设刚体的质心在 $x$ 轴上,这样横向振动就不会引起扭转振动,反之亦然。作用在物体上的所有力的总和为

$$
\left( \sum F \right)_y \equiv - V(l,t)
\tag{3.227}
$$

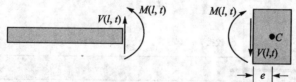

(a) $x=l$ 处作用了合力的梁　　　　(b) 从梁施加的接触力和力矩的刚体

**图 3.32　刚体连接在承受弯曲梁右端的实例**

欧拉第一定律表明此处合力等于质量乘以 $C$ 点的加速度。$C$ 点在 $y$ 方向的加速度可写为

$$
a_{c_y} = \frac{\partial^2 v(l,t)}{\partial t^2} + e \, \frac{\partial^3 v(l,t)}{\partial t^2 \partial x}
\tag{3.228}
$$

其中,刚体绕 $z$ 轴(垂直于纸面方向)的角加速度为

$$
a_z = \frac{\partial^3 v(l,t)}{\partial t^2 \partial x}
\tag{3.229}
$$

因此,对刚体的欧拉第一定律是

$$
-V(l,t) = m_C \left[ \frac{\partial^2 v(l,t)}{\partial t^2} + e \, \frac{\partial^3 v(l,t)}{\partial t^2 \partial x} \right]
\tag{3.230}
$$

作用在 $z$ 方向绕 $C$ 点的合力矩为

$$
\left( \sum M_C \right)_z \equiv - M(l,t) + eV(l,t)
\tag{3.231}
$$

欧拉第二定律表明,绕 $C$ 点的转动惯量乘以绕 $z$ 轴的角加速度等于此处的合力矩,即有

$$-M(l,t) + eV(l,t) = I_C \frac{\partial^3 v(l,t)}{\partial t^2 \partial x} \tag{3.232}$$

联立方程(3.230)和方程(3.232)可以求解 $V(l,t)$ 和 $M(l,t)$,即有

$$\left.\begin{array}{l} M(l,t) = -(I_C + m_C e^2) \dfrac{\partial^3 v(l,t)}{\partial t^2 \partial x} - m_C e \dfrac{\partial^2 v(l,t)}{\partial t^2} \\[2ex] V(l,t) = -m_C \left[ \dfrac{\partial^2 v(l,t)}{\partial t^2} + e \dfrac{\partial^3 v(l,t)}{\partial t^2 \partial x} \right] \end{array}\right\} \tag{3.233}$$

其中,梁的作用力为

$$\left.\begin{array}{l} M(l,t) \equiv \overline{EI}(l) \dfrac{\partial^2 v(l,t)}{\partial x^2} \\[2ex] V(l,t) \equiv -\dfrac{\partial}{\partial x} \left[ \overline{EI}(l) \dfrac{\partial^2 v(l,t)}{\partial x^2} \right] \end{array}\right\} \tag{3.234}$$

最后一个实例是与地面铰接的梁左端再连接一个机构。如图 3.33 所示,无质量刚性杆的长度为 $h$,质点的质量为 $m_C$;整个组合可看做是一个质量为 $m_C$ 和绕支轴的转动惯量为 $m_C h$ 的刚体。无质量杆嵌入在梁的左端,并能随之转动。对于 $x=0$ 处横截面绕垂直于纸面方向的轴(即 $z$ 轴)的转动,指定逆时针为正方向,则对应的值为

$$\beta(0,t) = \frac{\partial v}{\partial t}(0,t) \tag{3.235}$$

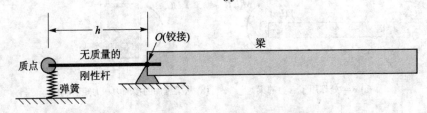

**图 3.33　机构连接在承受弯曲梁左端的实例**

逆时针的转动同时引起了质点向下的位移 $h\beta(0,t)$,从而使弹簧产生方向向上、大小为 $kh\beta(0,t)$ 的力。如图 3.34 所示为自由体的图,刚体的旋转以逆时针方向为正。支点表示为 $O$,于是得到作用于机构力矩的总和为

$$\left(\sum M_O\right)_z \equiv M(0,t) - kh^2 \frac{\partial v(0,t)}{\partial x} \tag{3.236}$$

这里,使用欧拉第二定律以避免去求 $O$ 点的支座反力,这使得需要列出绕 $O$ 点的力矩总和,绕 $O$ 点的转动惯量与角加速度的乘积的等式为

$$M(0,t) - kh^2 \frac{\partial v(0,t)}{\partial x} = m_C h^2 \frac{\partial^3 v(0,t)}{\partial t^2 \partial x} \tag{3.237}$$

或

$$\overline{EI} \frac{\partial^2 v(0,t)}{\partial x^2} - kh^2 \frac{\partial v(0,t)}{\partial x} = m_C h^2 \frac{\partial^3 v(0,t)}{\partial t^2 \partial x} \tag{3.238}$$

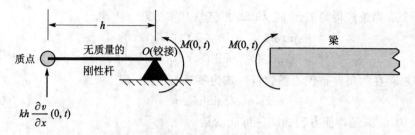

**图 3.34　对于左端连接机构的承受弯曲梁实例的自由体示意图**

关于 $X$，在 $x=0$ 处的边界条件为

$$\overline{EI}X''(0) - kh^2X'(0) + m_ch^2\alpha^4\,\frac{\overline{EI}}{m}X'(0) = 0 \tag{3.239}$$

与之前的弯曲问题一样，图 3.33 所示构型的另外一个边界条件作用在 $x=0$ 处，即 $v(0,t)=X(0)=0$。

### 3.3.4　模态振型与频率求解实例

本小节将考虑几个计算梁弯曲振动的固有频率和模态振型的实例。下面介绍简支-简支的情况，它是最简单的例子之一。同时，这也是为数不多的不需要通过数值来求解特征方程的情况之一。然后介绍铰接-自由的情况。之后，考虑固支-自由的情况。最后，介绍自由-自由的情况，以阐明刚体模态的概念。

**简支-简支梁的求解实例。** 下面介绍如图 3.35 所示简支-简支的情况。由于梁的右端有水平滚轮约束，这表明右端的轴向力为零。否则，如果考虑轴向力，则此问题将高度非线性，并显著复杂化。这里，将边界条件简化为关于 $X$ 的条件，可以给出

$$X(0) = X''(0) = X(l) = X''(l) = 0 \tag{3.240}$$

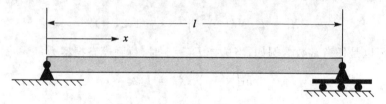

**图 3.35　简支-简支梁示意图**

将前两个边界条件代入方程（3.205）的通解中，可以发现

$$\left.\begin{array}{r}D_2 + D_4 = 0 \\ \alpha^2(-D_2 + D_4) = 0\end{array}\right\} \tag{3.241}$$

由之前的内容已经知道常数 $\alpha$ 不能为 0。若考虑 $\alpha=0$ 的情况，则由方程（3.240）可以将解设为三次多项式的形式，这种边界条件不能得到非平凡解。于是在这里，$D_2 = D_4 = 0$，并且 $X$ 的解变成

$$X(x) = D_1\sin(\alpha x) + D_3\sinh(\alpha x) \tag{3.242}$$

由后两个边界条件得到关于 $D_1$ 和 $D_3$ 的齐次代数方程

$$\begin{bmatrix} \sin(\alpha l) & \sinh(\alpha l) \\ -\sin(\alpha l) & \sinh(\alpha l) \end{bmatrix} \begin{bmatrix} D_1 \\ D_3 \end{bmatrix} = \begin{bmatrix} 0 \\ 0 \end{bmatrix} \tag{3.243}$$

非平凡解存在的条件是仅当系数行列式为零,因此有

$$2\sin(\alpha l)\sinh(\alpha l) = 0 \tag{3.244}$$

由于 $\alpha \neq 0$,故满足特征方程的唯一可能就是

$$\sin(\alpha l) = 0 \tag{3.245}$$

则根的可数无限集为

$$\alpha_i = \frac{i\pi}{l} \quad (i = 1, 2, \cdots) \tag{3.246}$$

虽然此处与之前建立的弦问题的特征值集有相同的形式,但两者的固有频率还是有差别的,即

$$\omega_i^2 = \frac{\overline{EI}\alpha_i^4}{m} \tag{3.247}$$

于是有

$$\omega_i = \alpha_i^2 \sqrt{\frac{EI}{m}} = \left(\frac{i\pi}{l}\right)^2 \sqrt{\frac{EI}{m}} = (i\pi)^2 \sqrt{\frac{EI}{ml^4}} \tag{3.248}$$

正如在弦以及梁扭转情况所看到的那样,第 $i$ 阶的固有频率与被称为模态振型(或特征函数)的一个唯一的变形形状相联系。通过针对任何已知的 $\alpha_i$ 值求解函数 $X_i(x)$,每阶模态振型都可以由空间解的相关部分得到。为了找到 $X_i$,将 $\alpha_i$ 的任意值回代到由矩阵方程(3.243)表示的两个标量方程中的任意一个。重要的是要认识到应该把常数 $D_1$ 和 $D_3$ 写为 $D_{1i}$ 和 $D_{3i}$。利用这些方程的第一个并考虑 $\sinh(\alpha_i l) \neq 0$,我们得到 $D_{3i} = 0$,但除了

$$X_i = D_{1i}\sin\left(\frac{i\pi x}{l}\right) \quad (i = 1, 2, \cdots) \tag{3.249}$$

以外,$D_{1i}$ 可以是任意常数。例如,当选择 $D_{1i} = 1$ 时,得到模态振型为

$$\phi_i = \sin\left(\frac{i\pi x}{l}\right) \quad (i = 1, 2, \cdots) \tag{3.250}$$

这与前面得到的振动弦的模态振型相同。

**固支-自由梁求解示例。** 考虑如图 3.36 所示的固支-自由梁,其中的边界条件简化为关于 $X$ 的条件,为

$$X(0) = X'(0) = X''(l) = X'''(l) = 0 \tag{3.251}$$

与前例类似,可以发现,对于 $\alpha = 0$ 的情况,此问题不能得到非平凡解。因此使用方程(3.206)的通解形式,其中 $\alpha \neq 0$。与前两个边界条件一起,会得到

$$\left. \begin{array}{l} X(0) = 0 \rightarrow E_3 = 0 \\ X'(0) = 0 \rightarrow E_1 = 0 \end{array} \right\} \tag{3.252}$$

余下的边界条件可以得到两个齐次代数方程,并可以简化为

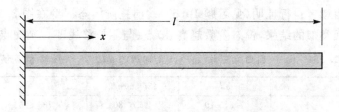

**图 3.36　固支-自由梁示意图**

$$\begin{bmatrix} \sinh(\alpha l) + \sin(\alpha l) & \cosh(\alpha l) + \cos(\alpha l) \\ \cosh(\alpha l) + \cos(\alpha l) & \sinh(\alpha l) - \sin(\alpha l) \end{bmatrix} \begin{bmatrix} E_2 \\ E_4 \end{bmatrix} = \begin{bmatrix} 0 \\ 0 \end{bmatrix} \tag{3.253}$$

由克莱姆法则可以证明：仅当系数行列式等于零时，方程才存在非平凡解。这样就可以求得上述方程系数矩阵中的未知数。而且，这种法则适用于所有齐次线性代数方程的情况。这里得到

$$\sinh^2(\alpha l) - \sin^2(\alpha l) - [\cosh(\alpha l) + \cosh(\alpha l)]^2 = 0 \tag{3.254}$$

注意到恒等式

$$\left.\begin{aligned} \sin^2(\alpha l) + \cos^2(\alpha l) &= 1 \\ \cosh^2(\alpha l) - \sinh^2(\alpha l) &= 1 \end{aligned}\right\} \tag{3.255}$$

于是得到的特征方程简化为

$$\cos(\alpha l)\cosh(\alpha l) + 1 = 0 \tag{3.256}$$

对于这个超越方程，不能给出解析形式的精确解。然而，可以很容易地得到数值解。大多数数值解的求解程序需要一个合适的初始估计值，以使程序收敛于精确解。由于 $\cosh(\alpha l)$ 随其自变量的增加而变大，因此可以认为至少有最大根出现在 $\cos(\alpha l) = 0$ 或 $\alpha_i l = (2i-1)\pi/2$ 附近。实际上，使用上述初始估计值得到的数值系列随着 $i$ 值的增大而逼近真实解。表 3.1 中已经列出了 $\alpha_i l$ 的值（即无量纲量）。截至第 6 阶，对于 $i \geqslant 5$ 的所有 $\alpha_i l$ 值都等于 $(2i-1)\pi/2$，并给出相应的固有频率

$$\omega_i = \alpha_i^2 \sqrt{\frac{EI}{m}} = (\alpha_i l)^2 \sqrt{\frac{EI}{ml^4}} \tag{3.257}$$

为了得到模态振型，把表 3.1 中的值代入方程(3.253)中的任一个，得到的第 $i$ 阶模态的方程有一个剩余的任意常数(剩余的是 $E_{2i}$ 或 $E_{4i}$)，该常数可以任意指定，以使其方便地将各阶模态 $\phi_i$ 归一化表示出来。例如，使用 $-E_{4i}$ 归一化，便有 $E_{4i} = -1$，于是得到

$$\phi_i = \cosh(\alpha_i x) - \cos(\alpha_i x) - \beta_i[\sinh(\alpha_i x) - \sin(\alpha_i x)] \tag{3.258}$$

其中

$$\beta_i = -\frac{E_{2i}}{E_{4i}} = \frac{\cosh(\alpha_i l) + \cos(\alpha_i l)}{\sinh(\alpha_i l) + \sin(\alpha_i l)} \tag{3.259}$$

$\beta_i$ 的值也在表 3.1 中列出，进行归一化得

$$\left.\begin{aligned} \int_0^l \phi_i^2 \, \mathrm{d}x &= l \\ \phi_i(l) &= 2(-1)^{i+1} \end{aligned}\right\} \tag{3.260}$$

第一个式子由读者自行证明(见习题 10(d))。前三阶模态振型在图 3.37 中给出,可以得到与前面类似的结果,模态阶数越高,节点(与零位移线即 $x$ 轴交点)越多。

表 3.1　固支-自由梁在 $i=1,\cdots,5$ 时对应的 $\alpha_i l$, $(2i-1)\pi/2$ 和 $\beta_i$ 值

| $i$ | $\alpha_i l$ | $(2i-1)\pi/2$ | $\beta_i$ |
|---|---|---|---|
| 1 | 1.875 10 | 1.570 80 | 0.734 096 |
| 2 | 4.694 09 | 4.712 39 | 1.018 47 |
| 3 | 7.854 76 | 7.853 98 | 0.999 224 |
| 4 | 10.995 5 | 10.995 6 | 1.000 03 |
| 5 | 14.137 2 | 14.137 2 | 0.999 999 |

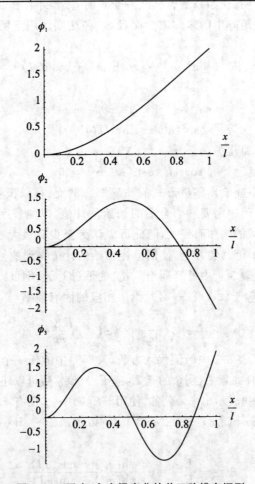

图 3.37　固支-自由梁弯曲的前三阶模态振型

**弹簧约束、铰接-自由梁求解实例。**此例对一均匀梁确定其振动模态,其右端铰支,且由具有弹性常数为 $k=\kappa\,\overline{EI}/l$ 的转动弹簧所约束。梁左端为自由端,如图 3.38 所示。对于该情况,要求边界条件为

$$X''(0) = 0$$
$$X'''(0) = 0$$
$$X(l) = 0$$
$$\overline{EI}X''(l) = -kX'(l) \quad \text{或} \quad lX''(l) = -\kappa X'(l)$$

$$(3.261)$$

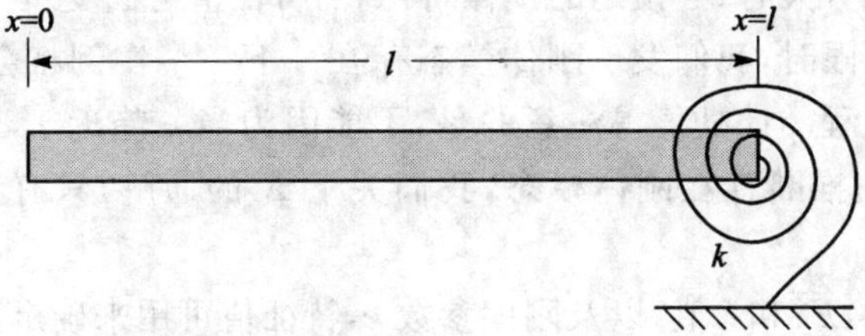

图 3.38　弹簧约束、铰接-自由梁的示意图

方程(3.206)使用了通解的空间相关性。$x=0$ 端的零弯矩和剪应力的两个约束条件为

$$X''(0) = 0 \rightarrow E_4 = 0$$
$$X'''(0) = 0 \rightarrow E_2 = 0$$

$$(3.262)$$

第三个边界条件,即 $x=l$ 端的零位移,现在可表示为

$$X(l) = E_1[\sin(\alpha l) + \sinh(\alpha l)] + E_3[\cos(\alpha l) + \cosh(\alpha l)] = 0 \quad (3.263)$$

第四个边界条件,即 $x=l$ 端转动的弹性约束,可写为

$$l^2 X''(l) + \kappa l X'(l) = 0 \quad (3.264)$$

因此

$$(\alpha l)^2 \{E_1[-\sin(\alpha l) + \sinh(\alpha l)] + E_3[-\cos(\alpha l) + \cosh(\alpha l)]\} +$$
$$\kappa \alpha l \{E_1[\cos(\alpha l) + \cosh(\alpha l)] + E_3[-\sin(\alpha l) + \sinh(\alpha l)]\} = 0 \quad (3.265)$$

这个关系式可以重写为

$$E_1 \left\{\cos(\alpha l) + \cosh(\alpha l) + \frac{\alpha l}{\kappa}[-\sin(\alpha l) + \sinh(\alpha l)]\right\} +$$
$$E_3 \left\{-\sin(\alpha l) + \sinh(\alpha l) + \frac{\alpha l}{\kappa}[-\cos(\alpha l) + \cosh(\alpha l)]\right\} = 0 \quad (3.266)$$

联立方程(3.263)和方程(3.266)求解 $E_1$ 和 $E_3$,要想使两者不为零,方程系数的 $2\times2$ 行列式的值为零。即由方程(3.263)与方程(3.266)系数行列式为零可得

$$[\sin(\alpha l) + \sinh(\alpha l)]\left\{\sin(\alpha l) - \sinh(\alpha l) + \frac{\alpha l}{\kappa}[\cos(\alpha l) - \cosh(\alpha l)]\right\} +$$
$$[\cos(\alpha l) + \cosh(\alpha l)]\left\{\cos(\alpha l) + \cosh(\alpha l) + \frac{\alpha l}{\kappa}[-\sin(\alpha l) + \sinh(\alpha l)]\right\} = 0$$

$$(3.267)$$

执行完乘法操作,并应用了方程(3.255)的等式以后,关系式变为

$$\left(\frac{\alpha l}{\kappa}\right)[\sin(\alpha l)\cosh(\alpha l) - \cos(\alpha l)\sinh(\alpha l)] = 1 + \cos(\alpha l)\cosh(\alpha l) \quad (3.268)$$

这便是所求的特征方程。前一例中的特征方程为一个超越方程,无法求得解析解。在这里,注意到对于特定的有限且非零常数 $\kappa$,通过合适的迭代过程,可以数值计算出一组 $\alpha_i$(其中 $i=1,2,\cdots$)可数无限集。对于迭代求解,需要 $\alpha l$ 的初步估计值。同时又注意到,在此方程中不需要迭代便可根据 $\alpha l$ 得到 $\kappa$。

当 $\kappa$ 趋近于无穷大时,与预期的一样,得到的特征值与固支-自由梁的情况相同。当 $\kappa$ 趋近于零的极限时,我们发现刚体模态存在。下一个实例将会说明一个或更多刚体模态存在的流程。此处值得注意的是,不能因为当 $\kappa$ 趋近于零时 $\alpha l=0$ 满足方程(3.268),而试图推断存在刚体模态,我们关于 $X$ 的通解,只有当 $\alpha \neq 0$ 时才是有效的。

对于特定的 $m,\overline{EI}$ 和 $l$ 值,以及刚度参数 $\kappa$,特征值可用来确定固有频率为

$$\omega_i = \alpha_i^2 \sqrt{\frac{\overline{EI}}{m}} = (\alpha_i l)^2 \sqrt{\frac{\overline{EI}}{ml^4}} \quad (i=1,2,\cdots) \tag{3.269}$$

第 $i$ 阶模态振型可以定义为

$$\phi_i(x) = \frac{X_i(x)}{E_{1i}} = \sin(\alpha_i x) + \sinh(\alpha_i x) + \beta_i [\cos(\alpha_i x) + \cosh(\alpha_i x)] \tag{3.270}$$

模态参数 $\beta_i = E_{3i}/E_{1i}$ 可由 $x=l$ 端的零位移的边界条件求得,即方程(3.263)。当用于估计第 $i$ 阶模态时,$\beta_i$ 变为

$$\beta_i = \frac{E_{3i}}{E_{1i}} = -\frac{\sin(\alpha_i l) + \sinh(\alpha_i l)}{\cos(\alpha_i l) + \cosh(\alpha_i l)} \tag{3.271}$$

对于特定的 $\kappa$ 值,只要知道 $\alpha_i l$,式(3.271)中的数值即可确定。

图 3.39 至图 3.41 描述了本例的一组数值解。$\kappa=1$ 的前三阶模态如图 3.39 所示。图 3.40 描述了当 $i=1,2,3$ 时,$\alpha_i l$ 随 $\kappa$ 的变化。图示表明了这样一个结论:较高阶模态的频率比第一阶模态的频率对刚度参数更不敏感。事实上,第一阶模态频率(与图 3.40 中所绘制的最小值的平方成正比)随着 $\kappa$ 趋近于零的极限,亦趋近于零。这种情况可以解释为:当刚度参数为零时,最低频率模态可转变为刚体模态;相反地,当 $\kappa$ 趋近于无穷大时,特征值趋近于固支-自由梁的情况。例如,当 $\kappa=50$ 时,一阶模态看起来更像是固支-自由梁(本例中固支在右端)。

**自由-自由梁的求解示例。** 如图 3.42 所示的两端无约束的均匀梁的情况,可以看做是自由飞行器的粗略的一阶近似,它们的弹性和刚性的动力特性非常相似。在这两种情况下,这些特性都可用模态表示的术语来描述。

两端无约束的均匀梁情况下的边界条件要求

$$X''(0) = X'''(0) = X''(l) = X'''(l) = 0 \tag{3.272}$$

此处运用的通解的空间相关性再次包含三角函数和双曲函数的和与差。两个 $E_i$ 可由 $x=0$ 端的边界条件消除,即

$$\left. \begin{array}{l} X''(0) = 0 \rightarrow E_4 = 0 \\ X'''(0) = 0 \rightarrow E_2 = 0 \end{array} \right\} \tag{3.273}$$

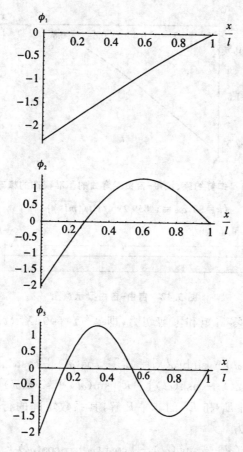

图 3.39　弹簧约束、铰接-自由梁弯曲运动时前三阶模态振型

$(\kappa=1, \omega_1=1.247\ 92^2\sqrt{EI/(ml^4)}, \omega_2=4.031\ 14^2\sqrt{EI/(ml^4)},$

$\omega_3=7.134\ 13^2\sqrt{EI/(ml^4)})$

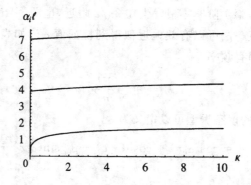

图 3.40　最小特征值 $\alpha_i l$ 随无量纲刚度参数 $\kappa$ 的变化

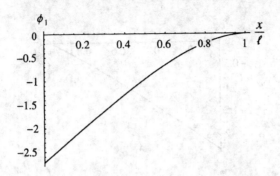

**图 3.41　弹簧约束、铰接-自由梁弯曲的基准模态的模态振型**

$$\left(\kappa = 50, \omega_1 = 1.839\ 29^2 \sqrt{EI/(ml^4)}\right)$$

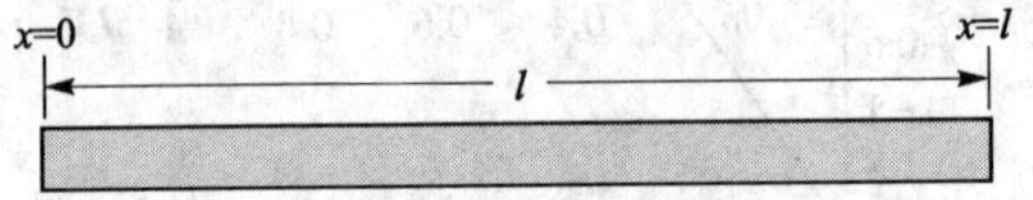

**图 3.42　自由-自由梁示意图**

$x=l$ 端的边界条件为零弯矩和零剪切力,即 $X''(l)=0, X'''(l)=0$,于是便得到关系式

$$\left.\begin{array}{l}E_1[-\sin(\alpha l)+\sinh(\alpha l)]+E_3[-\cos(\alpha l)+\cosh(\alpha l)]=0\\E_1[-\cos(\alpha l)+\cosh(\alpha l)]+E_3[\sin(\alpha l)+\sinh(\alpha l)]=0\end{array}\right\} \quad (3.274)$$

同样地,这里要想得到 $E_1$ 和 $E_3$ 的非平凡解,其系数矩阵的行列式必须等于零,这样,关系式(3.274)变为

$$\sinh^2(\alpha l)-\sin^2(\alpha l)-[\cosh(\alpha l)-\cos(\alpha l)]^2=0 \quad (3.275)$$

式(3.275)可以简化为

$$\cos(\alpha l)\cosh(\alpha l)=1 \quad (3.276)$$

对于较大的 $\alpha l$,方程的根趋向于使 $\cos(\alpha l)=0$。然而与固支-自由梁不同的是,本例没有 $\pi/2$ 附近的根,而第 1 阶非零根发生在 $3\pi/2$ 附近,也即,第 $i$ 阶根在 $(2i+1)\pi/2$ 附近。这样,通过数值解法可以有效地近似得到特征值 $\alpha_i l$,如表 3.2 所列。根据这些数值解,便可得到固有频率

$$\omega_i=\alpha_i^2\sqrt{\frac{EI}{m}} \quad (3.277)$$

与每个特征值相关联的模态振型可以定义为

$$\phi_i(x)=\frac{X_i(x)}{E_{3i}}=\cos(\alpha_i x)+\cosh(\alpha_i x)-\beta_i[\sin(\alpha_i x)+\sinh(\alpha_i x)] \quad (3.278)$$

模态参数 $\beta_i=-E_{1i}/E_{3i}$ 的数值也在表 3.2 中列出,此值可由方程(3.274)边界条件中的任一式得到。这里,以第一式为例,得到

$$\beta_i = -\frac{E_{1i}}{E_{3i}} = \frac{\cosh(\alpha_i l) - \cos(\alpha_i l)}{\sinh(\alpha_i l) - \sin(\alpha_i l)} \tag{3.279}$$

可以看出，方程(3.274)第一式应用特征方程后会产生相同的结果。其前三阶模态振型如图 3.43 所示。

表 3.2　自由-自由梁在 $i = 1, \cdots, 5$ 时对应的 $\alpha_i l$，$(2i+1)\pi/2$ 和 $\beta_i$ 值

| $i$ | $\alpha_i l$ | $(2i+1)\pi/2$ | $\beta_i$ |
| --- | --- | --- | --- |
| 1 | 4.730 04 | 4.712 39 | 0.982 502 |
| 2 | 7.853 20 | 7.853 98 | 1.000 78 |
| 3 | 10.995 6 | 10.995 6 | 0.999 966 |
| 4 | 14.137 2 | 14.137 2 | 1.000 00 |
| 5 | 17.278 8 | 17.278 8 | 1.000 00 |

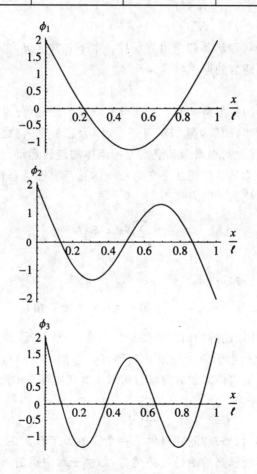

图 3.43　自由-自由梁弯曲的前三阶自由振动的弹性模态振型

除了用模态特性描述梁的弹性行为之外，亦可采用模态特性来描述其刚性行为。而这些模态涉及分离常数 $\alpha$ 等于零时的情况。回顾自由-自由梁的扭转变形得到相

似的结果。当 $\alpha$ 为零时,梁弯曲的常微分控制方程(3.197)变为

$$X^{(4)} = 0, \quad \ddot{Y} = 0 \tag{3.280}$$

这些方程的通解可写为

$$\left. \begin{aligned} X &= \frac{bx^3}{6} + \frac{cx^2}{2} + dx + e \\ Y &= ft + g \end{aligned} \right\} \tag{3.281}$$

其中,通解的空间相关部分的任意常数 $b \sim e$ 可由边界条件决定。梁两端零弯矩零剪力的边界条件在这里可表示为

$$\left. \begin{aligned} X''(0) &= 0 \to c = 0 \\ X'''(0) &= 0 \to b = 0 \\ X''(l) &= 0 \to bl + c = 0 \\ X'''(l) &= 0 \to b = 0 \end{aligned} \right\} \tag{3.282}$$

很显然,$b = c = 0$ 完全可以满足四个边界条件。由于对常数 $d$ 和 $e$ 没有限制,它们可以是任意常数,于是,通解的形式可写为

$$X = dx + e \tag{3.283}$$

此解的一个非常重要的特征是 $d$ 和 $e$ 之间没有联系。因此,可以假设是描述梁的两种独立运动。如前所述,$e$ 代表梁的垂直平动,因为它是完全独立于 $x$ 的。由于 $dx$ 项关于 $x$ 是线性的,因此可以看做是绕梁左端刚体的旋转运动。当旋转运动绕质心时,可以看出,它与平移运动是相互正交的,并且,它与弹性模态也是正交的,这意味着这些刚体自由度的模态可以表示为

$$v_{\text{rigid}} = \sum_{i=-1}^{0} \phi_i(x) \xi_i(t) \tag{3.284}$$

其中

$$\left. \begin{aligned} \phi_{-1} &= 1 \quad 和 \quad \xi_{-1}(t) = 位移 \\ \phi_0 &= x - \frac{l}{2} \quad 和 \quad \xi_0(t) = 旋转角 \end{aligned} \right\} \tag{3.285}$$

在这里可以看出,刚体运动解的时间相关部分不是一个周期函数。这表明,刚体模态的固有频率为零。$Y(t)$ 中的两个任意常数则可通过初始平动和转动位移及速度求得。因此,自由-自由梁弯曲问题的完整解可写成其所有模态的形式,即

$$v = \sum_{i=-1}^{\infty} \phi_i(x) \xi_i(t) \tag{3.286}$$

　　该实例为进一步讨论对称问题提供了一个有效的工具。在弦的振动问题中,已经提到了几何对称系统模态的两种独特类型,即关于对中点的对称模态和反对称模态。从结果中可以看到,对于自由-自由梁,这种模态确实存在。特别地,刚体的平动模态和第一阶及第三阶振动模态关于中点对称,而转动模态和第二阶模态则是反对称的(见图3.43)。

这个发现意味着,对于对称模态,只需要计算半截梁,而边界条件变为一端滑动、一端自由即可。对于反对称模态,亦只需要计算半截梁,边界条件变为一端铰支、一端自由即可。因此,对于几何对称飞行器,当大展弦比的机翼以梁模型的形式连接在刚体机身上时,可以使用对称和反对称模态来模拟机身和机翼系统。也就是说,可以通过只用一边的机翼连接于刚体机身上,并连接一半的质量和转动惯量及运用合适的边界条件来模拟整个系统。

梁弯曲初始值问题的方程与梁扭转及弦的初始值问题的方程几乎相同,请分别参见 3.1.7 和 3.2.4 小节。首先,要确定外加载荷的虚功,例如单位长度上的横向分布力,通过这一步获得与弯曲运动相关的广义力。当这些都明确之后,便能通过方程(3.90)求解。如前面 3.1.7 小节所述,初始值问题可以通过运用模态正交性来求得通解和特解中的任意常数。

# 3.4　梁弯曲和扭转耦合的自由振动

本节将简要考虑复合梁的弯曲-扭转耦合振动问题的分析过程。此处仅限于均匀梁,并展示控制方程、边界条件实例和求解思路。

## 3.4.1　运动方程

首先,针对展向均匀和自由振动,将方程(2.65)进行特殊化,得到

$$
\left.\begin{array}{l}
\overline{\rho I}_{\mathrm{p}}\,\dfrac{\partial^2 \theta}{\partial t^2} + md\,\dfrac{\partial^2 v}{\partial t^2} - \overline{GJ}\,\dfrac{\partial^2 \theta}{\partial x^2} + K\,\dfrac{\partial^3 v}{\partial x^3} = 0 \\[3mm]
md\,\dfrac{\partial^2 \theta}{\partial t^2} + m\,\dfrac{\partial^2 v}{\partial t^2} + \overline{EI}\,\dfrac{\partial^4 v}{\partial x^4} - K\,\dfrac{\partial^3 \theta}{\partial x^3} = 0
\end{array}\right\} \tag{3.287}
$$

由于方程(3.287)的两式为常系数线性方程,故对于自由振动,可假设为简谐运动。为了分离变量,$v$ 和 $\theta$ 的解可写为

$$
\left.\begin{array}{l}
v(x,t) = \bar{v}(x)\exp(\mathrm{i}\omega t) \\[2mm]
\theta(x,t) = \bar{\theta}(x)\exp(\mathrm{i}\omega t)
\end{array}\right\} \tag{3.288}
$$

模态振型具有形式

$$
\left.\begin{array}{l}
\bar{v} = \hat{v}\exp(\alpha x) \\[2mm]
\bar{\theta} = \hat{\theta}\exp(\alpha x)
\end{array}\right\} \tag{3.289}
$$

这样,允许将方程组写为矩阵形式

$$
\begin{bmatrix}
\overline{EI}\alpha^4 - m\omega^2 & -K\alpha^3 - md\omega^2 \\[2mm]
K\alpha^3 - md\omega^2 & -\overline{GJ}\alpha^2 - \overline{\rho I}_{\mathrm{p}}\omega^2
\end{bmatrix}
\begin{bmatrix}
\hat{v} \\[2mm]
\hat{\theta}
\end{bmatrix}
=
\begin{bmatrix}
0 \\[2mm]
0
\end{bmatrix}
\tag{3.290}
$$

若方程有非平凡解,则系数矩阵行列式必须为零,于是得到

$$
(\overline{EI}\,\overline{GJ} - K^2)\alpha^6 + \overline{\rho I}_{\mathrm{p}}\,\overline{EI}\,\omega^2\alpha^4 - m\,\overline{GJ}\,\omega^2\alpha^2 - (m\,\overline{\rho I}_{\mathrm{p}} - m^2 d^2)\omega^4 = 0
$$

$$
\tag{3.291}
$$

对任意的 $\omega^2$,关于 $\alpha^2$ 的三次方程(3.291)可以求解。当 $d$ 和 $K$ 均不为零时,通过手算得到准确解析解是有难度的。然而,在这里,可以借助例如 Mathematica™ 等符号运算工具的帮助,很容易得到作为 $\omega^2$ 函数的 6 个根,并记作 $\alpha_i (i=1,2,\cdots,6)$。注意到,当 $i=1,2,3$ 时有 $\alpha_{i+3}=-\alpha_i$。

所以,当 $K, d \neq 0$ 时,模态振型的解可写为

$$\left.\begin{aligned}\bar{v} &= C_1 \exp(\alpha_1 x) + C_2 \exp(\alpha_2 x) + C_3 \exp(\alpha_3 x) + \\ & \quad C_4 \exp(-\alpha_1 x) + C_5 \exp(-\alpha_2 x) + C_6 \exp(-\alpha_3 x) \\ \bar{\theta} &= D_1 \exp(\alpha_1 x) + D_2 \exp(\alpha_2 x) + D_3 \exp(\alpha_3 x) + \\ & \quad D_4 \exp(-\alpha_1 x) + D_5 \exp(-\alpha_2 x) + D_6 \exp(-\alpha_3 x)\end{aligned}\right\} \quad (3.292)$$

其中

$$D_i = C_i \frac{K\alpha_i^3 - m d \omega^2}{\overline{GJ}\alpha_i^2 + \overline{\rho I_p}\omega^2} \quad (i = 1, 2, \cdots, 6) \tag{3.293}$$

现在,用 6 个边界条件(即每端 3 个)可以得到关于 $C_i$ 的 6 个齐次代数方程。由非平凡解的条件可以得到关于 $\omega^2$ 的特征方程。而得到的关于 $\omega^2$ 的根是一个可数无限集。从而对于任何确定的 $\omega^2$ 值,都可用第 6 个 $C_i$ 系数来表示另外的任何 5 个 $C_i$ 系数,因此就确定了模态振型。总的来说,每阶模态振型都需要确定 $v$ 和 $\theta$。当耦合较小时(即 $K^2 \ll \overline{GJ}\,\overline{EI}$ 和 $md^2 \ll \overline{\rho I_p}$ 的情况),这些根中的一个"分支"会接近于无耦合弯曲的频率,另外的根则接近于无耦合扭转的频率。

## 3.4.2　边界条件

对于弯曲和扭转耦合类型的边界条件,从非常简单到稍微复杂,取决于设置在端部的约束类型。例如,对于固支端,便有 $v = \partial v/\partial x = \theta = 0$,这与没有弯扭耦合的情况相同。与此类似,自由端的边界条件仍然是零弯矩和零剪力,也没有扭矩,即 $M = V = T = 0$。这里用到方程(2.58)对 $M$ 和 $T$ 的定义,以及 $V = -\partial M/\partial x$。其他的约束控制方程则由适当的运动学和物理学关系确定。例如,当某一端铰支时,则认为沿坐标轴方向不存在力矩矢量(即弯曲和扭转力矩的组合),同时,在垂直于该轴的平面内也不存在转动变形(即弯曲运动和扭转运动的合位移)。与之前未耦合的情况一样,弹性和惯性约束则由相应的欧拉方程确定。

这一类问题的复杂性为下一节叙述的各种近似解法的引入提供了很好的动机。

# 3.5　近似求解技术

已经有多种利用模态和其他函数来近似系统的动态过程的方法。本节在不深究相关理论细节的情况下,将叙述如何通过模态截断和相关函数得到近似解的理论框架。模态近似求解方法背后的理论细节会在研究生水平的结构动力学教材中找到。这里主要叙述两种方法:① 伽辽金法,用于常或偏微分方程。② 里兹法,用于拉格

朗日方程和虚功原理。在某些情况下,这两种方法都可以得到相同的解。因此,如果时间有限,则在必要情况下,可选择其中一种方法给学生介绍,使他们对由此类方法得到的结果有一定的认识。本教材优先介绍里兹法,因为里兹法可以在拉格朗日方程的框架下表示。尽管如此,两种方法对于处于本科阶段的学生来说都较合适。

## 3.5.1　里兹法

在之前处理的基础上,从拉格朗日方程开始,给出

$$\frac{\mathrm{d}}{\mathrm{d}t}\left(\frac{\partial L}{\partial \dot{\xi}_i}\right) - \frac{\partial L}{\partial \xi_i} = \Xi_i \quad (i = 1, 2, \cdots, n) \tag{3.294}$$

其中,在拉格朗日函数 $L = K - P$ 中,总动能是 $K$,总势能是 $P$,$n$ 是保留的广义坐标的个数,广义坐标是 $\xi_i$,$\Xi_i$ 是广义力。尽管在这里利用势能有助于讨论,但利用势能并不是必需的,因为势能只能考虑保守力。然而,广义力可包括任何载荷的作用。为了避免多次计入相同的物理效果,广义力应该仅包含那些不计入势能中的力。广义力来源于虚功,可以写为

$$\overline{\delta W} = \sum_{i=1}^{n} \Xi_i \delta \xi_i \tag{3.295}$$

其中 $\delta \xi_i$ 是第 $i$ 个广义坐标的任意增量。

下面考虑一个弯曲梁的例子。总动能必须包括梁的动能以及任何附加质点或刚体的动能。梁的动能为

$$K_{\text{beam}} = \frac{1}{2}\int_0^l m\left(\frac{\partial v}{\partial t}\right)^2 \mathrm{d}x \tag{3.296}$$

其中 $m$ 是梁的单位长度质量。总势能 $P = U + V$ 由梁的内部应变能 $U$ 和任何附加的势能 $V$ 组成,该势能可以是由重力、连接于梁上的弹簧力或者外加静载荷所引起的。所有其他的载荷,如空气动力载荷、阻尼、随动力等,都必须计入 $\Xi_i$ 中。

梁的弯曲应变能的表达式为

$$U = \frac{1}{2}\int_0^l \overline{EI}\left(\frac{\partial^2 v}{\partial x^2}\right)^2 \mathrm{d}x \tag{3.297}$$

如同计及在 $V$ 中的其他所有力所做的虚功一样,$V$ 的表达式也依据所处理的问题而不同。单位长度上的外加分布力 $f(x, t)$ 的虚功可以写为

$$\overline{\delta W} = \int_0^l f(x, t)\delta v(x, t)\mathrm{d}x \tag{3.298}$$

其中,$\delta v$ 是 $v$ 的某一确定时刻的增量,$f(x, t)$ 沿 $v$ 的正方向为正。

为了应用里兹法,必须使用一项或多项函数级数来表示 $P$、$K$ 和 $\overline{\delta W}$。对于弯曲梁,即可写为

$$v(x, t) = \sum_{i=1}^{n} \xi_i(t)\phi_i(x) \tag{3.299}$$

这些"基底函数" $\phi_i$ 必须具有以下特性:

① 各函数至少要满足所有的位移和转动边界条件(常被称为"几何"边界条件),而不必满足力和力矩边界条件;但是,若能满足力和力矩边界条件,则会提高精度。然而事实上,通常不容易找到满足全部边界条件的函数。

② 各函数必须是连续的,并且是 $p$ 次可微的,其中 $p$ 是拉格朗日函数中的最高阶空间导数。至少有一个函数的 $p$ 阶导数不为零,具体到方程(3.297)中,$p$ 为 2。

③ 如果要用到不止一个函数,则必须选自于一组完备函数。亦即,在区间 $0 \leqslant x \leqslant l$ 内满足与所考虑问题具有相同边界条件的任何函数,可以表示为任意精度的该组完备函数的一个线性组合。在区间 $0 \leqslant x \leqslant l$ 上的完备函数组的例子包括

$$1, x, x^2, \cdots$$

$$\sin\left(\frac{\pi x}{l}\right), \sin\left(\frac{2\pi x}{l}\right), \sin\left(\frac{3\pi x}{l}\right), \cdots$$

任意问题的一组模态振型

完备性也意味着在任何一个级数中的最低阶项和最高阶项之间不会缺项。

④ 该组函数必须是线性无关的,这意味着

$$\sum_{i=0}^{n} a_i \phi_i(x) = 0 \Rightarrow \text{所有 } i, a_i = 0 \tag{3.300}$$

满足上述所有准则的函数组就称为"容许的"。

通过使用级数近似,已经将一个无穷多自由度的问题减缩为一个 $n$ 自由度的问题。此时,系统的行为不由偏微分方程控制,而由时间域的 $n$ 个二阶常微分方程来描述。这种将一个具有无穷多自由度的、用偏微分方程建立的连续系统,减缩为一个用有限个时间域的常微分方程描述的连续系统的过程,通常被称为空间离散化。数目 $n$ 通常大到收敛为止。(注意到如果不考虑惯性力,则动能恒为零,那么可以使用里兹法,将一个包含单一空间变量的、用常微分方程描述的系统化简为一个用 $n$ 个代数方程描述的系统。)

现在来说明这些近似函数在实际中是如何使用的。使 $\phi_i (i = 1, 2, \cdots, \infty)$ 是一个满足位移和转动边界条件的、$p$ 次可微的、线性无关的完备函数组。因此,$U$ 可以写为

$$U = \frac{1}{2} \sum_{i=1}^{n} \sum_{j=1}^{n} \xi_i \xi_j \int_0^l \overline{EI} \phi_i'' \phi_j'' \, \mathrm{d}x \tag{3.301}$$

必须将约束结构的弹簧以及保守载荷贡献的势能相加,以获得总势能 $P$。

梁的动能是

$$K_{\text{beam}} = \frac{1}{2} \sum_{i=1}^{n} \sum_{j=1}^{n} \dot{\xi}_i \dot{\xi}_j \int_0^l m \phi_i \phi_j \, \mathrm{d}x \tag{3.302}$$

必须将任何质点和刚体贡献的动能相加,以获得总动能 $K$。

虚功项必须计入来自阻尼、空气动力学等方面的分布力和集中力,因此可以写为

$$\overline{\delta W} = \sum_{i=1}^{n} \delta \xi_i \left[ \int_0^l f(x,t) \phi_i \, \mathrm{d}x + F_c(x_0, t) \phi_i(x_0) \right] \tag{3.303}$$

其中, $x_0$ 是集中力作用位置的 $x$ 值。这里第一项考虑的是作用于梁上的分布力 $f(x,t)$,第二项考虑的是作用于梁上的集中力(见方程(3.96))。在气动弹性力学中,载荷 $f(x,t)$ 和 $F_c(x_0,t)$ 以某种复杂的方式依赖于位移。

上述被积函数包括基底函数和它们在梁长度方向上的导数。注意到这些积分仅包含已知量,且往往可以解析地求值。有时它们太复杂难以求得解析解,但它们可以数值求解。数值求解常通过无量纲化来完成。Mathematica™ 和 Maple™ 等符号计算工具,在这两种情况下都很有帮助。

考虑了以上所有方面之后,运动方程可以写为常见的形式

$$M\ddot{\xi} + C\dot{\xi} + K\xi = F \tag{3.304}$$

其中, $\xi$ 是广义坐标列阵, $F$ 是不依赖于 $\xi_i$ 的广义力列阵, $(\dot{\ })$ 是 $(\ )$ 的时间导数, $M$ 是质量矩阵, $C$ 是陀螺/阻尼矩阵, $K$ 是刚度矩阵。 $M$ 最重要的贡献来自于动能,并且这个贡献是对称的。对 $K$ 最重要的贡献来自于结构应变能以及约束结构运动的任何弹簧的势能。动能和虚功对运动方程的所有项都有贡献。例如,当运用旋转坐标系时,动能会对 $C$ 和 $K$ 有贡献。阻尼通过虚功对 $C$ 有贡献。最后,因为空气动力载荷通常依赖于位移及其时间导数,气动弹性分析可以将来自于空气动力的载荷包含在 $M$, $C$ 和 $K$ 中。

当系统受保守载荷时,应用该方法会出现一个特殊而有趣的情况。相应的方法通常称为瑞利-里兹法,并且有许多定理可以证明近似值会收敛到固有频率。实际上,这些定理最强有力地说明:固有频率的近似值总是取其上界。而另外一个定理表明:在一给定的级数中增加更多的项总是降低固有频率的近似值(也就是使它们更接近于准确值)。

一个更特殊的情况是在其中只取一项的最简单近似。那么,最低阶固有频率的近似值可以写成一个被称为瑞利商的比值。这种简单的特殊情形并不仅限于学术意义,它常用于弹性结构设计初期时最低阶固有频率的粗略估计。

**实例:利用固支-自由模态的里兹法。** 在第一个实例中考虑了一个等截面的固支-自由梁,此处做一更改:在梁的端部增加一质量 $\mu ml$。使用前述方法可以容易地得到该问题的精确解。但是,这里想要说明的是里兹法,而且在 3.1.4 小节中已经计算过固支-自由梁(即没有端部的质量)的模态。这些模态振型是特征值问题的解。因此,假如在所使用的最低阶和最高阶模态之间没有漏掉任何模态,那么这些模态振型就成为一个完备组。该组也是正交的,并且是线性无关的。当然,这些模态也自动满足这一更改问题的位移和转动边界条件(因为对于固支-自由梁,它们是相同的),并且是无限次可微的。因此,这些模态是这一更改问题的容许函数。此外,这些模态在自由端满足零弯矩边界条件,这也是这一更改问题的边界条件。然而,由于这一更改问题存在端部质量,因此与位移的三阶导数成正比的剪力不会为零,这与固支-自由模

态振型的情况不一样。

应变能变为

$$U = \frac{1}{2} \sum_{i=1}^{n} \sum_{j=1}^{n} \xi_i \xi_j \int_0^l \overline{EI} \phi_i'' \phi_j'' \mathrm{d}x \tag{3.305}$$

将方程(3.258)的模态振型代入方程(3.305)中,并利用正交性,可以将应变能简化为

$$U = \frac{l \overline{EI}}{2} \sum_{i=1}^{n} \xi_i^2 \alpha_i^4 \tag{3.306}$$

其中,$\alpha_i$ 是在表 3.1 中的一组常数。类似地,端部质量的动能是

$$K_{\text{tip mass}} = \frac{1}{2} \mu m l \left[ \frac{\partial v}{\partial t}(l,t) \right]^2$$

$$= \frac{1}{2} \mu m l \sum_{i=1}^{n} \sum_{j=1}^{n} \dot{\xi}_i \dot{\xi}_j \phi_i(l) \phi_j(l) \tag{3.307}$$

由此得到,总动能为

$$K = \frac{1}{2} \sum_{i=1}^{n} \sum_{j=1}^{n} \dot{\xi}_i \dot{\xi}_j \left[ \int_0^l m \phi_i \phi_j \mathrm{d}x + \mu m l \phi_i(l) \phi_j(l) \right] \tag{3.308}$$

通过使用方程(3.258)的模态振型,我们发现 $\phi_i(l) = 2(-1)^{i+1}$,因此动能简化为

$$K = \frac{ml}{2} \sum_{i=1}^{n} \sum_{j=1}^{n} \dot{\xi}_i \dot{\xi}_j [\delta_{ij} + 4\mu(-1)^{i+j}] \tag{3.309}$$

其中,Kronecker 符号的取值为:当 $i=j$ 时 $\delta_{ij}=1$;当 $i \neq j$ 时 $\delta_{ij}=0$。对于自由振动,不存在附加的力。如此,拉格朗日方程可以写为矩阵形式

$$M\ddot{\xi} + K\xi = 0 \tag{3.310}$$

其中,$K$ 是对角矩阵,其对角线元素为

$$K_{ii} = \overline{EI} l \alpha_i^4 \quad (i = 1, 2, \cdots, n) \tag{3.311}$$

$M$ 是对称矩阵,其各元素为

$$M_{ij} = ml [\delta_{ij} + 4\mu(-1)^{i+j}] \quad (i, j = 1, 2, \cdots, n) \tag{3.312}$$

假定 $\xi = \bar{\xi} \exp(\mathrm{i}\omega t)$,因此方程(3.310)可以写为特征值问题的形式

$$(K - \omega^2 M)\bar{\xi} = 0 \tag{3.313}$$

表 3.3 列出了第一阶模态频率的结果,并与精确解进行了比较。可以看到:仅使用两项,近似解和精确解在工程精度范围内非常一致。使用类似的方法,可以得到第二阶模态的频率,如表 3.4 所列。这些结果远不够精确。对于更高阶模态的频率结果,此处未列出,其精度更低。这是模态近似法的一个问题。然而,所幸在气动弹性及结构动力学上经常仅对低频模态感兴趣。注意到,一项近似(即瑞利商)的误差对所有列出的 $\mu$ 值均在 1.1% 范围内。

**表 3.3** 对带有梢部质量 $\mu ml$ 的固支-自由梁应用 3.3.4 小节方程(3.258)的

$n$ 阶固支-自由模态得到的 $\omega_1\sqrt{\dfrac{ml^4}{EI}}$ 的近似值

| $n$ | $\mu=1$ | $\mu=10$ | $\mu=100$ |
|---|---|---|---|
| 1 | 1.572 41 | 0.549 109 | 0.175 581 |
| 2 | 1.559 64 | 0.542 566 | 0.173 398 |
| 3 | 1.558 03 | 0.541 748 | 0.173 126 |
| 4 | 1.557 61 | 0.541 536 | 0.173 055 |
| 5 | 1.557 46 | 0.541 458 | 0.173 029 |
| 精确值 | 1.557 30 | 0.541 375 | 0.173 001 |

**表 3.4** 对带有梢部质量 $\mu ml$ 的固支-自由梁应用 3.3.4 小节方程(3.258)的

$n$ 阶固支-自由模态得到的 $\omega_2\sqrt{\dfrac{ml^4}{EI}}$ 的近似值

| $n$ | $\mu=1$ | $\mu=10$ | $\mu=100$ |
|---|---|---|---|
| 2 | 16.558 0 | 15.865 7 | 15.786 7 |
| 3 | 16.343 7 | 15.619 1 | 15.536 7 |
| 4 | 16.290 2 | 15.557 6 | 15.474 4 |
| 5 | 16.270 8 | 15.535 3 | 15.451 8 |
| 精确值 | 16.250 1 | 15.511 5 | 15.427 7 |

**实例:利用简单幂级数的里兹法。** 除了使用模态振型外,我们应用一个简单的幂级数来建立一组函数 $\phi_i$ 来重复上述的求解过程。由于在自由端 $x=l$ 处没有力矩,所以可以使所有级数项的二阶导数与 $l-x$ 成比例。为了得到完备的级数,可以用该项乘以一完备的幂级数:$1,x,x^2$ 等。如此,可以写出第 $i$ 个函数的二阶导数为

$$\phi_i''=\frac{1}{l^2}\left(1-\frac{x}{l}\right)\left(\frac{x}{l}\right)^{i-1} \tag{3.314}$$

由于位移和转动边界条件是 $\phi_i(0)=\phi_i'(0)=0$,因此可以通过积分找到第 $i$ 个函数的一个表达式

$$\phi_i=\frac{\left(\dfrac{x}{l}\right)^{i+1}\left[2+i-i\left(\dfrac{x}{l}\right)\right]}{i(1+i)(2+i)} \tag{3.315}$$

由于选择的容许函数在端部有非零的三阶导数,因此它们提供了在相互组合中满足非零剪力条件的可能性。这样的容许函数有时被称为"准比较函数"。

在这种情况下,刚度矩阵元素成为

$$K_{ij}=\frac{2\,\overline{EI}}{l^3(i+j-1)(i+j)(1+i+j)} \quad (i,j=1,2,\cdots,n) \tag{3.316}$$

质量矩阵元素成为

$$M_{ij} = \frac{2ml[3(i^2+j^2)+7ij+23(i+j)+40]}{ij(i+1)(i+2)(j+1)(j+2)(i+j+3)(i+j+4)(i+j+5)} +$$

$$\frac{4\mu ml}{ij(i+1)(i+2)(j+1)(j+2)} \quad (i,j=1,2,\cdots,n) \tag{3.317}$$

前两阶模态的计算结果在表 3.5 和表 3.6 中给出。很明显,这些结果与使用固支-自由梁模态振型的结果相比要好得多。多项式函数提供的结果比使用梁的模态振型得到的结果要好,这并不奇怪。然而,这里值得注意的是,梁的模态振型方法对于该问题是不利的。与所求解的问题(以及多项式选择)不同的是,梁的模态振型在自由端受零剪力的约束,因而对于有端部质量的问题来说就不是准比较函数了。一项多项式的近似值(即瑞利商)在 0.05% 之内,从而它给出了虽然简单但非常好的结果。

表 3.5　对带有梢部质量 $\mu ml$ 的固支-自由梁应用

$n$ 项多项式函数解得 $\omega_1\sqrt{\dfrac{ml^4}{EI}}$ 的近似值

| $n$ | $\mu=1$ | $\mu=10$ | $\mu=100$ |
|---|---|---|---|
| 1 | 1.558 12 | 0.541 379 | 0.173 001 |
| 2 | 1.557 33 | 0.541 375 | 0.173 001 |
| 3 | 1.557 30 | 0.541 375 | 0.173 001 |
| 4 | 1.557 30 | 0.541 375 | 0.173 001 |
| 5 | 1.557 30 | 0.541 375 | 0.173 001 |
| 精确值 | 1.557 30 | 0.541 375 | 0.173 001 |

表 3.6　对带有梢部质量 $\mu ml$ 的固支-自由梁应用

$n$ 项多项式函数解得 $\omega_2\sqrt{\dfrac{ml^4}{EI}}$ 的近似值

| $n$ | $\mu=1$ | $\mu=10$ | $\mu=100$ |
|---|---|---|---|
| 2 | 16.285 3 | 15.544 3 | 15.460 5 |
| 3 | 16.284 1 | 15.537 1 | 15.452 4 |
| 4 | 16.250 5 | 15.511 9 | 15.428 0 |
| 5 | 16.250 1 | 15.511 6 | 15.427 7 |
| 精确值 | 16.250 1 | 15.511 5 | 15.427 7 |

有时候,一个紧密相关问题的模态振型,至少在某种意义上,要优于其他的近似函数组。例如,在第一个实例中可以看到:使用模态正交性可以得到对角的刚度矩阵。这确实为特征值的计算提供了一个小便利。然而,对于我们所讨论的这类低阶

问题,这种便利几乎是可以忽略的。实际上,符号计算工具,如 Mathematica™ 和 Maple™,能够在几秒内求出这类问题的特征值。而且,在有些情况下,当决定用什么样的函数实现里兹法时,简化用于导出近似方程的积分更为重要。实际上,与包含超越函数的自由振动模态(如 3.5.1 小节中的模态)相比,多项式函数在解析上通常更容易处理。

除了标准的里兹法之外,可选择的方法还有伽辽金法、有限元法、分支模态综合法、柔度影响系数法、残值法、配置法和积分方程法。下面的两个小节将讨论伽辽金法和有限元法。其他方法的详细介绍可以参考更多、更深入的结构动力学和气动弹性力学方面的资料。

## 3.5.2　伽辽金法

与里兹法使用能量方程和拉格朗日方程不同,迦辽金法是从偏微分运动方程出发,我们将这个方程表示为

$$\mathcal{L}[v(x,t)] = 0 \tag{3.318}$$

其中,$\mathcal{L}$ 是未知函数 $v(x,t)$ 的一个算子,该函数具有最多 $q$ 阶的空间偏导数。对于至今强调的结构动力问题,算子 $\mathcal{L}$ 是线性的,且 $q=2p$。其中 $p$ 是拉格朗日方程中空间偏导数的最高阶数。然而,应引起重视的是,$q=2p$ 不是普遍成立的。其实,在用伽辽金法时根本不必考虑拉格朗日方程。

为了应用迦辽金法,需要用一项或多项函数级数表示出 $v(x,t)$ 和算子 $\mathcal{L}$。例如,对于一根弯曲梁,如前所述,这意味着

$$v(x,t) = \sum_{j=1}^{n} \xi_j(t)\phi_j(x) \tag{3.319}$$

相对于里兹法中用到的基函数,在迦辽金法中用到的函数 $\phi_i$ 必须拥有更为严格的特性:

① 每个函数必须满足所有的边界条件。注意到,通常情况下找到满足所有边界条件的函数并不容易。

② 每个函数至少是 $q$ 次时间可微的。至少有一个函数的 $q$ 阶导数不为零。

③ 如果用到的函数不止一个,则必须从一组完备函数中选取。

④ 这一组函数必须是线性无关的。

满足所有这些准则的函数叫做“比较函数”。然后,用 $\phi_i$ 乘以原始的偏微分方程,并在独立变量的整个范围内积分(即 $0 \leqslant x \leqslant l$),从而,从原始的偏微分方程得到一组 $n$ 阶常微分方程。(应该注意的是,如果原始方程是关于 $x$ 的一个常微分方程,则迦辽金法生成 $n$ 个代数方程。)

作为例子,考虑一根弯曲梁。运动方程可以写为方程(3.194),只是符号上有一小改变,即

$$\frac{\partial^2}{\partial x^2}\left(\overline{EI}\,\frac{\partial^2 v}{\partial x^2}\right) + m\,\frac{\partial^2 v}{\partial t^2} - f(x,t) = 0 \tag{3.320}$$

其中,$\overline{EI}$为弯曲刚度,$m$为单位长度的质量,边界条件和载荷项 $f(x,t)$ 必须反映出任何连接的质点和刚体。在气动弹性力学中,载荷 $f(x,t)$ 可能以某种复杂的方式依赖于位移。

结合以上所描述的各个部分,离散的运动方程可以写为与里兹法同样的形式,即

$$M\ddot{\xi} + C\dot{\xi} + K\xi = F \tag{3.321}$$

其中,$\xi$ 是广义坐标列阵,$F$ 是不依赖于 $\xi_i$ 的广义力列阵,$(\cdot)$ 是 $(\ )$ 的时间导数,$M$ 是质量矩阵,$C$ 是陀螺/阻尼矩阵,$K$ 是刚度矩阵。如前所述,惯性力对 $M$ 有贡献。当有旋转坐标时,惯性力对 $C$ 和 $K$ 都有贡献。阻尼对 $C$ 也有贡献。最后,由于通常气动弹性载荷取决于位移和位移的时间导数,因此气动力会对 $M$、$C$ 及 $K$ 有贡献。

**实例:弯曲梁问题的迦辽金法。** 现在,举例说明在实际中如何使用近似函数。令 $\phi_i(i=1,2,\cdots,\infty)$ 为 $q$ 阶可导的、线性无关且满足所有边界条件的一组完备函数。将方程(3.319)代入方程(3.320),并乘以 $\phi_i(x)$,然后对 $x$ 从 0 到 $l$ 进行积分,得到

$$\int_0^l \phi_i \Big[ \sum_{j=1}^n \xi_j (\overline{EI}\phi_j'')'' + \sum_{j=1}^n \ddot{\xi}_j m\phi_j - f(x,t) \Big] \mathrm{d}x = 0 \quad (i=1,2,\cdots,n)$$

$$\tag{3.322}$$

调换积分与求和的顺序,对第一项进行分部积分,考虑到函数 $\phi_i$ 满足所有边界条件,方程(3.322)变为

$$\sum_{j=1}^n \Big( \xi_j \int_0^l \overline{EI}\phi_i''\phi_j'' \,\mathrm{d}x + \ddot{\xi}_j \int_0^l m\phi_i\phi_j \,\mathrm{d}x \Big) - \int_0^l f\phi_i \,\mathrm{d}x = 0 \quad (i=1,2,\cdots,n)$$

$$\tag{3.323}$$

当将方程(3.323)的前两项与之前使用里兹法导出的结果进行比较时,可以发现这两种方法有着密切的关系。实际上,如果开始的偏微分方程是从能量推导出来的(隐含 $q=2p$),并且两者都使用了相同的近似函数 $\phi_i$,则导出的离散方程是一样的。

例如,考虑固支-自由的情况,可以从式

$$\phi_i'' = \frac{1}{l^2}\Big(1 - \frac{x}{l}\Big)^2 \Big(\frac{x}{l}\Big)^{i-1} \tag{3.324}$$

开始建立一组比较函数。

引入位移和转动边界条件 $\phi_i(0)=\phi_i'(0)=0$,可以通过积分求得第 $i$ 个函数的表达式

$$\phi_i = \frac{\Big(\dfrac{x}{l}\Big)^{1+i}\Big\{6 + i^2\Big(1-\dfrac{x}{l}\Big)^2 + i\Big[5 - \dfrac{6x}{l} + \Big(\dfrac{x}{l}\Big)^2\Big]\Big\}}{i(1+i)(2+i)(3+i)} \tag{3.325}$$

刚度矩阵的各元素为

$$K_{ij} = \int_0^l \overline{EI}\phi_i''\phi_j'' \,\mathrm{d}x = \frac{24\,\overline{EI}}{l^3(i+j-1)(i+j)(1+i+j)(2+i+j)(3+i+j)} \tag{3.326}$$

类似地,质量矩阵的各元素为

$$M_{ij} = \int_0^l m\phi_i\phi_j\,\mathrm{d}x = \frac{ml\,p_1}{p_2} \tag{3.327}$$

其中

$$
\begin{aligned}
p_1 &= 30\,240 + 28\,512(i+j) + 9\,672(i^2+j^2) + 1\,392(i^3+j^3) + 72(i^4+j^4) + \\
&\quad 20\,040ij + 4\,520(i^2j + ij^2) + 320(i^3j + ij^3) + 520i^2j^2 \\
p_2 &= i(1+i)(2+i)(3+i)j(1+j)(2+j)(3+j)(3+i+j) \\
&\quad (4+i+j)(5+i+j)(6+i+j)(7+i+j)
\end{aligned}
\tag{3.328}
$$

事实上,控制方程是从能量方程导出的,这一点体现在 $M$ 和 $K$ 的对称性上。自由振动的结果(即当 $f=0$ 时)列于表 3.7 中。与里兹法相同,从表中可以看出上述问题的结果是单调收敛的,并且与里兹法的精度具有可比性。然而,与里兹法不同的是,我们并不总能得到上述自由振动问题的收敛结果。

**表 3.7** 对固支-自由梁问题,应用 $n$ 项多项式函数在 $i=1,2,3$ 时 $\omega_i\sqrt{\dfrac{ml^4}{EI}}$ 的近似值

| $n$ | 模态 1 | 模态 2 | 模态 3 |
|---|---|---|---|
| 1 | 3.530 09 | — | — |
| 2 | 3.516 04 | 22.712 5 | — |
| 3 | 3.516 02 | 22.035 4 | 66.256 2 |
| 4 | 3.516 02 | 22.035 4 | 61.767 5 |
| 5 | 3.516 02 | 22.034 5 | 61.739 5 |
| 精确值 | 3.516 02 | 22.034 5 | 61.697 2 |

**实例:应用另一种运动方程形式的弯曲梁问题的迦辽金法。** 再次讨论固支-自由梁问题。为了得到另一种形式的运动方程,对运动方程积分两次,并使用零剪力和零弯矩边界条件,得到一个积分-偏微分方程

$$\overline{EI}\,\frac{\partial^2 v}{\partial x^2} + \int_x^l (x-\zeta)\left[f(\zeta,t) - m\,\frac{\partial^2 v(\zeta,t)}{\partial t^2}\right]\mathrm{d}\zeta = 0 \tag{3.329}$$

其中 $\zeta$ 是虚变量。虽然这个运动方程稍微有些复杂,但它仅是一个二阶方程,因此,只有两个边界条件,即在 $x=0$ 处的位移(挠度)和斜率(转角)为 0。此外,可以使用一组更简单的比较函数,比如一个简单的幂级数,也就是

$$\phi_i = \left(\frac{x}{l}\right)^{i+1} \quad (i=1,2,\cdots,n) \tag{3.330}$$

我们并不期望通过这样简单的函数组来获得更高的精度,但是它使分析工作大大减少了。实际上,刚度矩阵的元素是

$$K_{ij} = \int_0^l \overline{EI}\phi_i\phi_j''\,\mathrm{d}x = \frac{\overline{EI}j(j+1)}{l(i+j+1)} \tag{3.331}$$

并且质量矩阵的元素是

$$M_{ij} = \int_0^l \phi_i \int_x^l (\zeta - x) m \phi_j(\zeta) \mathrm{d}\zeta \mathrm{d}x = \frac{ml^3}{(2+i)(3+i)(5+i+j)} \qquad (3.332)$$

注意:这些矩阵是不对称矩阵。此外,表 3.8 的结果不如表 3.7 的结果精确,并且从上述也可看出结果并不单调收敛。

**表 3.8　对固支-自由梁问题,应用 $n$ 阶幂级数的降阶运动方程**

**在 $i = 1, 2, 3$ 时 $\omega_i \sqrt{\dfrac{ml^4}{EI}}$ 的近似值**

| $n$ | 模态 1 | 模态 2 | 模态 3 |
|---|---|---|---|
| 1 | 7.483 31 | — | — |
| 2 | 3.840 00 | 57.282 2 | — |
| 3 | 3.440 50 | 24.178 6 | 188.677 |
| 4 | 3.521 31 | 20.328 0 | 69.381 9 |
| 5 | 3.516 98 | 22.079 3 | 53.255 8 |
| 6 | 3.516 07 | 22.152 5 | 61.029 5 |
| 精确值 | 3.516 02 | 22.034 5 | 61.697 2 |

可以从基于能量的方法推导出之前得到的弦的自由振动、扭转梁和弯曲梁的偏微分方程,比如哈密尔顿原理(哈密尔顿原理的运用超出了本书的范围,但是详细的处理方法可以在众多研究生的结构动力学教材中找到)。在这些情况下,如果使用相同的近似函数,则里兹法和迦辽金法将得到相同的结果。然而,如同此处见到的那样,当运动方程不是本章前面所提供的形式时,迦辽金法为里兹法提供了一个可行的替代方法。

## 3.5.3　有限元法

有限元法是到目前为止最受欢迎的、用于解决工程实际中的结构动力学和气动弹性力学问题的方法。有限元的名称来源于将结构分解成大量小单元、近似建模并合理地组合在一起的过程。这种离散化的几何形状能够精确地获取其他方法所不能得到的建模细节。

在某种意义上说,有限元法可以看做是里兹法和伽辽金法的一种特殊情况,其中,广义坐标本身的位移和/或旋转点沿着结构的方向。通常在结构划分的每一个有限单元上使用多项式形函数。基于有限元法建立的方程与方程(3.304)有着相同的结构,但它的阶数高,阶数 $n$ 处于几百到几百万的量级。但其计算不至于过度繁重的原因在于矩阵具有"窄带"结构,这种结构使我们可以使用专门软件来求解其矩阵的运动方程,从而减少了内存和浮点运算,提供了非常大的计算优势。

这里,只根据有限元法在梁弯曲和扭转问题上的应用,给出该方法的简单介绍,而把更深层次的如板和壳的问题留给专门讨论有限元方法的教材,如那些由 Reddy(1993 年)、Zienkiewicz 和 Taylor(2005 年)编写的教材。

**扭转梁问题的应用。**这里,使用有限元法分析非均匀梁扭转的力学行为。与应用里兹法类似,我们使用拉格朗日方程。不考虑有限单元是如何获得的,对于一个足够好的网格,应使有限元结果接近准确的结构力学行为。分析过程包括受迫响应和自由振动。

考虑一根受分布扭矩 $r(x, t)$ 的固支-自由梁,如图 3.44 所示。注意到 $x$ 坐标是沿着梁方向的。系统的应变能可以写为

$$U = \frac{1}{2} \int_0^l \overline{GJ} \left( \frac{\partial \theta}{\partial x} \right)^2 \mathrm{d}x \tag{3.333}$$

其中,$\overline{GJ}$ 是机翼的扭转刚度,$\theta(x, t)$ 是弹性扭转。在有限元法中,梁被划分为 $n$ 个单元,如图 3.45 所示。

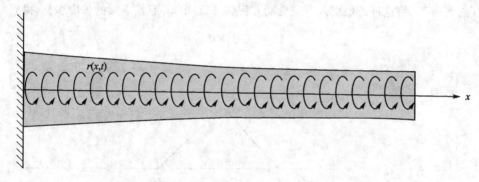

图 3.44　受单位长度分布扭矩的非均匀梁示意图

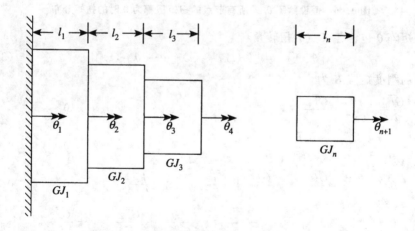

图 3.45　非均匀梁受离散的内部扭矩示意图

虽然没有要求,但是为了方便起见,令单元刚度为常数,放宽这一假设的情况留给读者做练习(见习题 25)。单元 $i$ 连接两个坐标分别为 $x_i$ 和 $x_{i+1}$ 的节点 $i$ 和 $i+1$。在单元 $i$ 中,假设扭转刚度为常数 $\overline{GJ_i}$。节点 $i$ 处的离散化扭转值表示为 $\theta_i$,扭转值为节点值之间的线性插值,因此有

$$\theta(x,t) = \begin{bmatrix} 1-z \\ z \end{bmatrix}^{\mathrm{T}} \begin{bmatrix} \theta_i(t) \\ \theta_{i+1}(t) \end{bmatrix} \tag{3.334}$$

其中

$$z = \frac{x - x_i}{l_i} \tag{3.335}$$

当 $0 \leqslant z \leqslant 1$ 时,$\theta(x,t)$ 的表达式也可以写为

$$\theta(x,t) = \theta_i(t) + \frac{x - x_i}{l_i}[\theta_{i+1}(t) - \theta_i(t)] \tag{3.336}$$

其中 $x_i \leqslant x \leqslant x_{i+1}$,并且 $l_i = x_{i+1} - x_i$。注意到,如果除了某个节点的 $\theta_i$ 不为 0 外,其余均为零,那么只有紧挨着靠左的单元(单元 $i-1$)和靠右的单元(单元 $i$)才会受到影响(图 3.46)。将这种近似引入到应变能方程(3.333)中,并且沿着梁的长度积分,得到

$$U = \frac{1}{2} \boldsymbol{\theta}^{\mathrm{T}} \boldsymbol{K} \boldsymbol{\theta} \tag{3.337}$$

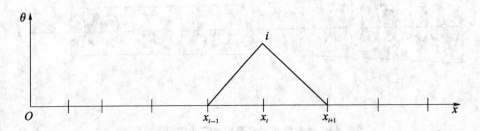

**图 3.46　假设除了 $\theta_i$ 外所有节点的扭矩值都为 0 时的扭矩分布**

其中列矩阵 $\boldsymbol{\theta}$ 包含各节点的扭转角

$$[\boldsymbol{\theta}(t)]^{\mathrm{T}} = \begin{bmatrix} \theta_1(t) & \theta_2(t) & \cdots & \theta_{n+1}(t) \end{bmatrix} \tag{3.338}$$

所得到的刚度矩阵 $\boldsymbol{K}$ 为

$$\boldsymbol{K} = \begin{bmatrix} \dfrac{\overline{GJ}_1}{l_1} & -\dfrac{\overline{GJ}_1}{l_1} & 0 & 0 & 0 & 0 & \cdots \\[2mm] -\dfrac{\overline{GJ}_1}{l_1} & \dfrac{\overline{GJ}_1}{l_1} + \dfrac{\overline{GJ}_2}{l_2} & -\dfrac{\overline{GJ}_2}{l_2} & 0 & 0 & 0 & \cdots \\[2mm] 0 & -\dfrac{\overline{GJ}_2}{l_2} & \dfrac{\overline{GJ}_2}{l_2} + \dfrac{\overline{GJ}_3}{l_3} & -\dfrac{\overline{GJ}_3}{l_3} & 0 & 0 & \cdots \\[2mm] 0 & 0 & -\dfrac{\overline{GJ}_3}{l_3} & \dfrac{\overline{GJ}_3}{l_3} + \dfrac{\overline{GJ}_4}{l_4} & -\dfrac{\overline{GJ}_4}{l_4} & \ddots & \ddots \\[2mm] 0 & 0 & 0 & -\dfrac{\overline{GJ}_4}{l_4} & \dfrac{\overline{GJ}_4}{l_4} + \dfrac{\overline{GJ}_5}{l_5} & \ddots & \ddots \\[2mm] 0 & 0 & 0 & \ddots & & \ddots & \\[2mm] \vdots & \vdots & \vdots & & \ddots & & \ddots \end{bmatrix} \tag{3.339}$$

注意到,可以通过在任何节点处添加连接到地面的弹簧的势能来表示弹性约束。

动能可以写为

$$K = \frac{1}{2} \int_0^l \overline{\rho I}_p(x) \left( \frac{\partial \theta}{\partial t} \right)^2 \mathrm{d}x \tag{3.340}$$

在单元 $i$ 中,利用相同的插值方法得到 $\theta(x,t)$,在 $\overline{\rho I}_p$ 中单位长度质量及惯性矩为常数,因此得到离散化的动能形式

$$K = \frac{1}{2} \dot{\boldsymbol{\theta}}^{\mathrm{T}} \boldsymbol{M} \dot{\boldsymbol{\theta}} \tag{3.341}$$

其中,质量矩阵为

$$
\boldsymbol{M} = \begin{bmatrix}
\dfrac{\rho I_{p1} l_1}{3} & \dfrac{\rho I_{p1} l_1}{6} & 0 & 0 & 0 & 0 & \cdots \\[2mm]
\dfrac{\rho I_{p1} l_1}{6} & \dfrac{\rho I_{p1} l_1}{3} + \dfrac{\rho I_{p2} l_2}{3} & \dfrac{\rho I_{p2} l_2}{6} & 0 & 0 & 0 & \cdots \\[2mm]
0 & \dfrac{\rho I_{p2} l_2}{6} & \dfrac{\rho I_{p2} l_2}{3} + \dfrac{\rho I_{p3} l_3}{3} & \dfrac{\rho I_{p3} l_3}{6} & 0 & 0 & \cdots \\[2mm]
0 & 0 & \dfrac{\rho I_{p3} l_3}{6} & \dfrac{\rho I_{p3} l_3}{3} + \dfrac{\rho I_{p4} l_4}{3} & \dfrac{\rho I_{p4} l_4}{6} & \ddots & \ddots \\[2mm]
0 & 0 & 0 & \dfrac{\rho I_{p4} l_4}{6} & \dfrac{\rho I_{p4} l_4}{3} + \dfrac{\rho I_{p5} l_5}{3} & \ddots & \ddots \\[2mm]
0 & 0 & 0 & & \ddots & \ddots & \ddots \\[2mm]
\vdots & \vdots & \vdots & & & \ddots &
\end{bmatrix}
\tag{3.342}
$$

也可以在任何节点通过添加集中惯量来表示任何附加刚体的惯量。

外加扭矩 $r(x,t)$ 的贡献通过广义力进入到分析中,如方程(2.46)所列,它可以从虚功中提取出来,为了方便起见,这里重新写为

$$\overline{\delta W} = \int_0^l r(x,t) \delta\theta(x,t) \mathrm{d}x \tag{3.343}$$

在这里,用与 $\theta$ 相同的形函数来表示扭矩十分有用,即

$$r(x,t) = r_i(t) + \frac{(x - x_i)}{l_i} [r_{i+1}(t) - r_i(t)] \tag{3.344}$$

其中列矩阵

$$\boldsymbol{r}^{\mathrm{T}} = \begin{bmatrix} r_1 & r_2 & \cdots & r_{n+1} \end{bmatrix} \tag{3.345}$$

表示了单位展长上外加扭矩的节点值。然后虚功变为

$$\overline{\delta W} = \delta\boldsymbol{\theta}^{\mathrm{T}} \boldsymbol{D} \boldsymbol{r}(t) \tag{3.346}$$

因此,广义力可写为形式

$$\boldsymbol{\Xi} = \boldsymbol{D} \boldsymbol{r}(t) \tag{3.347}$$

其中载荷矩阵为

$$
\boldsymbol{D} = \begin{bmatrix}
\dfrac{l_1}{3} & \dfrac{l_1}{6} & 0 & 0 & 0 & 0 & \cdots \\[2mm]
\dfrac{l_1}{6} & \dfrac{l_1}{3} + \dfrac{l_2}{3} & \dfrac{l_2}{6} & 0 & 0 & 0 & \cdots \\[2mm]
0 & \dfrac{l_2}{6} & \dfrac{l_2}{3} + \dfrac{l_3}{3} & \dfrac{l_3}{6} & 0 & 0 & \cdots \\[2mm]
0 & 0 & \dfrac{l_3}{6} & \dfrac{l_3}{3} + \dfrac{l_4}{3} & \dfrac{l_4}{6} & \ddots & \ddots \\[2mm]
0 & 0 & 0 & \dfrac{l_4}{6} & \dfrac{l_4}{3} + \dfrac{l_5}{3} & \ddots & \ddots \\[2mm]
0 & 0 & 0 & \ddots & \ddots & \ddots & \\[2mm]
\vdots & \vdots & \vdots & \ddots & \ddots & & \ddots
\end{bmatrix}
$$

$$(3.348)$$

对于边界条件,容许性只要求满足几何边界条件(见 3.5.1 小节)。例如,如果考虑一根固支-自由梁,则只需要令 $\theta_1 = 0$。自由端的边界条件(即扭矩为零)是一个"自然"(即力或力矩)边界条件,而不是一个几何边界条件,因此在这种方法中不需要考虑。结果中去掉了列矩阵 $\boldsymbol{\theta}$ 和 $\boldsymbol{r}$ 的第一个元素,后者的第一个元素被去掉的原因是 $\delta\theta_1 = 0$,这是为了与虚位移和转角必须满足几何边界条件保持一致。这样产生的效果是除去了矩阵 $\boldsymbol{M}$ 和 $\boldsymbol{K}$ 的第一行和第一列,以及矩阵 $\boldsymbol{D}$ 的第一行。

现在,与里兹法一样,可以通过拉格朗日方程得出运动方程。考虑到在方程(3.336)中给出了扭转角的近似,唯一未知的是节点处的扭转角 $\theta_i$。因此,运动方程可写为

$$\frac{\mathrm{d}}{\mathrm{d}t}\left(\frac{\partial K}{\partial \dot{\boldsymbol{\theta}}}\right) + \frac{\partial U}{\partial \boldsymbol{\theta}} = \boldsymbol{\Xi} \tag{3.349}$$

或

$$\boldsymbol{M}\ddot{\boldsymbol{\theta}} + \boldsymbol{K}\boldsymbol{\theta} = \boldsymbol{D}\boldsymbol{r}(t) \tag{3.350}$$

虽然有限元法中的系统矩阵可能非常大,但这些矩阵都有其重要的性质。第一,如前面讨论里兹法(见 3.5.1 小节)时提到的那样,它们是对称的,这反映了该刚度矩阵是保守系统由能量方法得到的。第二,它们是带状的,即非零项集中在矩阵的对角线上。第三,$\boldsymbol{M}$ 是正定的;$\boldsymbol{K}$ 至少是半正定的,在没有刚体模态时,它是正定矩阵,因为它是通过结构应变能的计算得到的。当除去刚体运动时,结构应变能本身就是一个正数。

有了这些方程,不妨来看看不均匀梁的扭转问题的几种类型。例如:

① 如果 $\boldsymbol{r}$ 不是关于时间的函数,则可以得到梁的静态响应,对于这种情况,不需要质量矩阵 $\boldsymbol{M}$,因此

$$\boldsymbol{K}\boldsymbol{\theta} = \boldsymbol{D}\boldsymbol{r} \tag{3.351}$$

② 梁的自由振动性质可以通过令 $r=0$ 得到,并假设简谐运动形如 $\boldsymbol{\theta} = \hat{\boldsymbol{\theta}}\exp(\mathrm{i}\omega t)$,

通过求解特征值问题得到

$$K\hat{\boldsymbol{\theta}} = \omega^2 M\hat{\boldsymbol{\theta}} \tag{3.352}$$

③ 如果 $r(t)$ 形如 $\hat{r}\exp(\mathrm{i}\Omega t)$，其中 $\hat{r}$ 和 $\Omega$ 是特定的常数，那么可以通过假设 $\boldsymbol{\theta}(t) = \hat{\boldsymbol{\theta}}\exp(\mathrm{i}\Omega t)$ 并且求解代数问题来得到简谐激励的稳态响应

$$[K - \Omega^2 M]\hat{\boldsymbol{\theta}} = D\hat{r} \tag{3.353}$$

④ 在适当初始条件下，即当 $\theta_i(0)$ 和 $\dot{\theta}_i(0)$ 为特定值时，结构的受迫响应取决于方程(3.350)的数值积分。

用有限元法可以建立包括整架飞机在内的复杂结构模型。导出的离散方程与方程(3.350)相似，其中 $\boldsymbol{\theta}$ 是节点位移/转角的向量；$r(t)$ 是节点力/力矩的向量；$K$ 是刚度矩阵，描述了整个结构的弹性性质；$M$ 是质量矩阵，描述了整个结构的惯量性质。随着模型复杂程度的增加，矩阵的规模将增加。对于多数单元模型，如那些三维体单元的模型，可能需要成百上千或更多的自由度，以精确模拟一个完整的机翼结构。

作为说明性的例子，由梁的扭转导致的梢部扭转结果列于表 3.9 中，其中，梁的刚度 $\overline{GJ}$ 线性变化，$\overline{GJ}(0) = \overline{GJ}_0 = 2\,\overline{GJ}(l)$，$r(x,t) = r = $ 常数，且每个单元的刚度 $\overline{GJ}$ 为常量。收敛是单调的，并且结果有明显的上界。

表 3.9　应用有限元法得到的由梁的扭转导致的梢部扭转结果

| $n$ | $rl^2/\overline{GJ}_0$ | $n$ | $rl^2/\overline{GJ}_0$ |
| --- | --- | --- | --- |
| 1 | 0.666 667 | 5 | 0.616 184 |
| 2 | 0.628 571 | 6 | 0.615 431 |
| 3 | 0.620 491 | 7 | 0.614 976 |
| 4 | 0.617 560 | 精确值 | 0.613 706 |

**弯曲梁问题的应用。** 作为有限元法的另一个实例，接下来转向梁弯曲问题的应用。梁的弯曲理论以应变能、动能和虚功的方式出现过，这些体系足够用于构造一个非均匀弯曲梁的有限元模型。为一更简单起见，在每个单元 $i$ 中，假设弯曲刚度和单位长度质量是常数，分别等于 $\overline{EI}_i$ 和 $m_i$。而将允许单元 $\overline{EI}_i$ 和 $m_i$ 线性变化的情况留给读者作为练习(见习题 26)。考虑一根受单位长度分布力 $f(x,t)$ 和单位长度弯矩 $q(x,t)$ 的梁，如图 3.47 所示。

与梁扭转的情况相同，现在从应变能推导刚度矩阵。应变能的表达式为

$$U = \frac{1}{2}\int_0^l \overline{EI}\left(\frac{\partial^2 v}{\partial x^2}\right)^2 \mathrm{d}x \tag{3.354}$$

其中 $v(x,t)$ 用节点挠度 $v_i(t)$ 和转角 $\beta_i(t)$ 的形式表示，后者的意义是弯曲斜率 $\beta(x,t) = \partial v(x,t)/\partial x$。当 $x$ 在节点 $i$ 和 $i+1$ 之间时，$v(x,t)$ 近似为

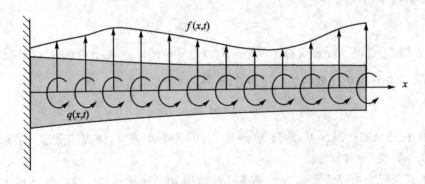

**图 3.47　受单位长度分布力和弯矩的非均匀梁示意图**

$$v(x,t) = \begin{bmatrix} 2z^3 - 3z^2 + 1 \\ z^3 - 2z^2 + z \\ 3z^2 - 2z^3 \\ z^3 - z^2 \end{bmatrix}^{\mathrm{T}} \begin{bmatrix} v_i(t) \\ \beta_i(t) \\ v_{i+1}(t) \\ \beta_{i+1}(t) \end{bmatrix} \tag{3.355}$$

其中

$$z = \frac{x - x_i}{l_i} \tag{3.356}$$

且 $0 \leqslant z \leqslant 1$。方程(3.355)中的四个三次多项式被称为"Hermite 多项式"。它们具有如下的性质:当其中一个多项式的值或导数值在端点(即 $z=0$ 或 $z=1$)处等于 1时,其余三个等于 0。据此,单元的自由度为单元端点处的挠度或转角。有了这种$v(x,t)$的插值,应变能可以写为

$$U = \frac{1}{2} \boldsymbol{\xi}^{\mathrm{T}} \boldsymbol{K} \boldsymbol{\xi} \tag{3.357}$$

其中,自由度排列在长度为 $2n+2$ 的列矩阵 $\boldsymbol{\xi}(t)$ 中,因此有

$$\boldsymbol{\xi}(t) = \begin{bmatrix} v_1(t) \\ \beta_1(t) \\ v_2(t) \\ \beta_2(t) \\ \vdots \\ v_{n+1}(t) \\ \beta_{n+1}(t) \end{bmatrix} \tag{3.358}$$

且对于两单元情况,刚度矩阵 $\boldsymbol{K}$ 的形式为

$$
K = \begin{bmatrix}
\dfrac{12\,\overline{EI_1}}{l_1^3} & \dfrac{6\,\overline{EI_1}}{l_1^2} & -\dfrac{12\,\overline{EI_1}}{l_1^3} & \dfrac{6\,\overline{EI_1}}{l_1^2} & 0 & 0 \\[3mm]
\dfrac{6\,\overline{EI_1}}{l_1^2} & \dfrac{4\,\overline{EI_1}}{l_1} & -\dfrac{6\,\overline{EI_1}}{l_1^2} & \dfrac{2\,\overline{EI_1}}{l_1} & 0 & 0 \\[3mm]
-\dfrac{12\,\overline{EI_1}}{l_1^3} & -\dfrac{6\,\overline{EI_1}}{l_1^2} & \dfrac{12\,\overline{EI_1}}{l_1^3}+\dfrac{12\,\overline{EI_2}}{l_2^3} & \dfrac{6\,\overline{EI_2}}{l_2^2}-\dfrac{6\,\overline{EI_1}}{l_1^2} & -\dfrac{12\,\overline{EI_2}}{l_2^3} & \dfrac{6\,\overline{EI_2}}{l_2^2} \\[3mm]
\dfrac{6\,\overline{EI_1}}{l_1^2} & \dfrac{2\,\overline{EI_1}}{l_1} & \dfrac{6\,\overline{EI_2}}{l_2^2}-\dfrac{6\,\overline{EI_1}}{l_1^2} & \dfrac{4\,\overline{EI_1}}{l_1}+\dfrac{4\,\overline{EI_2}}{l_2} & -\dfrac{6\,\overline{EI_2}}{l_2^2} & \dfrac{2\,\overline{EI_2}}{l_2} \\[3mm]
0 & 0 & -\dfrac{12\,\overline{EI_2}}{l_2^3} & -\dfrac{6\,\overline{EI_2}}{l_2^2} & \dfrac{12\,\overline{EI_2}}{l_2^3} & -\dfrac{6\,\overline{EI_2}}{l_2^2} \\[3mm]
0 & 0 & \dfrac{6\,\overline{EI_2}}{l_2^2} & \dfrac{2\,\overline{EI_2}}{l_2} & -\dfrac{6\,\overline{EI_2}}{l_2^2} & \dfrac{4\,\overline{EI_2}}{l_2}
\end{bmatrix}
$$

$$
\tag{3.359}
$$

注意到，单元 1 产生的贡献都在左上角的 $4\times4$ 子矩阵中，而单元 2 产生的贡献则都在右下角的 $4\times4$ 子矩阵中。两个单元在中间的 $2\times2$ 子矩阵中重叠，代表与单元 1 右端和单元 2 左端处节点相关的自由度。有了这种形式，将矩阵扩展成含有任意维数的单元就是一件很容易的事情了。

动能的表达式为

$$
K = \frac{1}{2}\int_0^l m\left(\frac{\partial v}{\partial t}\right)^2 \mathrm{d}x \tag{3.360}
$$

在特定的插值情况下可以写为离散形式

$$
K = \frac{1}{2}\dot{\boldsymbol{\xi}}^{\mathrm{T}}\boldsymbol{M}\dot{\boldsymbol{\xi}} \tag{3.361}
$$

其中，质量矩阵的表达式为

$$
M = \begin{bmatrix}
\dfrac{13}{35}l_1 m_1 & \dfrac{11}{210}l_1^2 m_1 & \dfrac{9}{70}l_1 m_1 & -\dfrac{13}{420}l_1^2 m_1 & 0 & 0 \\[3mm]
\dfrac{11}{210}l_1^2 m_1 & \dfrac{1}{105}l_1^3 m_1 & \dfrac{13}{420}l_1^2 m_1 & -\dfrac{1}{140}l_1^3 m_1 & 0 & 0 \\[3mm]
\dfrac{9}{70}l_1 m_1 & \dfrac{13}{420}l_1^2 m_1 & \dfrac{13}{35}(l_1 m_1 + l_2 m_2) & -\dfrac{11}{210}(l_1^2 m_1 - l_2^2 m_2) & \dfrac{9}{70}l_2 m_2 & -\dfrac{13}{420}l_2^2 m_2 \\[3mm]
-\dfrac{13}{420}l_1^2 m_1 & -\dfrac{1}{140}l_1^3 m_1 & -\dfrac{11}{210}(l_1^2 m_1 - l_2^2 m_2) & \dfrac{1}{105}(l_1^3 m_1 + l_2^3 m_2) & \dfrac{13}{420}l_2^2 m_2 & -\dfrac{1}{140}l_2^3 m_2 \\[3mm]
0 & 0 & \dfrac{9}{70}l_2 m_2 & \dfrac{13}{420}l_2^2 m_2 & \dfrac{13}{35}l_2 m_2 & -\dfrac{11}{210}l_2^2 m_2 \\[3mm]
0 & 0 & -\dfrac{13}{420}l_2^2 m_2 & -\dfrac{1}{140}l_2^3 m_2 & -\dfrac{11}{210}l_2^2 m_2 & \dfrac{1}{105}l_2^3 m_2
\end{bmatrix}
$$

$$
\tag{3.362}
$$

再次针对两单元情况，这种形式与刚度矩阵相同。因此将质量矩阵扩展成任意单元数也是很直接的事。

最后，外加分布力和弯矩的影响由虚功决定。与 $r(x,t)$ 对处理扭矩的方法相同，对 $f(x,t)$ 和 $q(x,t)$ 两者插值，即

$$f(x,t) = f_i(t) + \frac{x - x_i}{l_i}\left[f_{i+1}(t) - f_i(t)\right]$$

$$q(x,t) = q_i(t) + \frac{x - x_i}{l_i}\left[q_{i+1}(t) - q_i(t)\right] \tag{3.363}$$

其中,$f_i(t)$和$q_i(t)$代表单位展长外加力和弯矩的节点值,其向量表示为

$$\boldsymbol{f}^{\mathrm{T}} = \begin{bmatrix} f_1 & f_2 & \cdots & f_{n+1} \end{bmatrix}$$

$$\boldsymbol{q}^{\mathrm{T}} = \begin{bmatrix} q_1 & q_2 & \cdots & q_{n+1} \end{bmatrix} \tag{3.364}$$

然后虚功变为

$$\overline{\delta W} = \delta \boldsymbol{v}^{\mathrm{T}} \boldsymbol{D}_f \boldsymbol{f}(t) + \delta \boldsymbol{\beta}^{\mathrm{T}} \boldsymbol{D}_q \boldsymbol{q}(t) \tag{3.365}$$

因此广义力可以写为形式

$$\boldsymbol{\Xi} = \boldsymbol{D}_f \boldsymbol{f}(t) + \boldsymbol{D}_q \boldsymbol{q}(t) \tag{3.366}$$

并且两单元情况的载荷矩阵的表达式为

$$\boldsymbol{D}_f = \begin{bmatrix} \dfrac{7}{20}l_1 & \dfrac{3}{20}l_1 & 0 \\[2mm] \dfrac{1}{20}l_1^2 & \dfrac{1}{30}l_1^2 & 0 \\[2mm] \dfrac{3}{20}l_1 & \dfrac{7}{20}(l_1 + l_2) & \dfrac{3}{20}l_2 \\[2mm] -\dfrac{1}{30}l_1^2 & \dfrac{1}{20}(l_2^2 - l_1^2) & \dfrac{1}{30}l_2^2 \\[2mm] 0 & \dfrac{3}{20}l_2 & \dfrac{7}{20}l_2 \\[2mm] 0 & -\dfrac{1}{30}l_2^2 & -\dfrac{1}{20}l_2^2 \end{bmatrix}$$

$$\boldsymbol{D}_q = \begin{bmatrix} -\dfrac{1}{2} & -\dfrac{1}{2} & 0 \\[2mm] \dfrac{1}{12}l_1 & -\dfrac{1}{12}l_1 & 0 \\[2mm] \dfrac{1}{2} & 0 & -\dfrac{1}{2} \\[2mm] -\dfrac{1}{12}l_1 & \dfrac{1}{12}(l_1 + l_2) & -\dfrac{1}{12}l_2 \\[2mm] 0 & \dfrac{1}{2} & \dfrac{1}{2} \\[2mm] 0 & -\dfrac{1}{12}l_2 & \dfrac{1}{12}l_2 \end{bmatrix} \tag{3.367}$$

单元 1 产生的贡献都在左上角的 4×2 子矩阵中,而单元 2 产生的贡献则都在右下角的 4×2 子矩阵中,两单元在中间的 2×1 子矩阵中重叠(即中间一列的中间两行)。

　　因为有限元法是基于里兹法的,所以只需要满足几何边界条件。对于一根固支-

自由梁,这意味着 $v_1 = \beta_1 = 0$,因此 $M$ 和 $K$ 的前两行和前两列必须去掉。对于载荷矩阵 $D_f$ 和 $D_q$,由于 $\delta v_1 = \delta\beta_1 = 0$,因此两矩阵的前两行必须去掉。梁弯曲问题的有限元法的精度在习题 26 中给出。

# 3.6 小 结

本章考虑了自由振动分析和弹性结构的模态表示,并解决了初始值问题和随之的受迫响应问题。此外,介绍了里兹法、伽辽金法和有限元法的近似技术,这为在第 4 章和第 5 章中将要讨论的气动弹性问题做了铺垫。第 4 章讨论的静气动弹性问题来源于结构和气动载荷的相互作用,这些载荷涉及动气动弹性力学载荷的一部分,且还包括了惯性的影响。颤振是动气动弹性力学的一个方面,将在第 5 章中讨论,该章将表明,模态法和模态近似法在静气动弹性和颤振问题上是同样适用的。

# 习 题

1. 通过求解相应的积分,证明下面两组函数中的每一个都与其组内所有其他函数在区间 $0 \leqslant x \leqslant l$ 上正交:

(a) $\sin\left(\dfrac{n\pi x}{l}\right)$, $n = 1, 2, 3, \cdots$;

(b) $\cos\left(\dfrac{n\pi x}{l}\right)$, $n = 0, 1, 2, \cdots$。

提示:积分表的使用可能会有帮助。

2. 考虑方程(3.54),绘制保留不同数量模态时,在 $t = 0$ 时刻的位移。可以发现,随着保留模态的增多,位移形状更精确地模拟了图 3.2 给出的初始弦形状。

3. 计算弹性扭转变形沿梁的传播速度,其中,梁为棱柱形、均匀、各向同性,具有圆形截面且由下列材料制成:

(a) 铝(2014 - T6);

(b) 钢。

提示:与均匀弦问题的控制波动方程比较,注意到对于圆截面梁,$J = I_p$。

答案(根据使用的材料特性不同可能会略有变化):

(a) 3 140 m/s;

(b) 3 110 m/s。

4. 对于一根连接在两面墙之间且不受外载的均匀弦,确定弦的总挠度 $v(x,t)$。弦的初始挠度为零,初始横向速度分布的表达式为

$$\frac{\partial v}{\partial t}(x,0) = V\left[1 - \cos\left(\frac{2\pi x}{l}\right)\right]$$

答案：$v(x,t) = -\dfrac{16Vl}{\pi^2}\sqrt{\dfrac{m}{T}}\displaystyle\sum_{n=1,3,\cdots}^{\infty}\dfrac{1}{n^2(n^2-4)}\sin\left(\dfrac{n\pi x}{l}\right)\sin(\omega_n t)$，其中 $\omega_n=$

$\dfrac{n\pi}{l}\sqrt{\dfrac{T}{m}}$。

5. 考虑一根长度为 $l$、单位长度质量为 $m$ 的均匀弦，弦拉紧于两面墙之间且拉力为 $T$。弦的横向振动在中点处由一根线性弹簧约束，弹性常数为 $k$。弦未变形时弹簧是未拉伸的。写出第 $i$ 阶模态的广义运动方程，特别注意广义力 $\Xi$ 的书写。作为检验，推导方程时应通过势能而不是通过广义力来考虑弹簧。

答案：令 $\omega_i=\dfrac{i\pi}{l}\sqrt{\dfrac{T}{m}}$，则得到广义运动方程为

$$\ddot{\xi}_i+\omega_i^2\xi_i+\dfrac{2k}{ml}(-1)^{\frac{i-1}{2}}\sum_{j=1,3,\cdots}^{\infty}(-1)^{\frac{j-1}{2}}\xi_j=0 \quad (i=1,3,\cdots,\infty)$$

$$\ddot{\xi}_i+\omega_i^2\xi_i=0 \quad (i=2,4,\cdots,\infty)$$

6. 考虑一根长度为 $l$、单位长度质量为 $m$ 的均匀弦，弦拉紧于两面墙之间且张力为 $T$。在 $t=0$ 之前，弦未变形且静止。当 $t=0$ 时，大小为 $F_0\sin\Omega t$ 的集中力施加在 $x=l/3$ 和 $x=2l/3$ 处，分别沿正(向上)方向和负(向下)方向。此外，分布力

$$F=\bar{F}\left[1-\sin\left(\dfrac{3\pi x}{l}\right)\right]\cos(\Omega t)$$

也施加于弦上。当 $t>0$ 时，弦的总位移 $v(x,t)$ 是多少？

答案：令 $\omega_n=\dfrac{n\pi}{l}\sqrt{\dfrac{T}{m}}$，得到

$$v(x,t)=\sum_{n=2,4,\cdots}^{\infty}\left\{C_n\left[\sin(\Omega t)-\dfrac{\Omega}{\omega_n}\sin(\omega_n t)\right]\sin\left(\dfrac{n\pi x}{l}\right)\right\}+$$

$$\sum_{n=1,3,\cdots}^{\infty}\left\{D_n\left[\cos(\Omega t)-\cos(\omega_n t)\right]\sin\left(\dfrac{n\pi x}{l}\right)\right\}$$

其中

$$C_n=\dfrac{2F_0}{ml(\omega_n^2-\Omega^2)}\left[\sin\left(\dfrac{n\pi}{3}\right)-\sin\left(\dfrac{2n\pi}{3}\right)\right]$$

$$D_n=\dfrac{2\bar{F}}{m(\omega_n^2-\Omega^2)}\left(\dfrac{2}{n\pi}-\dfrac{\delta_{n3}}{2}\right)$$

当 $i=j$ 时，Kronecker 符号 $\delta_{ij}=1$；当 $i\neq j$ 时，$\delta_{ij}=0$。

7. 考虑一根长度为 $l$ 的均匀圆形杆，扭转刚度为 $GJ$，单位长度质量惯性矩为 $\rho J$。梁在端部 $x=0$ 处夹紧，且在另一端 $x=l$ 处存在集中惯量 $I_C$。

(a) 当 $I_C=\rho Jl\zeta$ 时，确定可以求解扭转固有频率的特征方程，其中 $\zeta$ 是一个无量纲参数。

(b) 验证当 $\zeta$ 趋近 0 时，问题(a)得到的特征方程趋近于文中固支-自由均匀受扭杆问题得到的方程。

(c) 当 $\zeta=1$ 时,解问题(a)得到的特征方程,并计算出前四个特征值 $\alpha_i l(i=1,2,3,4)$。

(d) 当 $\zeta=1,2,4,8$ 时,解问题(a)得到的特征方程,并计算出第一个特征值 $\alpha_1 l$。绘制最低固有频率随集中惯量变化的曲线。注意到 $\alpha_1 l$ 与 $\zeta$ 都是无量纲量。

答案:

(a) $\zeta\alpha l\tan(\alpha l)=1$。

(c)、(d)示例答案:当 $\zeta=1$ 时,$\alpha_1 l=0.860\,334$。

8. 考虑一根固支-自由受扭梁:

(a) 证明无论梁是否均匀,自由振动模态都是正交的。

(b) 已知动能为

$$K = \frac{1}{2}\int_0^l \overline{\rho I}_p \left(\frac{\partial\theta}{\partial t}\right)^2 \mathrm{d}x$$

说明 $K$ 可以写为

$$K = \frac{1}{2}\sum_{i=1}^{\infty} M_i \dot{\xi}_i^2$$

这里,$M_i$ 是第 $i$ 阶模态的广义质量,$\xi_i$ 是第 $i$ 阶模态的广义坐标。

(c) 已知势能是内能(比如应变能),为

$$P = \frac{1}{2}\int_0^l \overline{GJ} \left(\frac{\partial\theta}{\partial x}\right)^2 \mathrm{d}x$$

说明 $P$ 可以写为

$$P = \frac{1}{2}\sum_{i=1}^{\infty} M_i \omega_i^2 \xi_i^2$$

其中 $\omega_i$ 为固有频率。

(d) 说明对于一根均匀梁及文中给出的 $\phi_i$,对于所有的 $i$,$M_i=\overline{\rho I}_p l/2$。

9. 考虑一根自由-自由均匀受扭梁

(a) 已知文中给出的模态,试用 $\overline{GJ}$ 和 $l$ 和广义坐标来表示 $P$。

(b) 已知文中给出的模态,试用 $\overline{\rho I}_p$、$l$ 和广义坐标的时间导数来表示 $K$。

(c) 将问题(a)和问题(b)得到的结果代入拉格朗日方程来确定产生的广义质量。

答案:

(a) $P = \frac{1}{2}\overline{GJ}\sum_{i=1}^{\infty}\frac{(i\pi)^2}{2l}\xi_i^2$。

(b) $K = \frac{1}{2}\rho I_p l\left(\dot{\xi}_0^2 + \frac{1}{2}\sum_{i=1}^{\infty}\dot{\xi}_i^2\right)$。

(c) $M_0 = \overline{\rho I}_p l$;$M_i = \frac{1}{2}\overline{\rho I}_p l, i=1,2,\cdots$。

10. 考虑一根固支-自由受弯梁:

（a）证明无论梁是否均匀,自由振动模态都是正交的。

（b）已知动能为

$$K = \frac{1}{2} \int_0^l m \left( \frac{\partial v}{\partial t} \right)^2 \mathrm{d}x$$

说明 $K$ 可以写为

$$K = \frac{1}{2} \sum_{i=1}^\infty M_i \dot{\xi}_i^2$$

这里,$M_i$ 是第 $i$ 阶模态的广义质量,$\xi_i$ 是第 $i$ 阶模态的广义坐标。

（c）已知势能是内能（比如应变能）,为

$$P = \frac{1}{2} \int_0^l \overline{EI} \left( \frac{\partial^2 v}{\partial x^2} \right)^2 \mathrm{d}x$$

说明 $P$ 可以写为

$$P = \frac{1}{2} \sum_{i=1}^\infty M_i \omega_i^2 \xi_i^2$$

其中 $\omega_i$ 为固有频率。

（d）说明对于一根均匀梁及文中给出的 $\phi_i$,对于所有的 $i$,$M_i = ml$。

11. 考虑一根弯曲振动的均匀梁,边界条件如图 3.38 所示:

（a）使用在文中得到的关系,绘制特征值的平方 $(\alpha_1 l)^2$ 与 $\kappa$ 的关系。$(\alpha_1 l)^2$ 与基频成正比,$\kappa = 0 \sim 100$。利用图 3.40 验证结果是否正确。

（b）当 $\kappa = 0.01, 0.1, 1, 10, 100$ 时,绘制基准模态振型。建议:利用方程（3.270）。当 $\kappa = 1$ 时,利用图 3.39 验证结果是否正确。当 $\kappa = 50$ 时,利用图 3.41 验证结果是否正确。$\kappa = 100$ 与 $\kappa = 50$ 的结果是否有明显的区别。

12. 梁的长度为 $l$,弯曲刚度为 $\overline{EI}$,单位长度质量为 $m$。梁的右端自由,左端具有滑移条件（图 3.26）。求梁的自由振动频率,并绘制前五阶模态的振型。将模态振型归一化使自由端具有单位挠度,确定前五阶模态的广义质量。

答案：$\omega_0 = 0$, $\omega_1 = 5.593\,32\sqrt{\overline{EI}/(ml^4)}$, $\omega_2 = 30.225\,8\sqrt{\overline{EI}/(ml^4)}$, $\omega_3 = 74.638\,9\sqrt{\overline{EI}/(ml^4)}$, $\omega_4 = 138.791\sqrt{\overline{EI}/(ml^4)}$; $M_0 = ml$ 且当 $i = 1, 2, \cdots, \infty$ 时 $M_i = ml/4$。作为振型样例,第一阶弹性模态绘于图 3.48 中。

13. 考虑习题 12 中的梁。在左端增加一个平移弹簧约束,弹簧常数为 $k = \kappa \overline{EI}/l^3$。当 $\kappa = 0.01, 1, 100$ 时,求出前三阶自由振动频率和模态振型。绘制振型图,并将其归一化使自由端具有单位挠度。

答案：示例结果：图 3.49 给出了当 $i = 1, 2, 3$ 时 $(\alpha_i l)^2$ 与 $\kappa$ 的关系,图 3.50 给出了当 $\kappa = 1$ 时的第一阶模态振型。

14. 考虑一根梁,其左端固定,右端用销钉连接有一个刚体。刚体的转动惯量为 $I_C = \mu m l^3$,其中 $C$ 与销重合（即一个转轴）:

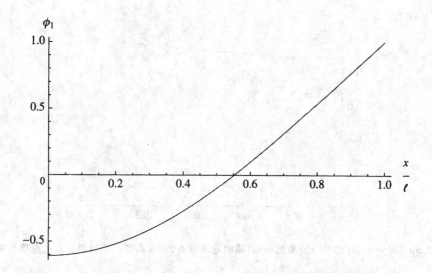

**图 3.48　滑动-自由梁的第一阶弹性模态振型(注意到"第零阶"模态是刚体平移模态)**

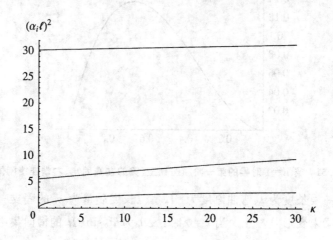

**图 3.49　当 $i=1,2,3$ 时,$(\alpha_i l)^2$ 对 $\kappa$ 的变化(梁的右端自由、左端具有平移弹簧约束的滑移条件)**

(a) 当 $\mu=0.01,0.1,1,10,100$ 时,求出前两阶的自由振动频率。说明固有频率随 $\mu$ 的变化。

(b) 选择任意方便的归一化方法,绘制这些 $\mu$ 值的第一阶模态振型图,并说明模态振型随 $\mu$ 的变化情况。

答案:

(a) 示例结果:当 $\mu=1$ 时,$\omega_1=1.990\,48\sqrt{\dfrac{EI}{ml^4}}$。

(b) 示例结果:当 $\mu=1$ 时,第一阶模态振型如图 3.51 所示。

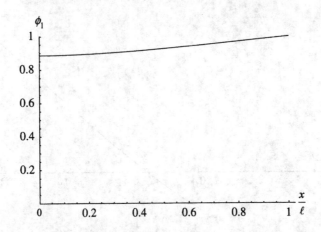

**图3.50　当 κ=1 时的第一阶模态振型(梁的右端自由、左端具有平移弹簧约束的滑移条件)**

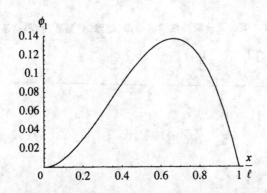

**图 3.51　当 μ=1 时梁的第一阶模态振型(梁的左端固定、右端连接刚体)**

15. 考虑一根长度为 $l$、弯曲刚度为 $\overline{EI}$、单位长度质量为 $m$ 的固支-自由均匀梁。在 $t=0$ 之前,梁未变形且静止。当 $t=0$ 时,大小为 $F_0\sin\Omega t$ 的横向集中力被施加在 $x=l$ 处。

(a) 写出广义运动方程。

(b) 在时间 $t>0$ 时,确定梁的总位移 $v(x,t)$。

(c) 对于 $\Omega=0$ 的情况,确定梁的梢部位移。忽略那些随时间变化的项(它们在真实梁中会因耗散而消失),绘制梢部位移随求解过程中保留的模态振型数的变化图,最多 5 个。利用基本梁理论,说明图中梁的静态梢部挠度(这部分的问题说明了如何应用模态来表示静态响应问题)。

答案:

(a) 第 $i$ 阶方程为

$$\ddot{\xi}_i + \omega_i^2\xi_i = 2\,(-1)^{i+1}\,\frac{F}{ml}\cos(\Omega t)$$

（b）利用方程（3.258）给出的 $\phi_i$、$\omega_i=(\alpha_i l)^2 \sqrt{\dfrac{EI}{ml^4}}$ 以及表 3.1 给出的 $\alpha_i l$，得到

$$v(x,t) = \frac{2F}{ml} \sum_{i=1}^{\infty} \frac{(-1)^{i+1}}{\omega_i^2 - \Omega^2} [\cos(\Omega t) - \cos(\omega_i t)] \phi_i(x)$$

（c）只利用很少的项，要求结果在工程精度内收敛到 $\dfrac{Fl^3}{3\,EI}$。

16．考虑一根自由-自由梁，弯曲刚度为 $\overline{EI}$，单位长度质量为 $m$，长度为 $l$。利用里兹法写出系统的运动方程，该系统包括梁以及两个附加在梁两端的相同刚体，每个刚体的转动惯量为 $I_C$ 且质量为 $m_C$。利用文中获得的自由-自由无附加刚体的梁的精确解作为假设模态。注意那些提供惯性耦合的项。

17．考虑一根铰支-自由梁，沿铰链的旋转由一个轻弹簧约束，弹性常数为 $\kappa \overline{EI}/l$。用刚体旋转模态和一组固支-自由模态作为里兹法的假设模态。当 $\kappa=1,10,100$ 时，比较使用不同假设模态个数的前两阶模态。

答案：见表 3.10 和表 3.11。

表 3.10　根部连接弹性常数为 $\kappa\,\overline{EI}/l$ 的扭转弹簧的铰支-自由梁。利用一个刚体模态

$x$ 和 $n-1$ 个 3.3.4 小节中方程（3.258）给出的固支-自由模态得到的 $\omega_1 \sqrt{\dfrac{ml^4}{EI}}$ 的近似值

| $n$ | $\kappa=1$ | $\kappa=10$ | $\kappa=100$ |
|---|---|---|---|
| 1 | 1.732 05 | 5.477 23 | 17.320 5 |
| 2 | 1.557 36 | 2.967 90 | 3.447 66 |
| 3 | 1.557 30 | 2.967 84 | 3.447 66 |
| 4 | 1.557 30 | 2.967 84 | 3.447 66 |
| 5 | 1.557 30 | 2.967 84 | 3.447 66 |
| 精确值 | 1.557 30 | 2.967 84 | 3.447 66 |

表 3.11　根部连接弹性常数为 $\kappa\,\overline{EI}/l$ 的扭转弹簧的铰支-自由梁。利用一个刚体模态

$x$ 和 $n-1$ 个 3.3.4 小节中方程（3.258）给出的固支-自由模态得到的 $\omega_2 \sqrt{\dfrac{ml^4}{EI}}$ 的近似值

| $n$ | $\kappa=1$ | $\kappa=10$ | $\kappa=100$ |
|---|---|---|---|
| 2 | 22.840 2 | 37.900 2 | 103.173 |
| 3 | 16.266 4 | 19.363 2 | 21.620 2 |
| 4 | 16.251 8 | 19.356 1 | 21.620 0 |
| 5 | 16.250 2 | 19.355 9 | 21.620 0 |
| 精确值 | 16.250 1 | 19.355 8 | 21.620 0 |

18．用一组合理的多项式函数重做习题 17。使用一个刚体模态为 $x$ 和不同数

量的多项式满足固支-自由梁的所有边界条件。

答案:见表 3.12 和表 3.13。

**表 3.12　根部连接弹性常数为 $\kappa \overline{EI}/l$ 的扭转弹簧的铰支-自由梁。利用一个刚体模态 $x$ 和 $n-1$ 个满足固支-自由梁所有边界条件的多项式得到的 $\omega_1 \sqrt{\dfrac{ml^4}{EI}}$ 的近似值**

| $n$ | $\kappa=1$ | $\kappa=10$ | $\kappa=100$ |
|---|---|---|---|
| 1 | 1.732 05 | 5.477 23 | 17.320 5 |
| 2 | 1.558 02 | 2.974 97 | 3.460 64 |
| 3 | 1.557 30 | 2.967 84 | 3.447 68 |
| 4 | 1.557 30 | 2.967 84 | 3.447 66 |
| 精确值 | 1.557 30 | 2.967 84 | 3.447 66 |

**表 3.13　根部连接弹性常数为 $\kappa \overline{EI}/l$ 的扭转弹簧的铰支-自由梁。利用一个刚体模态 $x$ 和 $n-1$ 个满足固支-自由梁所有边界条件的多项式得到的 $\omega_2 \sqrt{\dfrac{ml^4}{EI}}$ 的近似值**

| $n$ | $\kappa=1$ | $\kappa=10$ | $\kappa=100$ |
|---|---|---|---|
| 2 | 24.820 0 | 41.104 9 | 111.734 |
| 3 | 16.404 7 | 19.707 0 | 22.233 8 |
| 4 | 16.250 8 | 19.356 5 | 21.620 8 |
| 精确值 | 16.250 1 | 19.355 8 | 21.620 0 |

19. 考虑一根固支-自由梁,长度为 $l$,单位长度质量和弯曲刚度按式

$$m = m_0 \left(1 - \frac{x}{l} + \mu \frac{x}{l}\right)$$

$$\overline{EI} = \overline{EI}_0 \left(1 - \frac{x}{l} + \kappa \frac{x}{l}\right)$$

变化,选择方程(3.325)为比较函数,利用里兹法确定前三阶固有频率的近似值,并将所使用的项由 1 一直变动到 5。令 $\mu = \kappa = \dfrac{1}{2}$。

答案:见表 3.14。

20. 利用里兹法和一组合理的多项式函数 $(x/l)^{i+1}(i=1,2,\cdots,n)$ 重做习题 19。

答案:见表 3.15。

21. 利用方程(3.329)且使 $f=0$ 重做习题 19,作为运动方程及一组多项式比较函数 $(x/l)^{i+1}(i=1,2,\cdots,n)$。

答案:见表 3.16。

**表 3.14**　固支-自由锥形梁。基于里兹法,利用 $n$ 个满足固支-自由梁所有边界条件的多项式得到的 $\omega_i\sqrt{\dfrac{m_0 l^4}{EI_0}}$ 的近似值

| $n$ | $\omega_1\sqrt{\dfrac{m_0 l^4}{EI_0}}$ | $\omega_2\sqrt{\dfrac{m_0 l^4}{EI_0}}$ | $\omega_3\sqrt{\dfrac{m_0 l^4}{EI_0}}$ |
|---|---|---|---|
| 1 | 4.367 31 | — | — |
| 2 | 4.315 71 | 24.765 3 | — |
| 3 | 4.315 17 | 23.526 7 | 69.871 1 |
| 4 | 4.315 17 | 23.519 9 | 63.244 1 |
| 5 | 4.315 17 | 23.519 3 | 63.241 5 |
| 精确值 | 4.315 17 | 23.519 3 | 63.199 2 |

**表 3.15**　固支-自由锥形梁。基于里兹法,利用 $n$ 项多项式 $(x/l)^{i+1}$ $(i=1,2,\cdots,n)$ 得到的 $\omega_i\sqrt{\dfrac{m_0 l^4}{EI_0}}$ 的近似值

| $n$ | $\omega_1\sqrt{\dfrac{m_0 l^4}{EI_0}}$ | $\omega_2\sqrt{\dfrac{m_0 l^4}{EI_0}}$ | $\omega_3\sqrt{\dfrac{m_0 l^4}{EI_0}}$ |
|---|---|---|---|
| 1 | 5.070 93 | — | — |
| 2 | 4.318 83 | 33.818 2 | — |
| 3 | 4.317 32 | 23.664 5 | 110.529 |
| 4 | 4.315 23 | 23.664 0 | 64.839 5 |
| 5 | 4.315 17 | 23.522 6 | 64.782 1 |
| 精确值 | 4.315 17 | 23.519 3 | 63.199 2 |

**表 3.16**　固支-自由锥形梁。基于伽辽金法的方程 (3.329),利用 $n$ 项多项式 $(x/l)^{i+1}$ $(i=1,2,\cdots,n)$ 得到的 $\omega_i\sqrt{\dfrac{m_0 l^4}{EI_0}}$ 的近似值

| $n$ | $\omega_1\sqrt{\dfrac{m_0 l^4}{EI_0}}$ | $\omega_2\sqrt{\dfrac{m_0 l^4}{EI_0}}$ | $\omega_3\sqrt{\dfrac{m_0 l^4}{EI_0}}$ |
|---|---|---|---|
| 1 | 7.888 11 | — | — |
| 2 | 4.453 85 | 54.522 1 | — |
| 3 | 4.194 10 | 24.325 4 | 175.623 |
| 4 | 4.337 44 | 21.478 4 | 67.126 5 |
| 5 | 4.313 79 | 23.853 5 | 53.621 4 |
| 精确值 | 4.315 17 | 23.519 3 | 63.199 2 |

22. 考虑一根固支-自由梁,在其展向位置 $x=lr$ 处附有质点 $\mu ml$。基于方程(3.325)中的函数,使用两项里兹多项式近似,当 $\mu=1$ 时,绘制基准固有频率随 $r$ 的函数变化的近似值。

答案:见图 3.52。

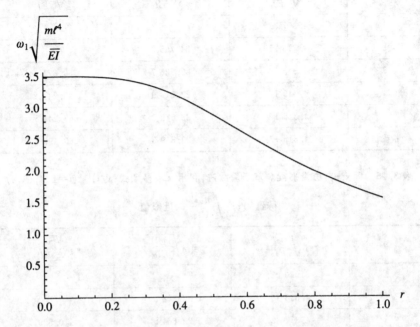

**图 3.52　在 $x=lr$ 处连接质点 $ml$ 的固支-自由梁的基准固有频率的近似值**

23. 考虑一根固支-自由梁受耦合的弯矩和扭矩。基于里兹法,使用非耦合的弯曲和扭转模态振型作为假设模态,建立无量纲频率参数 $\lambda^2=\dfrac{ml^4\omega^2}{EI}$ 的近似解,并有参数 $\overline{\rho I_{\mathrm{p}}}=0.01ml^2$,$md^2=0.25\,\overline{\rho I_{\mathrm{p}}}$,$K^2=0.25\,\overline{GJ\,EI}$,$\overline{GJ}/\overline{EI}=5$。回答以下问题:符号 $d$ 和 $K$ 如何影响频率?它们如何影响预测的模态振型?

24. 使用合适的幂级数作为弯曲和扭转模态重做习题 23。

25. 一根固支-自由受扭梁,求其静态扭转的有限元解,每个单元内的 $\overline{GJ}(x)$ 按线性变化。对比由扭转引起的梢部转角结果,载荷和属性相同(即 $\overline{GJ}(0)=\overline{GJ}_0=2\,\overline{GJ}(l)$,$r(x,t)=r=$ 常数)。注意到 3.5.3 小节中的结果将线性变化的 $\overline{GJ}$ 近似为单元间的分段常数,而这里需要假设在单元内部 $\overline{GJ}$ 是线性变化的。

答案:结果不变,见表 3.9。

26. 建立 3.5.3 小节中弯曲梁无量纲固有频率 $m(0)l^4w^2/\overline{EI}(0)$ 的有限元解,考虑单元内线性变化的 $\overline{EI}(x)$ 和 $m(x)$。比较文中例子得到的矩阵 $\boldsymbol{M}$ 和 $\boldsymbol{K}$(即单元内为分段常数 $\overline{EI}$ 和 $m$)以及单元内线性变化得到的矩阵。列表显示前三阶模态的无量纲频率,假设单元的长度为常数,$\overline{EI}(l)=0.5\,\overline{EI}(0)$ 且 $m(l)=0.5m(0)$。

答案:见表 3.17。

表 3.17　有限元法得到的弯曲梁的固有频率结果,其中,梁的刚度$\overline{EI}$线性变化,
$\overline{EI}(0) = \overline{EI}_0 = 2\,\overline{EI}(l)$,且每个单元的刚度$\overline{EI}$线性变化

| $n$ | $\omega_1\sqrt{\dfrac{m_0 l^4}{\overline{EI}_0}}$ | $\omega_2\sqrt{\dfrac{m_0 l^4}{\overline{EI}_0}}$ | $\omega_3\sqrt{\dfrac{m_0 l^4}{\overline{EI}_0}}$ |
|---|---|---|---|
| 1 | 4.318 83 | 33.818 2 | — |
| 2 | 4.316 54 | 23.645 7 | 75.925 5 |
| 3 | 4.315 49 | 23.583 5 | 63.875 6 |
| 4 | 4.315 28 | 23.543 0 | 63.652 8 |
| 5 | 4.325 22 | 23.529 6 | 63.412 8 |
| 6 | 4.315 19 | 23.524 4 | 63.308 8 |
| 精确值 | 4.315 17 | 23.519 3 | 63.199 2 |

# 第4章 静气动弹性力学

　　我发现随着载荷的增加,翼尖处的攻角明显增加。我突然意识到这一攻角的增加是导致机翼破坏的原因,显然俯冲时翼尖处空气动力引起的载荷的增加比机翼中部的更快、更显著。战术机动的变形下引起的扭转,导致了机翼损毁。

——A. H. G. Fokker,《飞翔的荷兰人》,亨利·霍尔特出版社,1931

　　静气动弹性力学的领域是研究由定常流引起的气动载荷和由此产生的升力面结构弹性变形之间相互作用下的飞行器现象。这些现象的特征是对结构变形的速率和变形加速度不敏感。在这一领域中,将遇到两种类型的设计问题。第一类问题,也是对所有飞行器来说最常见的一类,是通常情况下气动载荷对弹性变形的影响,以及弹性变形对气动载荷的影响。这些影响对飞行性能、操纵品质、飞行稳定性、结构载荷分布,以及操纵效率都有很大影响。第二类问题包括升力面结构潜在的静不稳定,它会导致灾难性的事故。我们把这种不稳定性叫做"发散",并在飞行包线中加以限制。简单来说,发散的发生是当气动载荷引起的升力面变形导致作用载荷增加时,增加的载荷会使结构变形进一步加剧,直至最终破坏。这一破坏不单纯是由于对设计结构而言作用载荷过大,而是由于空气动力同结构相互作用导致有效刚度损失。本章将详细探讨这一现象。

　　本章的主要内容是介绍一些静气动弹性现象。为了清楚说明这些问题的物理机理,并降低数学复杂性,将考虑一些相对简单的结构。首先讨论刚性气动模型,将其安装于风洞试验段的弹性支撑上,这种弹性支撑在大部分载荷测试系统中都十分典型。其次,将讨论有限展长的均匀弹性升力面,它的静气动弹性特性与常规飞行器的多数升力面相同。

## 4.1　风洞模型

　　本节将讨论三种安装类型的风洞模型:洞壁安装、悬臂支杆式安装和支柱式安装。对这三个简单的模型推导了弹性俯仰角的表达式,反过来也给出了对发散不稳定的一个粗略的理解。最后,回到洞壁安装模型,本节将定性地考虑副翼反效的不同现象。所有的机翼模型都假设是刚硬和二维的,即翼剖面的几何形状与展向位置无关,并且翼展足够大,升力和俯仰力矩都与翼展方向坐标无关。

### 4.1.1　洞壁安装模型

　　如图4.1所示,考虑一个刚硬的、展向均匀的机翼模型,安装在风洞侧壁上,可以绕支撑轴俯仰运动。支撑在扭转方面是弹性的,这意味着像扭转弹簧一样约束了机翼的俯仰运动。如图 4.2 所示,用 $k$ 描述支撑的扭转刚度。假设刚体安装在转轴上的支撑点 $O$ 上,$O$ 点到前缘的距离为 $x_O$,则对 $O$ 取矩必须为零才能保证扭矩平衡,即

$$M_{ac} + L(x_O - x_{ac}) - W(x_O - x_{cg}) - k\theta = 0 \tag{4.1}$$

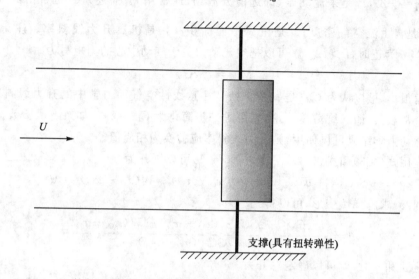

**图 4.1　扭转弹性支撑的风洞模型平面图**

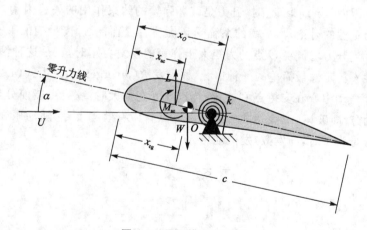

**图 4.2　风洞模型翼型图**

若支撑是刚性的,则攻角为 $\alpha_r$,机翼前缘向上为正。以 $\theta$ 表示俯仰角的弹性变形,同样机翼前缘向上为正,则机翼的攻角此时为 $\alpha \equiv \alpha_r + \theta$。运用线性空气动力学,假定攻角 $\alpha$ 为一个小量,故 $\sin \alpha \approx \alpha$,$\cos \alpha \approx 1$。同样有必要限定针对薄翼型(即小相对厚度、小曲率)的分析。这里的处理均限定为不可压流,若考虑压缩效应,可以对翼型系数进行 Prandtl - Glauert 修正。为此,来流马赫数必须低于 0.8,以避免跨声速效应。

对于线性空气动力学,刚性支撑的机翼升力可以简单地写为

$$L_{\text{rigid}} = qSC_{L_\alpha}\alpha_r \tag{4.2}$$

其中弹性支撑下的升力为

$$L = qSC_{L_\alpha}(\alpha_r + \theta) \tag{4.3}$$

其中，$q = \dfrac{1}{2}\rho_\infty U^2$ 是来流动压(即远前方流场，通常用 $q_\infty$ 描述)，$U$ 是自由流气流速度，$\rho_\infty$ 是自由流空气密度；$S$ 是机翼平面面积；$C_{L_\alpha}$ 是机翼升力线斜率。注意 $L \neq L_{\text{rigid}}$，当 $\theta$ 为正时，$L > L_{\text{rigid}}$。可以把空气动力关于气动中心的力矩写为

$$M_{\text{ac}} = qScC_{M_{\text{ac}}} \tag{4.4}$$

若攻角很小，可以认为 $C_{M_{\text{ac}}}$ 是一个常数。注意线性空气动力学中的升力线斜率 $C_{L_\alpha}$ 是一个常数，依照二维薄翼理论，它可进一步简化为 $C_{L_\alpha} = 2\pi$。如果有试验数据或计算流体动力学结果可供使用，则升力线斜率应替换为相应值。

应用式(4.3)和式(4.4)，平衡方程 (4.1)可以展开为

$$qScC_{M_{\text{ac}}} + qSC_{L_\alpha}(\alpha_r + \theta)(x_O - x_{\text{ac}}) - W(x_O - x_{\text{cg}}) = k\theta \tag{4.5}$$

由式(4.5)求解弹性变形，可以得到

$$\theta = \frac{qScC_{M_{\text{ac}}} + qSC_{L_\alpha}\alpha_r(x_O - x_{\text{ac}}) - W(x_O - x_{\text{cg}})}{k - qSC_{L_\alpha}(x_O - x_{\text{ac}})} \tag{4.6}$$

当给定 $\alpha_r$ 和 $q$ 时，就可以确定总升力。

当气动中心在支撑点 $O$ 之前，升力的增加将导致攻角 $\alpha$ 的增加，以及升力的进一步增加。因而，当 $x_O > x_{\text{ac}}$ 时，升力是破坏弹簧的约束作用的失稳因素。回顾 2.5 节中关于稳定性的讨论，当平衡的系统受到扰动后，趋向于远离最初的平衡状态，称为不稳定。当升力增量绕 $O$ 点的力矩大于弹簧的恢复力矩时，正是这种情况。这是静气动弹性不稳定性最简单的一种情况，称为发散(divergence)。由式(4.6)可见，当 $x_{\text{ac}} < x_O$ 时，气动中心在支持点 $O$ 之前，当动压 $q$ 充分大时，就有可能使分母为零，变形 $\theta$ 趋于无穷，即破坏。$\theta$ 表达式中的分母可以看做有效刚度，它随动压 $q$ 的增加而减小。当分母为零时，即发散，发散动压为

$$q_{\text{D}} = \frac{k}{SC_{L_\alpha}(x_O - x_{\text{ac}})} \tag{4.7}$$

则发散速度为

$$U_{\text{D}} = \sqrt{\frac{2k}{\rho_\infty SC_{L_\alpha}(x_O - x_{\text{ac}})}} \tag{4.8}$$

显然，当气动中心与刚心重合时，即 $x_O = x_{\text{ac}}$，发散动压为无穷大。同样，当气动中心在刚心之后时，即 $x_O < x_{\text{ac}}$，发散动压变为负值。由于物理的原因，动压必须为有限的正值，显然上述两种情况均不可能发散。

为了进一步讨论这种不稳定性的性质，考虑对称翼型($C_{M_{\text{ac}}} = 0$)。此外，令 $x_O = x_{\text{cg}}$，因此，在关于 $\theta$ 的公式中不含有重力项。由式(4.7)得 $k = q_{\text{D}} SC_{L_\alpha}(x_O - x_{\text{ac}})$，从而 $\theta$ 可化简为

$$\theta = \frac{\alpha_r}{\dfrac{q_D}{q} - 1} \tag{4.9}$$

升力与 $\alpha_r + \theta$ 成比例,因此,升力增量与刚性升力的比值为

$$\frac{\Delta L}{L_{rigid}} = \frac{\theta}{\alpha_r} = \frac{\dfrac{q}{q_D}}{1 - \dfrac{q}{q_D}} \tag{4.10}$$

显然当 $q \to q_D$ 时,$\theta$ 和 $\Delta L / L_{rigid}$ 趋于无穷大。图 4.3 给出了后者的曲线,它体现了由气动弹性效应引起的升力的明显相对变化,可见当 $q \to q_D$ 时,升力由"刚性值"(刚硬支撑条件的升力值)开始,逐渐增加至无穷大。但需留意两个表达式($\theta$ 和 $\Delta L / L_{rigid}$)有效性的限制,升力不可能持续增加,会发生失速;结构不可能无限变形,在有限的 $\theta$ 值下会破坏,通常此时的动压小于发散动压。

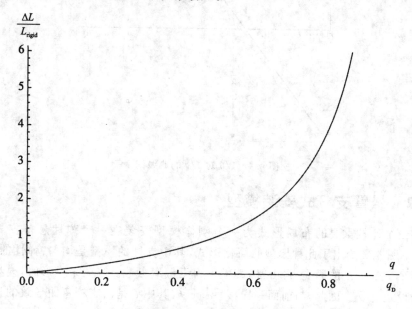

**图 4.3　由气动弹性效应引起的升力的相对变化**

当系统参数在线性理论的有效范围内时,这个问题就出现另外一种"迷人"的特征。对 $\theta$ 的表达式取倒数,得

$$\frac{1}{\theta} = \frac{q_D}{\alpha_r} \left( \frac{1}{q} - \frac{1}{q_D} \right) \tag{4.11}$$

从式中可以很清楚地看到,$1/\theta$ 正比于 $1/q$(图 4.4)。因此,对于这类模型,只需用两个点向下、向左外推,直至与 $1/q$ 轴在距离原点 $1/q_D$ 处相交。如图 4.4 中所示,也可以用这条直线的斜率来估算 $q_D$。这样的曲线图具有很大的实际价值,因为可以在远低于发散速度的速度点处通过外推来估算 $q_D$,这意味着即使模型参数不确切,也可

以估算 $q_D$ ,因此避免了冒着破坏模型的风险使用各种方法测试发散边界。

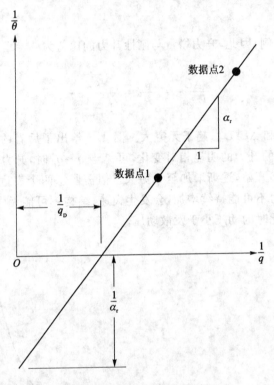

**图 4.4    $1/\theta$ 对 $1/q$ 的曲线图**

## 4.1.2    悬臂支杆式安装模型

第二个比较重要的布局形式为一个刚体模型安装在一个弹性悬臂支杆上。图 4.5~图 4.7 给出了此种模型的简化形式,其中支杆的模型是均匀、弹性的,弯曲刚度为 $\overline{EI}$ ,长为 $\lambda c$ 的固支-自由梁,其中 $\lambda$ 为无量纲参数。当梁未变形时,模型的安装攻角设定为 $\alpha_r$ 。因此,与前面一样, $\alpha = \alpha_r + \theta$ ,其中 $\theta$ 是由支杆弯曲导致的机翼前缘向上转动的角度,如图 4.6 所示。图 4.6 中翼尖的挠度记为 $\delta$ ,尽管在此处分析中

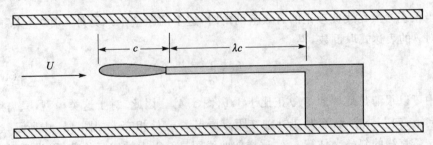

**图 4.5    悬臂支杆式风洞模型示意图**

不会用到 $\delta$。注意到图 4.7 中机翼的后缘和图 4.6 中梁的梢部具有大小相等、方向相反的作用力 $F_0$ 和弯矩 $M_0$。

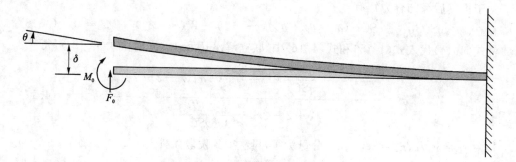

图 4.6　悬臂梁详细视图

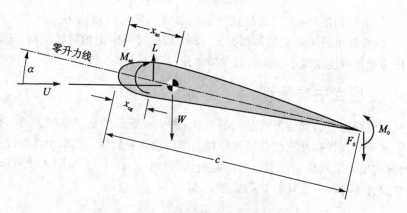

图 4.7　悬臂支杆式机翼详细视图

通过叠加法,可以得到支杆末端总的弯曲转角,包含末端的力 $F_0$ 和末端的弯矩 $M_0$ 的共同作用,分别记为 $\theta_F$ 和 $\theta_M$,因此

$$\theta = \theta_F + \theta_M \tag{4.12}$$

根据梁的基本理论,这两部分可以写为

$$\left.\begin{aligned} \theta_F &= \frac{F_0\,(\lambda c)^2}{2\,\overline{EI}} \\[2mm] \theta_M &= \frac{M_0\,(\lambda c)}{\overline{EI}} \end{aligned}\right\} \tag{4.13}$$

所以有

$$\left.\begin{aligned} F_0 &= \frac{2\,\overline{EI}\theta_F}{(\lambda c)^2} \\[2mm] M_0 &= \frac{\overline{EI}\theta_M}{\lambda c} \end{aligned}\right\} \tag{4.14}$$

现在,可以写出两个静气动弹性平衡方程来确定 $\theta_F$ 和 $\theta_M$。根据式(4.3)和式(4.4)

的升力与俯仰力矩的表达式,力平衡方程可以写为

$$qSC_{L_a}(\alpha_r + \theta_F + \theta_M) - W - F_0 = 0 \tag{4.15}$$

关于机翼后缘的合力矩有

$$qScC_{M_{ac}} + qSC_{L_a}(\alpha_r + \theta_F + \theta_M)(c - x_{ac}) - W(c - x_{cg}) - M_0 = 0 \tag{4.16}$$

将式(4.14)代入式(4.15)和式(4.16)中,联立解出 $\theta_F$ 和 $\theta_M$,同时由式(4.12)可得

$$\theta = \frac{\dfrac{W(\lambda + 2 - 2r_{cg}) - 2qsC_{M_{ac}}}{qSC_{L_a}} - \alpha_r(\lambda + 2 - 2r_{ac})}{\lambda + 2 - 2r_{ac} - \dfrac{2\,\overline{EI}}{\lambda c^2 qSC_{L_a}}} \tag{4.17}$$

其中 $r_{ac} = x_{ac}/c, r_{cg} = x_{cg}/c$。令分母为零,再次得到发散条件

$$q_D = \frac{2\,\overline{EI}}{c^2 S\lambda(\lambda + 2 - 2r_{ac})C_{L_a}} \tag{4.18}$$

　　然而,与前一例不同,不能通过选择结构参数来使发散动压为无穷大或者负值(在数学上使发散也是不可能的),因为 $x_{ac}/c \leqslant 1$,故对一给定的机翼结构,只能通过提高支杆的弯曲刚度或减小 $\lambda$ 来提高发散动压。

## 4.1.3　支柱式安装模型

　　第三种风洞模型的安装形式是如图 4.8~图 4.9 所示的支柱系统。两个有着相同拉压刚度 $k$ 的线性弹性支柱分别支撑在翼型的前缘和后缘。当两个弹簧没有变形时,模型有初始安装攻角 $\alpha_r$。所以与前面类似,攻角 $\alpha = \alpha_r + \theta$。如图 4.9 所示,俯仰角的弹性成分 $\theta$ 与两个支柱的变形量有关,即

$$\theta = \frac{\delta_1 - \delta_2}{c} \tag{4.19}$$

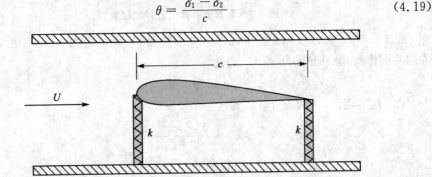

**图 4.8　支柱支撑风洞模型示意图**

垂直方向的合力满足

$$L - W - k(\delta_1 + \delta_2) = 0 \tag{4.20}$$

绕后缘的合力矩满足

$$M_{ac} + L(c - x_{ac}) - W(c - x_{cg}) - kc\delta_1 = 0 \tag{4.21}$$

同样,根据式(4.3)和式(4.4)的升力和俯仰力矩,联立求解力和力矩方程可得

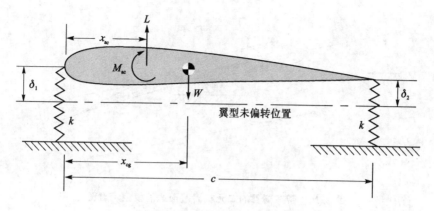

**图 4.9　支柱支撑风洞模型横截面图**

$$\theta = \dfrac{\alpha_r\left(1-2\,\dfrac{x_{ac}}{c}\right) + 2\,\dfrac{C_{M_{ac}}}{C_{L_\alpha}} - \dfrac{W}{qSC_{L_\alpha}}\left(1-2\,\dfrac{x_{ag}}{c}\right)}{\dfrac{kc}{qSC_{L_\alpha}} - \left(1-2\,\dfrac{x_{ac}}{c}\right)} \tag{4.22}$$

类似地,令分母为零得到发散条件,所以

$$q_D = \dfrac{kc}{SC_{L_\alpha}\left(1-2\,\dfrac{x_{ac}}{c}\right)} \tag{4.23}$$

根据上述分析可以明显看出,对于气动中心在弦线中点之前的情况(因为是亚声速流动),机翼会出现发散。但如果前缘弹簧的刚度相对于后缘弹簧增加时,就可以避免发散。此问题留给读者作为练习,见习题 5。

## 4.1.4　应用于副翼反效的洞壁安装模型

本小节将之前的风洞模型用于分析副翼反效。副翼反效是指由于机翼结构变形导致副翼的预期响应反向。例如,机翼的弹性扭转会导致副翼效率随着动压的增加而逐渐下降;在超过某一动压(即反效动压)后,副翼偏转开始产生与预期完全相反的效果。操纵效率下降造成的首要危险是飞行员不能按照常规来操纵飞机。对于执行高机动性任务的飞机,需要引起额外的关注。例如,当操纵完全失效时,飞行员就不能依靠飞机本身的能力做出规避机动。本小节讨论的重点就是操纵效率的下降直至反效。

考虑带副翼的二元机翼截面,如图 4.10 所示。与 4.1.1 小节讨论的模型类似,机翼可以转动,被扭转刚度为 $k$ 的弹簧所约束,其主要的不同是:① 后缘的副翼可以根据操纵系统的指令偏转任意角度 $\beta$;② 这种现象不需要考虑重力,所以图中没有给出重量。系统绕转轴的力矩平衡方程为

$$M_{ac} + eL = k\theta \tag{4.24}$$

二元机翼的升力和俯仰力矩与前面一样,可以写为

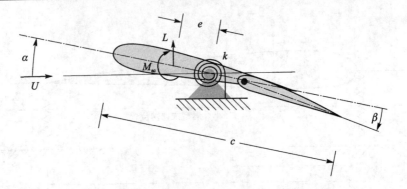

**图 4.10　带有副翼的二元机翼截面风洞模型示意图**

$$\left.\begin{array}{l} L = qSC_L \\ M_{ac} = qcSC_{M_{ac}} \end{array}\right\} \tag{4.25}$$

当 $\beta \neq 0$ 时,翼型的有效弯度改变,导致升力和俯仰力矩改变。根据线性理论,$\alpha$ 和 $\beta$ 都应是小量,故

$$\left.\begin{array}{l} C_L = C_{L_\alpha}\alpha + C_{L_\beta}\beta \\ C_{M_{ac}} = C_{M_0} + C_{M_\beta}\beta \end{array}\right\} \tag{4.26}$$

其中攻角与前面一样,$\alpha = \alpha_r + \theta$,注意 $C_{M_\beta} < 0$,为了方便起见,假设翼型为对称翼型 ($C_{M_0} = 0$)。

注意到确定发散动压最直接的方法是去掉平衡方程中的非齐次项,即

$$(k - eqSC_{L_\alpha})\theta = 0 \tag{4.27}$$

当 $\theta$ 的系数为 0 时,方程存在非平凡解,得到发散动压

$$q_D = \frac{k}{eSC_{L_\alpha}} \tag{4.28}$$

显然,发散动压不受副翼的影响。

相反,会看到副翼对响应的影响极大。为了求解响应问题,将式(4.25)代入力矩平衡方程(4.24),使用式(4.26),得到

$$\theta = \frac{qS[eC_{L_\alpha}\alpha_r + (eC_{L_\beta} + cC_{M_\beta})\beta]}{k - eqSC_{L_\alpha}} \tag{4.29}$$

因为模型在俯仰自由度上的弹性(代表机翼的扭转弹性),所以 $\theta$ 是 $\beta$ 的函数。升力可以按如下步骤求解:

① 将式(4.29)代入 $\alpha = \alpha_r + \theta$ 可以得到攻角 $\alpha$;

② 将 $\alpha$ 代入式(4.26)中的第一个公式可以得到升力系数;

③ 将升力系数代入式(4.25)中的第一个公式,可以得到气动弹性升力的表达式

$$L = \frac{qS\left[C_{L_\alpha}\alpha_r + C_{L_\beta}\left(1 + \dfrac{cqSC_{L_\alpha}C_{M_\beta}}{kC_{L_\beta}}\right)\beta\right]}{1 - \dfrac{eqSC_{L_\alpha}}{k}} \tag{4.30}$$

从式(4.30)中两项关于 $\beta$ 的系数可以看出，$\beta$ 从两个相反的方面影响升力。暂时忽略分母的影响，分子中包含 $\beta$ 的第一项是纯粹的气动力项，且升力随着 $\beta$ 的增大（改变有效弯度）而增大。第二项是气动弹性方面的项，注意 $C_{M_\beta}<0$，可以看到随着 $\beta$ 的增大，由于机翼在俯仰上具有弹性，所以翼型有效弯度的改变会引起低头力矩，从而使 $\theta$ 变小，升力减小。在低速时，$\beta$ 增大引起的升力增量大于气动弹性效应引起的升力减小量，因此升力实际上是随 $\beta$ 增大而增加（副翼正常工作）；然而，随着动压的增大，气动弹性效应增强，因此总会出现机翼升力不再随 $\beta$ 变化而变化的情况，即

$$\frac{\partial L}{\partial \beta}=0=\frac{qSC_{L_\beta}\left(1+\frac{cqSC_{L_\alpha}C_{M_\beta}}{kC_{L_\beta}}\right)}{1-\frac{eqSC_{L_\alpha}}{k}} \tag{4.31}$$

由此，得到反效动压

$$q_{\text{R}}=-\frac{kC_{L_\beta}}{cSC_{L_\alpha}C_{M_\beta}} \tag{4.32}$$

注意因为 $C_{M_\beta}<0$，所以 $q_{\text{R}}>0$，显然刚度 $k$ 越大，反效动压越高，在俯仰自由度上绝对刚硬的模型（相当于扭转刚硬机翼）不发生反效。当动压大于反效动压 $q_{\text{R}}$（但仍低于发散动压）时，正的副翼偏角 $\beta$ 会导致升力减小。

现在，同时考虑分子、分母的影响。与前面讨论的一样，令 $L$ 或 $\theta$ 的分母为 0，也可以得到发散动压，推导出与式(4.27)一样的 $q_{\text{D}}$ 的表达式。应用式(4.27)和式(4.32)可以简化升力公式(4.30)为

$$L=\frac{qS\left[C_{L_\alpha}\alpha_{\text{r}}+C_{L_\beta}\left(1-\frac{q}{q_{\text{R}}}\right)\beta\right]}{1-\frac{q}{q_{\text{D}}}} \tag{4.33}$$

通过式(4.33)可以很明显看出：$\beta$ 的系数可以是正的、负的或零。所以正的副翼偏角 $\beta$ 可以使升力增加、升力减小或者升力全然没有变化。副翼的升力效率（用 $\eta$ 表示）可以理解为单位副翼偏角 $\beta$ 引起的考虑气动弹性（即真实情况）的升力变化，除以当模型在俯仰上没有弹性时，单位副翼偏角 $\beta$ 引起的升力变化，即

$$\eta=\frac{\text{弹性机翼单位副翼偏角引起的升力变化}}{\text{刚硬机翼单位副翼偏角引起的升力变化}}$$

由上述公式可以得到

$$\eta=\frac{1-\frac{q}{q_{\text{R}}}}{1-\frac{q}{q_{\text{D}}}} \tag{4.34}$$

式(4.34)表明，只要保证 $q<q_{\text{D}}\leqslant q_{\text{R}}$，机翼就不会发散，同时操纵效率也不会下降。显然，如果模型的俯仰刚硬，$q_{\text{D}}$ 和 $q_{\text{R}}$ 就为无穷大，效率 $\eta=1$。

换一种全新的思路，假如使得 $q_{\text{R}}\ll q_{\text{D}}$，则会使副翼反效速度较低。在这种情况

下,副翼的作用在大部分飞行速度范围内与常规的作用效果相反,但不能因此就排除这种设计。主动飞行控制系统可以补偿这些操纵问题。此外,在这种特殊状态下,正的副翼偏角可以获得负升力,而它在常规状态下则是正升力。这个概念是 Kaman 伺服襟翼旋翼设计的一部分,其桨叶具有后缘襟翼,襟翼上偏以增加升力。这个概念对于高机动性飞机的设计具有很重要的意义。至于这个概念对这类设计具体还有其他什么潜在的优势和劣势,则有待进一步研究,尤其是在现在这个复合材料技术、智能结构技术和主动控制技术飞速发展的时代。

将机翼看做弹性梁模型,4.2.5 小节将会再次回到这个问题上。

## 4.2　均匀升力面

到目前为止所进行的气动弹性分析均是针对弹性支持下的刚硬翼型。这种理想化的模型使我们对气动弹性稳定性和响应有了初步的认识,但是实际的分析必须考虑升力面的弹性。基于这一考虑,本节将分析弹性机翼,但结构仍然有所简化。

考虑如图 4.11 和图 4.12 所示的无后掠均匀弹性升力面。升力面简化为梁模

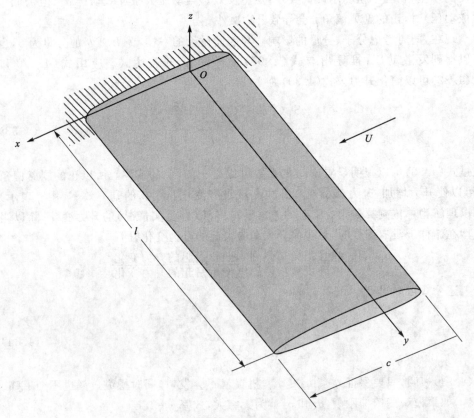

图 4.11　均匀、平直的固支-自由升力面

型,为了与常规的气动弹性分析一致,定义沿弹性轴的展向坐标为 $y$ 轴。假定梁的根部固支(即 $y=0$ 连接于风洞壁或机身),且梢部自由(即 $y=l$)。$y$ 轴对应机翼的弹性轴,即为各剖面剪心的连线,且这里假定为直线。对于各向同性的梁,在这根轴上的任一点施加横向力都只会引起弯曲,而不会引起关于弹性轴的扭转。同时在机翼上施加纯扭转力矩,这根轴也正是扭转响应的转轴。因为这里主要关心的是气动载荷分布的确定,而影响载荷分布的弹性变形只有翼面绕弹性轴的扭转。

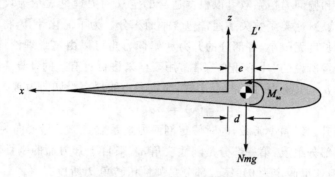

**图 4.12　展向均匀升力面横截面图**

## 4.2.1　定常流片条理论

4.1 节中假定机翼是刚硬的、二维的,此时翼型攻角和几何外形与展向位置无关,机翼展长足够长,升力、俯仰力矩不是展向坐标的函数。而本小节所关注的机翼简化为各向同性的梁模型,因此由于弹性扭转的可能,攻角可以是展向坐标的函数。我们要确定细长梁式机翼在空气动力作用下,其单位展长的升力和俯仰力矩的分布。在此条件下,忽略因有限展长导致的三维翼尖效应,给定展向位置的气动载荷与其他位置的气动载荷无关。

单位翼展上总的外加分布扭矩(关于弹性轴)记为 $M'(y)$,以机翼前缘向上为正,则有

$$M' = M'_{ac} + eL' - Nmgd \tag{4.35}$$

其中,$L'$ 和 $M'$ 是沿展向分布的升力和俯仰力矩(即单位展长的升力和俯仰力矩),$mg$ 是展向重力分布(即单位展长的重力),$N$ 是机翼水平放置时的法向载荷系数(即 $z$ 轴竖直向上)。故 $N$ 可以写为

$$N = \frac{L}{W} = 1 + \frac{A_z}{g} \tag{4.36}$$

其中,$A_z$ 是机翼惯性加速度的 $z$ 向分量,$W$ 是飞机总重量,$L$ 是总升力。

气动载荷分布可以写为系数形式,即

$$\left.\begin{array}{l} L' = qcc_l \\ M'_{ac} = qc^2 c_{m_{ac}} \end{array}\right\} \tag{4.37}$$

其中来流动压 $q$ 为

$$q = \frac{1}{2}\rho_{\infty}U^2 \qquad (4.38)$$

注意,这里用小写字母表示剖面升力系数 $c_l$ 和力矩系数 $c_{m_{ac}}$,以便与二维机翼的升力和俯仰力矩有所区别,通常用大写字母表示二维机翼的升力和俯仰力矩。最后,上撇号表示分布量(即单位展长上的量),包括 $L'$,$M'$ 以及 $M'_{ac}$ 等。

剖面升力和俯仰力矩系数可以根据适合的空气动力理论表示为攻角 $\alpha$ 的函数,如 $c_l(\alpha)$ 和 $c_{m_{ac}}(\alpha)$,这类函数关系通常包含平面积分。为了简化计算,将机翼分割,每个部分的展向长度无限小,各部分的升力和俯仰力矩可以由二维理论计算得到。这种方法就是通常所说的"片条理论",常常用表格来进行更有效的计算。这里,对于数值较小的攻角 $\alpha$,可以使用更简化的形式,假定升力线斜率沿展向为常数,则有

$$c_l(y) = a\alpha(y) \qquad (4.39)$$

其中 $a$ 为剖面升力线斜率常数,同时假定剖面力矩系数 $c_{m_{ac}}(\alpha)$ 沿展向为常数。

攻角由两部分组成,第一部分是刚性攻角 $\alpha_r$,来自于升力面的刚性转动(加上任何安装扭角,但这里假定为 0);第二部分是弹性扭转角 $\theta$,所以有

$$\alpha(y) = \alpha_r + \theta(y) \qquad (4.40)$$

其中,为了使用片条理论,忽略翼尖涡所导致的下洗作用。因此,由各个小翼段的攻角,片条理论可以给出剖面升力系数

$$c_l(y) = a[\alpha_r + \theta(y)] \qquad (4.41)$$

## 4.2.2 平衡方程

因为讨论机翼的静力学特性,所以可以适当简化扭转变形的基本本构关系方程(2.42)为

$$T = \overline{GJ}\,\frac{\mathrm{d}\theta}{\mathrm{d}y} \qquad (4.42)$$

其中,$\overline{GJ}$ 是有效扭转刚度,$T$ 是绕弹性轴的扭矩。由此通过扭转力矩的变化率与外力矩分布的负值相等,可以得到关于弹性轴的力矩平衡方程,这是忽略当含时间 $t$ 的项时公式(2.43)的特例情况,即

$$\frac{\mathrm{d}T}{\mathrm{d}y} = \frac{\mathrm{d}}{\mathrm{d}y}\left(\overline{GJ}\,\frac{\mathrm{d}\theta}{\mathrm{d}y}\right) = -M' \qquad (4.43)$$

注意,均匀一致意味着 $\overline{GJ}$ 沿展向为常数,将式(4.37)代入式(4.35)得到外力矩,最后将外力矩和内力矩式(4.42)代入平衡方程式(4.43)中,得到

$$\overline{GJ}\,\frac{\mathrm{d}^2\theta}{\mathrm{d}y^2} = -qc^2 c_{m_{ac}} - eqcc_l + Nmgd \qquad (4.44)$$

将式(4.41)代入平衡方程式(4.44)中,得到具有常系数的二阶非齐次常微分方程

$$\frac{\mathrm{d}^2\theta}{\mathrm{d}y^2} + \frac{qcae}{\overline{GJ}}\theta = -\frac{1}{\overline{GJ}}(qc^2 c_{m_{ac}} + qcae\alpha_r - Nmgd) \qquad (4.45)$$

完整地描述平衡状态需要给定边界条件，因为翼面根部固支而尖部自由，这些条件可以写为

$$
\left.\begin{array}{ll}
y = 0: & \theta = 0 \quad （零扭角）\\
y = l: & \dfrac{\mathrm{d}\theta}{\mathrm{d}y} = 0 \quad （零扭矩）
\end{array}\right\}
\tag{4.46}
$$

显然，这个边界条件只适用于"固支-自由"状态，其他支持状态下梁扭转的边界条件参见 3.2.2 小节。

## 4.2.3　扭转发散

假设均匀机翼的结构参数已知，就可以求解方程(4.45)，从而确定扭角分布和相关的气动载荷。为了简化符号，记

$$
\left.\begin{array}{l}
\lambda^2 \equiv \dfrac{qcae}{GJ} \\
\lambda^2 \bar{\alpha}_r \equiv \dfrac{1}{GJ}(qc^2 c_{m_{ac}} - Nmgd)
\end{array}\right\}
\tag{4.47}
$$

故

$$
\bar{\alpha}_r \equiv \frac{cc_{m_{ac}}}{ae} - \frac{Nmgd}{qcae}
\tag{4.48}
$$

注意到因为假设机翼是均匀的，所以 $\lambda^2$ 和 $\bar{\alpha}_r$ 与 $y$ 无关。静气动弹性平衡方程可以写为

$$
\frac{\mathrm{d}^2 \theta}{\mathrm{d}y^2} + \lambda^2 \theta = -\lambda^2 (\alpha_r + \bar{\alpha}_r)
\tag{4.49}
$$

这个线性常微分方程的通解是

$$
\theta = A\sin(\lambda y) + B\cos(\lambda y) - (\alpha_r + \bar{\alpha}_r)
\tag{4.50}
$$

其中 $\lambda \neq 0$。代入边界条件，得到

$$
\begin{array}{ll}
\theta(0) = 0: & B = \alpha_r + \bar{\alpha}_r \\
\theta'(l) = 0: & A = B\tan(\lambda l)
\end{array}
\tag{4.51}
$$

其中 $(\ )' = \mathrm{d}(\ )/\mathrm{d}y$。因此，弹性扭角分布为

$$
\theta = (\alpha_r + \bar{\alpha}_r)[\tan(\lambda l)\sin(\lambda l) + \cos(\lambda y) - 1]
\tag{4.52}
$$

由于 $\theta$ 是已知的，故展向的升力分布可以确定为

$$
L' = qca(\alpha_r + \theta)
\tag{4.53}
$$

由弹性扭角表达式(4.52)注意到，当 $\lambda l$ 趋于 $\pi/2$ 时，弹性扭角趋于无穷大。这种现象称为"扭转发散"，它取决于数值

$$
\lambda = \sqrt{\frac{qcae}{GJ}}
\tag{4.54}
$$

显然，当 $\lambda l = \pi/2$ 时，存在一个动压 $q = q_D$，此时弹性扭角在理论上为无穷大。$q_D$ 称为发散动压，其值为

$$q_{\mathrm{D}} = \frac{\overline{GJ}}{eca}\left(\frac{\pi}{2l}\right)^2 \tag{4.55}$$

因此有

$$\lambda l = \frac{\pi}{2}\sqrt{\bar{q}} \tag{4.56}$$

其中

$$\bar{q} = \frac{q}{q_{\mathrm{D}}} \tag{4.57}$$

翼尖扭角可写为

$$\theta(l) = (\alpha_r + \bar{\alpha}_r)\left[\sec(\lambda l) - 1\right] = (\alpha_r + \bar{\alpha}_r)\left[\sec\left(\frac{\pi}{2}\sqrt{\bar{q}}\right) - 1\right] \tag{4.58}$$

式(4.48)现在可以写为

$$\bar{\alpha}_r = \frac{cc_{m_{\mathrm{ac}}}}{ae} - \frac{4l^2 Nmgd}{\overline{GJ}\,\pi^2\,\bar{q}} \tag{4.59}$$

令 $d$ 为 0,则 $\bar{\alpha}_r$ 变成与 $\bar{q}$ 无关,研究 $\theta(l)$ 与 $\bar{q}$ 的关系特性,如图 4.13 中曲线所示,当 $\bar{q}$ 趋近于 1 时,翼尖扭角趋于无穷大。注意到图 4.13 中的曲线与存在缺陷的柱体的前屈曲特性相似。具有实际意义的是,当翼尖扭角很大时,必须关注结构的完整性,以确保动压小于发散动压。实际上,设计人员通常要求发散动压在飞行器飞行包线以外,而且有一定的安全系数。

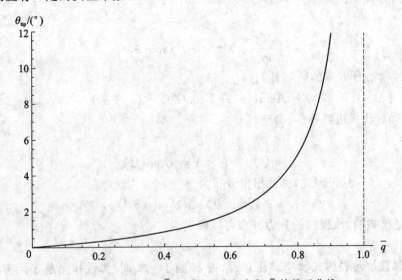

图 4.13　对于 $\alpha_r + \bar{\alpha}_r = 1°$ 的翼尖扭角与 $\bar{q}$ 的关系曲线

因为发散动压与式(4.49)右端项无关,如果右端项不为零,则可以由该式的齐次方程得到发散条件

$$\frac{\mathrm{d}^2\theta}{\mathrm{d}y^2} + \lambda^2\theta = 0 \tag{4.60}$$

这个 Sturm - Liouville 型特征值问题的通解是

$$\theta = A\sin(\lambda y) + B\cos(\lambda y) \tag{4.61}$$

其中 $\lambda \neq 0$。应用边界条件,得

$$\left.\begin{array}{ll} \theta(0) = 0: & B = 0 \\ \theta'(l) = 0: & A\lambda\cos(\lambda l) = 0 \end{array}\right\} \tag{4.62}$$

如果式(4.62)的第二个条件中 $A=0$,则没有变形,这就是所谓的平凡解。因为 $\lambda \neq 0$,所以当 $\cos(\lambda l)=0$ 时可求得非平凡解。这是"特征方程",它的解为

$$\lambda_n l = (2n-1)\frac{\pi}{2} \quad (n = 1, 2, \cdots) \tag{4.63}$$

这些值称为特征值。注意,这些特征值 $\lambda_n l$ 对应着一系列动压

$$q_n = (2n-1)^2\left(\frac{\pi}{2l}\right)^2\frac{\overline{GJ}}{eca} \quad (n = 1, 2, \cdots) \tag{4.64}$$

其中的最小动压 $q_1$ 等于前面由非齐次方程求得的发散动压 $q_D$。这个结果表明,弹性扭转问题的齐次方程存在非平凡解。也就是说,即使方程(4.49)的右边项为 $0(\alpha_r + \bar{\alpha}_r = 0)$,也存在非平凡解

$$\theta_n = A_n\sin(\lambda_n y) \tag{4.65}$$

对于每个动压的离散值,因为 $A_n$ 待定,所以 $\theta_n$ 的幅值可以是任意值,这意味着当动压 $q=q_D$ 时,有效扭转刚度为 0,模态振型 $\theta_1$ 是发散模态振型,注意不能与非齐次方程得出的扭角分布混淆。

如果刚轴在气动中心之前,则在前面的分析中 $e<0$,$\lambda$ 是虚数。发散条件的特征方程变为 $\cosh(|\lambda|l)=0$,由于没有实数的 $\lambda$ 值满足此方程,所以在这种情况下不存在发散现象。

## 4.2.4　气动载荷分布

已经得出展向升力分布为

$$L' = qca(\alpha_r + \theta) \tag{4.66}$$

回顾方程(4.52)

$$\theta = (\alpha_r + \bar{\alpha}_r)[\tan(\lambda l)\sin(\lambda y) + \cos(\lambda y) - 1] \tag{4.67}$$

其中,$\bar{\alpha}_r$ 由方程(4.48)给出。如果升力面是固支在风洞壁上的一个机翼风洞模型,则载荷系数 $N$ 等于 1,$\alpha_r$ 为给定值,从而可以简单地直接计算得到升力分布 $L'$。

但是,如果升力面只是半个飞行器翼面,则 $L'$ 就不能直接计算得到。注意到常数 $\bar{\alpha}_r$ 是 $N$ 的函数,因此给定 $\alpha_r$ 值,就对应确定了弹性扭角分布和气动载荷分布。这个气动载荷可以通过对整架飞机积分来获得总升力 $L$。又 $N=L/W$,$W$ 是飞行器的重量,显然,通过弹性扭角 $\theta$,载荷系数 $N$ 与刚性攻角 $\alpha_r$ 相关。因此,若确定了 $\alpha_r$ 和 $N$ 两个变量中的任何一个,则另一个即可通过总升力 $L$ 确定。假定一架左右二个翼面的飞行器的所有升力均来自于该机翼,则有

$$L = 2\int_0^l L' \mathrm{d}y \tag{4.68}$$

将式(4.66)和式(4.67)代入此式,得

$$L = 2qca \int_0^l \{\alpha_r + (\alpha_r + \bar{\alpha}_r)[\tan(\lambda l)\sin(\lambda y) + \cos(\lambda y) - 1]\}\mathrm{d}y$$

$$= 2qcal\left\{(\alpha_r + \bar{\alpha}_r)\left[\frac{\tan(\lambda l)}{\lambda l}\right] - \bar{\alpha}_r\right\} \tag{4.69}$$

因为 $N = L/W$,所以式(4.69)除以飞机重量可以得到 $N$ 关于 $\alpha_r$ 和 $\bar{\alpha}_r$ 的表达式。式(4.48)为 $\bar{\alpha}_r$ 关于 $\alpha_r$ 和 $N$ 的表达式,该式与式(4.69)联立求解,可消去 $\bar{\alpha}_r$,得到 $N$ 关于 $\alpha_r$ 的表达式,即

$$N = \frac{2\,\overline{GJ}\,(\lambda l)^2 \left\{ae\alpha_r + cc_{m_{ac}}\left[1 - \dfrac{\lambda l}{\tan(\lambda l)}\right]\right\}}{ael\left\{\dfrac{We\lambda l}{\tan(\lambda l)} + 2mgld\left[1 - \dfrac{\lambda l}{\tan(\lambda l)}\right]\right\}} \tag{4.70}$$

或者 $\alpha_r$ 关于 $N$ 的表达式

$$\alpha_r = \frac{NWle}{2\,\overline{GJ}\lambda l \tan(\lambda l)} + \left[1 - \frac{\lambda l}{\tan(\lambda l)}\right]\left[\frac{Nmgl^2 d}{\overline{GJ}\,(\lambda l)^2} - \frac{cc_{m_{ac}}}{ae}\right] \tag{4.71}$$

利用关系式(4.71)可以给定飞行攻角 $\alpha_r$ 来计算对应的 $N(q)$,也可以反过来给定 $N$ 来计算对应的飞行攻角 $\alpha_r(q)$。可以看出,$N(q)$ 在初始点 $q = 0$ 时等于 0,而 $\alpha_r(q)$ 在 $q = 0$ 时为无穷大,所以当 $q \to q_D$ 时极限值取决于其他参数。对于给定的飞行状态,运用这些方程可以确定扭角分布和由此引起的气动载荷分布。

考虑气动弹性的展向气动载荷分布计算具有很重要的实际意义,在工程中有两种用途。第一是为了满足与空气动力学或飞行性能相关的工程人员的需求,需要清楚作用在飞行器上的、与高度和飞行状态相关的合力和力矩。对于这种情况,动压 $q$(飞行高度或马赫数)和飞行攻角 $\alpha_r$ 是给定的,运用式(4.70)可以计算得到载荷系数 $N$ 或总升力 $L$。

第二是为了满足与结构相关的工程人员的需求,需要确保在给定载荷系数和飞行状态下升力面结构的完好。这一规范通常用 $V - N$ 图来表示。对于给定的载荷系数和飞行状态,结构工程人员必须清楚载荷分布,才能进行载荷和应力分析。当动压 $q$(飞行高度或马赫数)和载荷系数 $N$ 给定时,根据式(4.71)可以确定 $\alpha_r$。当 $q$、$\alpha_r$ 和 $N$ 已知时,根据式(4.48)可以确定 $\bar{\alpha}_r$。接下来由式(4.67)可以得到扭转变形角 $\theta$,由式(4.66)可以得到展向气动载荷分布。由此,可以求出沿机翼展向的扭矩和弯矩分布,确定机翼上的最大应力,其通常在根部的横截面上。

可以看到,对于无后掠的平直升力面,总体来说弹性扭转极大地改变了机翼展向的气动载荷分布。这一影响体现在升力系数的弹性部分,与 $\theta(y)$ 成正比。因为沿着展向(从翼根部向翼尖)弹性扭转逐渐增加,因此所导致的气动载荷也逐渐增加。最终的影响取决于预先给定 $\alpha_r$ 或 $N$。与弹性机翼模型固定于风洞壁的情况($N = 1$)相

同,或者与性能计算的情况类似,如果给定 $\alpha_r$,则总升力会因外翼上的附加载荷而增加,如图 4.14 所示。

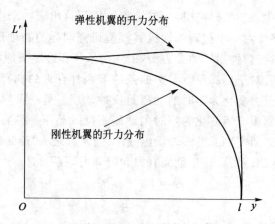

**图 4.14　保持 $\alpha_r$ 为常数时刚性/弹性机翼升力分布**

另一种情况是,如果载荷系数 $N$ 由结构工程人员给定,则总升力(即 $L'$ 关于 $y$ 曲线下的面积)不变,如图 4.15 所示。因此外翼上的附加升力必须被内翼上升力的减小所平衡。这就需要通过减小 $\alpha_r$ 来实现,即升力面的弹性更小。

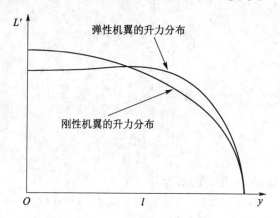

**图 4.15　保持总升力为常数时刚性/弹性机翼升力分布**

前面的扭转发散和气动载荷分布方程全部基于片条理论。如果将二维升力线斜率 $\alpha$ 改为总(即三维)升力线斜率,则这些方程的计算可以得到数值上的微小改进。尽管这种修正没有得到理论证实,但确实使数值解更接近于精确解。另外值得注意的是,图 4.14 和图 4.15 中的升力分布曲线不能依据片条理论计算得到,因为未考虑三维效应,片条理论不能获得翼尖处气动载荷降至 0 的结果。因此必须运用更复杂完善的气动力理论,最简单的如 Prandtl 三维升力线理论,才能够体现出这种三维效应。在这种情况下,得不到式(4.70)和式(4.71)那样的封闭形式的表达式,因此有必要使用数值方法确定作为 $\alpha_r$ 的函数的 $N$,或确定作为 $N$ 的函数的 $\alpha_r$。

## 4.2.5 副翼反效

在 4.1.4 小节中,针对弹性支持的二维刚性机翼给出了一个说明副翼反效的例子。在本小节中,将针对一个扭转弹性机翼模型研究同样的物理现象。对于与前面一样的均匀一致、具有弹性扭转的升力面,由几何形状和边界条件可以推导出根部固支机翼的反效动压。对于副翼反效定义的条件有两种合理的选择。一种定义是,由副翼偏转引起的总升力变化为零时的动压是反效动压。另一种同样合理的定义是,由副翼偏转引起的翼根弯矩变化为零时的动压是反效动压。最后,本小节将针对一个简化的飞机模型来研究副翼的滚转操纵效率,通常称之为"滚转效率"。

注意到,副翼的出现需要修正剖面升力和俯仰力矩系数,即

$$\left. \begin{array}{l} c_l = a\alpha + c_{l_\beta}\beta \\ c_{m_{ac}} = c_{m_\beta}\beta \end{array} \right\} \tag{4.72}$$

应用这些系数,同时取 $\alpha_r = 0$,则剖面升力和俯仰力矩为

$$\left. \begin{array}{l} L' = qc(a\theta + c_{l_\beta}\beta) \\ M' = eL' + qc^2 c_{m_\beta}\beta \end{array} \right\} \tag{4.73}$$

这里假设副翼是沿整个机翼展向的。假设重量对反效条件的影响可以忽略不计,则式(4.49)可以修正为

$$\frac{\mathrm{d}^2\theta}{\mathrm{d}y^2} + \lambda^2\theta = -\lambda^2\psi\beta \tag{4.74}$$

其中

$$\psi = \frac{ec_{l_\beta} + cc_{m_\beta}}{ae} \tag{4.75}$$

与前面相同

$$\lambda^2 \equiv \frac{qcae}{GJ} \tag{4.76}$$

根据固支-自由梁的边界条件,$\theta$ 的解为

$$\theta = -\psi\beta[1 - \cos(\lambda y) - \sin(\lambda y)\tan(\lambda l)] \tag{4.77}$$

则可以得到均匀升力面的总升力为

$$L = \int_0^l L'\mathrm{d}y = \frac{qcl}{e}\left[(ec_{l_\beta} + cc_{m_\beta})\frac{\tan(\lambda l)}{\lambda l} - cc_{m_\beta}\right]\beta \tag{4.78}$$

因此,根据副翼反效的第一个定义,有

$$\frac{\partial L}{\partial\beta} = 0 \Rightarrow \frac{\tan(\lambda l)}{\lambda l} = \frac{cc_{m_\beta}}{cc_{m_\beta} + ec_{l_\beta}} \tag{4.79}$$

给定 $e/c$ 和翼型剖面系数[①],对 $\lambda l$ 求解,$\lambda l$ 的最小值记为 $\lambda_1 l$,由此可以得到反效动压

---

① 可以通过试验或 XFOIL 估算翼型剖面系数。XFOIL 是基于面元理论来分析单独的亚声速机翼气动力的程序软件(见 Drela,1992 年)。

$$q_{\mathrm{R}} = \frac{(\lambda_1 l)^2 GJ}{ecal^2} \tag{4.80}$$

引入翼尖损失因子进行简化的三维效应修正，可以改进理论计算的结果，具有代表性地选择 $B=0.97$。在此基础上计算总升力，此时剖面升力不再沿整个机翼展向由 $y=0$ 至 $y=l$ 积分，而只计算由 $y=0$ 至 $y=Bl$ 的积分。

类似地，对于副翼不是沿整个机翼展长的情况，也可以分析处理。假定副翼沿展向由 $y=rl$ 至 $y=Rl$ 且 $0 \leqslant r < R < 1$，这意味着有三个部分需要分析，对于 $y=rl$ 至 $y=Rl$ 的部分存在非齐次项，则式 (4.74) 可以替换为

$$\left.\begin{array}{ll} \dfrac{\mathrm{d}^2 \theta_1}{\mathrm{d}y^2} + \lambda^2 \theta_1 = 0 & (0 \leqslant y \leqslant rl) \\[2mm] \dfrac{\mathrm{d}^2 \theta_2}{\mathrm{d}y^2} + \lambda^2 \theta_2 = -\lambda^2 \psi\beta & (rl \leqslant y \leqslant Rl) \\[2mm] \dfrac{\mathrm{d}^2 \theta_3}{\mathrm{d}y^2} + \lambda^2 \theta_3 = 0 & (Rl \leqslant y \leqslant l) \end{array}\right\} \tag{4.81}$$

由以下 6 个边界条件可以解出 6 个任意常数

$$\left.\begin{array}{l} \theta_1 = 0 \\[1mm] \theta_1(rl) = \theta_2(rl) \\[1mm] \dfrac{\mathrm{d}\theta_1}{\mathrm{d}y}(rl) = \dfrac{\mathrm{d}\theta_2}{\mathrm{d}y}(rl) \\[1mm] \theta_2(Rl) = \theta_3(Rl) \\[1mm] \dfrac{\mathrm{d}\theta_2}{\mathrm{d}y}(Rl) = \dfrac{\mathrm{d}\theta_3}{\mathrm{d}y}(Rl) \\[1mm] \dfrac{\mathrm{d}\theta_3}{\mathrm{d}y}(l) = 0 \end{array}\right\} \tag{4.82}$$

依据第二个定义（即应用根部弯矩判定准则）的反效动压的计算留给读者作为习题，见习题 20。

通过这种方法可以很容易地分析整机模型的滚转效率，也可以在动力学范畴研究类似的问题，如计算因操纵面偏转引起的角加速度，或者计算飞机姿态由一个滚转角变化到另一个滚转角所需的时间。根据所研究的飞机及其机动动作，可能需要考虑非线性情况。但这里仅讨论静态、线性情况。

考虑一架滚转中的无后掠机翼飞机，其右半侧如图 4.16 所示，滚转速度恒定，计为 $p$。如图 4.17 所示，机翼剖面相对于来流的攻角为 $\alpha_{\mathrm{r}} + \theta(y)$。飞机以速度 $p > 0$ 做滚转机动，右翼向上、左翼向下，则右翼有一附加风速风量 $py$，垂直于来流向下。如图 4.17 所示，因为 $py \ll U$，所以攻角由原来流攻角减小为 $\alpha_{\mathrm{r}} + \theta - py/U$。

飞机左右两侧，对于升力和俯仰力矩的影响因素是相同（相反）的，被称为对称（反对称）分量。可以按对称部分和反对称部分分开提出问题，通常这两部分相互不耦合。特别地，对于滚转问题，可以作为一个反对称问题处理，因为在纯滚转运动中，

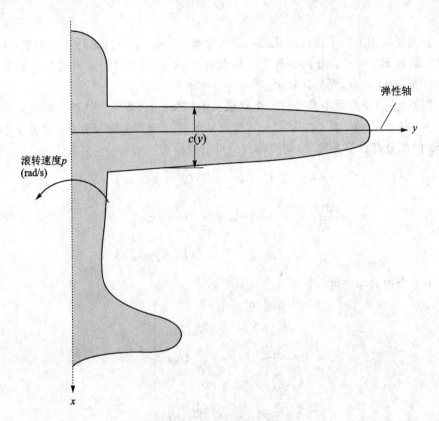

**图 4.16　飞机滚转示意图**

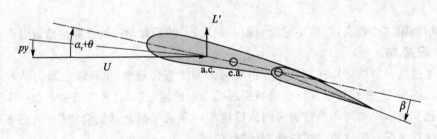

**图 4.17　具有正向副翼偏转的右翼剖面**

所有的对称分量都抵消了。因此,可以去掉一些以前考虑的分量。例如,在关系式

$$\alpha = \alpha_r + \theta(y) - \frac{py}{U} \tag{4.83}$$

中,因为对称性,第一项 $\alpha_r$ 为 0,可以消去。因为 $\theta$ 和 $\beta$ 关于飞机对称面是相反的,因此 $\theta(y)$ 和滚转速度二者是反对称的。最后一项,表示在小攻角假设下,由滚转速度 $p$ 引起的攻角增量,显然也是反对称的。

假设 $c(y)$ 为常数 $c$，则控制微分方程可以写为

$$\frac{\mathrm{d}^2\theta}{\mathrm{d}y^2} + \lambda^2\theta = \lambda^2\left(\frac{py}{U} - B\psi\right)$$ (4.84)

根据边界条件 $\theta(0) = \mathrm{d}\theta/\mathrm{d}y(l) = 0$，其解为

$$\theta = \frac{p}{U\lambda}\big[\lambda y - \sec(\lambda l)\sin(\lambda y)\big] +$$

$$\psi\beta\big[\tan(\lambda l)\sin(\lambda y) + \cos(\lambda y) - 1\big]$$ (4.85)

这里，因为飞机为定常状态滚转运动，所以总滚转力矩必须等于 0。因此，忽略从翼根到飞机对称面的距离，可以得到升力绕飞机中心对称面的力矩，为

$$\int_0^l yL'(y)\mathrm{d}y = \int_0^l yqc\Big[a\Big(\theta - \frac{py}{U}\Big) + c_{l_\beta}\beta\Big]\mathrm{d}y$$ (4.86)

令其等于 0，可以解出恒定的滚转速度 $p$（注意在式（4.86）中的三项分别是由弹性扭转、滚转速度 $p$ 和副翼偏转角 $\beta$ 产生的对滚转力矩的影响）。将结果写为 $pl/U$ 的无量纲形式

$$\frac{pl}{U} = \frac{\lambda l\{cc_{m_\beta}[(\lambda l)^2 - 2\sec(\lambda l) + 2] - 2ec_{l_\beta}[\sec(\lambda l) - 1]\}\beta}{2ae[\lambda l - \tan(\lambda l)]}$$ (4.87)

该式与 $\beta$ 成正比。在确定的动压下，不能通过改变 $\beta$ 来改变滚转速度。在这个动压出现时，滚转速度对 $\beta$ 的敏度减小为 0，即

$$\frac{\partial\Big(\frac{pl}{U}\Big)}{\partial\beta} = \frac{\lambda l\{cc_{m_\beta}[(\lambda l)^2 - 2\sec(\lambda l) + 2] - 2ec_{l_\beta}[\sec(\lambda l) - 1]\}}{2ae[\lambda l - \tan(\lambda l)]} = 0$$

(4.88)

对于给定的 $e/c$ 和翼型剖面系数 $c_{l_\beta}$、$c_{m_\beta}$，可以通过求解方程（4.88）得到 $\lambda l$ 的一组根，其中最小值对应于副翼反效。或者可以直接绘制式（4.88）关于 $\lambda l$ 的曲线，直至公式符号改变，这一点就是反效点。

对于给定的情况（$e = 0.25c$，$c_{l_\beta} = 0.8$，$c_{m_\beta} = -0.5$），图 4.18 给出了滚转速度敏度关于 $\lambda l$（同速度 $U$ 成正比）的曲线，由图中可见，反效点为 $\lambda l = 0.984\,774$。注意到曲线在低速时较为平缓，而后单调下降直至反效点。这种形状是典型的结果，它显示了静气动弹性在飞行力学方面的重要性。另外同样比较有意义的是，研究弹性扭转、滚转运动和副翼偏转三者对滚转力矩的相关作用，如图 4.19 所示。在反效点，滚转速度 $p$ 等于 0，因弹性扭转产生的滚转力矩和因副翼偏转产生的滚转力矩刚好相互抵消。

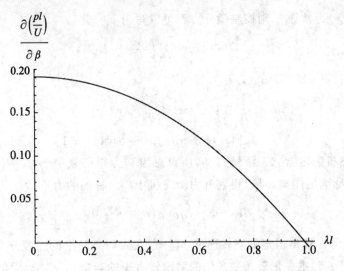

**图 4.18** 当 $e=0.25c, c_{l_\beta}=0.8, c_{m_\beta}=-0.5$ 时滚转速度敏度
关于 $\lambda l$ 的曲线(反效点为 $\lambda l=0.984\ 774$)

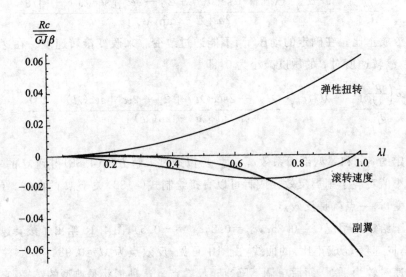

**图 4.19** 式(4.86)中三项对滚转力矩 $R$(无量纲化)的作用

## 4.2.6 后掠效应

为了观察机翼后掠或前掠效应对气动弹性特性的影响,假设后掠的几何形状是通过机翼绕弹性轴根部转动得到的,如图 4.20 所示。空气动力学反作用取决于顺气流方向的攻角

$$\alpha = \alpha_r + \theta \tag{4.89}$$

其中 $\theta$ 是由弹性变形引起的顺气流方向的攻角变化。为了建立对 $\theta$ 的运动学关系

式,引入单位向量 $\hat{\boldsymbol{a}}_1$ 和 $\hat{\boldsymbol{a}}_2$,分别沿 $y$ 轴和来流方向。另一对单位向量 $\hat{\boldsymbol{b}}_1$ 和 $\hat{\boldsymbol{b}}_2$ 是 $\hat{\boldsymbol{a}}_1$ 和 $\hat{\boldsymbol{a}}_2$ 转动了一个后掠角 $\Lambda$ 得到的,如图 4.20 所示,所以 $\hat{\boldsymbol{b}}_1$ 是沿弹性轴(即 $\bar{y}$ 轴)方向。从图中可以看出

$$\left.\begin{array}{l} \hat{\boldsymbol{b}}_1 = \cos \Lambda \hat{\boldsymbol{a}}_1 + \sin \Lambda \hat{\boldsymbol{a}}_2 \\ \hat{\boldsymbol{b}}_2 = - \sin \Lambda \hat{\boldsymbol{a}}_1 + \cos \Lambda \hat{\boldsymbol{a}}_2 \end{array}\right\} \tag{4.90}$$

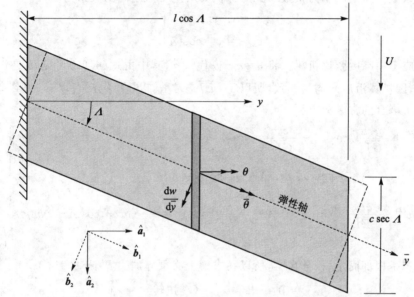

**图 4.20　后掠翼示意图($\Lambda$ 为正)**

注意到,由弹性变形引起的机翼剖面结构的总转动,可以表示为由机翼扭转 $\bar{\theta}$($\hat{\boldsymbol{b}}_1$ 向) 引起的转动及由机翼弯曲 $\mathrm{d}w/\mathrm{d}\bar{y}$($\hat{\boldsymbol{b}}_2$ 向)引起的转动的两者之和。其中 $w$ 是机翼弯曲挠度(向上为正,在图 4.20 中方向指向纸面外)。现在 $\theta$ 是绕 $\hat{\boldsymbol{a}}_1$ 总转动的组成部分,为

$$\theta = \left(\bar{\theta}\hat{\boldsymbol{b}}_1 + \frac{\mathrm{d}w}{\mathrm{d}\bar{y}}\hat{\boldsymbol{b}}_2\right) \cdot \hat{\boldsymbol{a}}_1 = \bar{\theta}\cos \Lambda - \frac{\mathrm{d}w}{\mathrm{d}\bar{y}}\sin \Lambda \tag{4.91}$$

由式(4.91)可以注意到,后掠导致有效攻角因机翼弯曲而改变。这种弯曲和扭转之间的耦合一方面会影响飞行中机翼的静气动弹性响应,另一方面还会影响发散发生的条件。同时可以看出,由于在后掠弹性机翼的弯曲和扭转之间存在耦合,因此顺气流截面的翼型弯度也会发生变化,这里忽略更高阶的影响。

为了方便直接地与先前的无后掠机翼的分析结果比较,将尽可能保留无后掠翼分析中使用的结构和气动力符号。为了确定总弹性变形,需要两个平衡方程,一个是与无后掠时相同的扭矩平衡方程,另一个是横向力平衡方程(与相关弯曲有关)。这

些方程可写为

$$\frac{\mathrm{d}}{\mathrm{d}\bar{y}}\left(\overline{GJ}\,\frac{\mathrm{d}\bar{\theta}}{\mathrm{d}\bar{y}}\right)=-qec\bar{a}\alpha-qc^2\bar{c}_{m_{ac}}+Nmgd \left.\begin{array}{c}\\ \\ \\ \\ \end{array}\right\}$$

$$\frac{\mathrm{d}^2}{\mathrm{d}\bar{y}^2}\left(\overline{EI}\,\frac{\mathrm{d}^2w}{\mathrm{d}\bar{y}^2}\right)=qc\bar{a}\alpha-Nmg$$

$$(4.92)$$

在这些平衡方程中，$\bar{a}$ 表示后掠机翼的二维升力线斜率，$\bar{c}_{m_{ac}}$ 表示后掠机翼的二维俯仰力矩系数。这些气动力常数与无后掠机翼对应常数之间的关系为

$$\bar{a}=a\cos\Lambda \left.\begin{array}{c}\\ \\ \end{array}\right\}$$

$$\bar{c}_{m_{ac}}=c_{m_{ac}}\cos^2\Lambda$$

$$(4.93)$$

该式对应于中高展弦比机翼。将 $\alpha=\alpha_r+\theta$ 代入 $\bar{a}$，其中由式(4.91)可见，$\theta$ 是 $\bar{\theta}$ 和 $w$ 的函数，因机翼沿展向均匀一致，所以 $\overline{GJ}$、$\overline{EI}$ 是常数，以( )′表示 d( )/d$\bar{y}$，得到弯曲和扭转两个耦合的常微分方程

$$\bar{\theta}''+\frac{qeca}{GJ}\bar{\theta}\cos^2\Lambda-\frac{qeca}{GJ}w'\sin\Lambda\cos\Lambda=$$

$$-\frac{1}{GJ}(qeca\alpha_r\cos\Lambda+qc^2c_{m_{ac}}\cos^2\Lambda-Nmgd)$$

$$w^{(4)}+\frac{qca}{EI}w'\sin\Lambda\cos\Lambda-\frac{qca}{EI}\bar{\theta}\cos^2\Lambda=\frac{1}{EI}(qca\alpha_r\cos\Lambda-Nmg)$$

$$(4.94)$$

因为机翼是根部固定、梢部自由，所以在求解上必须施加边界条件

$$\bar{y}=0: \quad \bar{\theta}=0 \quad (\text{零扭转})$$

$$w=0 \quad (\text{零弯曲挠度})$$

$$w'=0 \quad (\text{零弯曲斜率})$$

$$\bar{y}=l: \quad \bar{\theta}'=0 \quad (\text{零扭矩})$$

$$w''=0 \quad (\text{零弯矩})$$

$$w'''=0 \quad (\text{零剪力})$$

$$(4.95)$$

方程(4.94)的弯曲和扭转之间的耦合通过在扭转方程中包含的 $w$ 和在弯曲方程中包含的 $\bar{\theta}$ 得到体现。

有两种有意义的特殊情况可以使方程解耦或大大简化，从而能够求出解析解。第一种特殊情况是机翼无后掠情况，此时扭转方程(即式(4.94)中第一式)解耦，与前面讨论的完全一样，可以清楚地求解扭转发散条件，或者求解扭转变形和气动载荷分布(分别参见 4.2.3 小节和 4.2.4 小节)。对于后者，一旦扭转变形已知，则将解 $\theta=\bar{\theta}$ 代入弯曲方程(即式(4.94)中第二式)，并对这个常微分方程积分，再应用边界条件就可得到剪力、弯矩、弯曲斜率及弯曲变形。

第二种特殊情况发生在当 $e=0$ 时。在这种情况下，不会发生扭转发散，由 $\bar{\theta}$ 的方程和边界条件可以求得 $\bar{\theta}$ 的多项式形式的解。将这个解代入弯曲方程，得到关于

$w$ 的四阶常微分方程,且具有多项式形式的非齐次项,注意非齐次项中包含 $\bar{\theta}$ 项。由这个方程连同边界条件可以求解弯曲变形,但得到的不是简单的直接解。此外,作为发散条件去求解这个方程,只需要齐次部分,在 $\zeta = w'$ 时可以写为三阶方程,即

$$\zeta''' + \frac{qca}{EI}\zeta \sin \Lambda \cos \Lambda = 0 \tag{4.96}$$

对于固支-自由边界条件 $\zeta(0) = \zeta'(l) = \zeta''(l) = 0$,方程(4.96)有一个已知的解析解,由此得到发散动压为

$$q_{\mathrm{D}} = - 6.329\ 70\ \frac{\overline{EI}}{acl^3 \overline{\sin \Lambda \cos \Lambda}} \tag{4.97}$$

负号意味着只有前掠翼存在弯曲发散不稳定,即这里 $\Lambda < 0$。

　　方程(4.94)显示,后掠效应从两方面影响气动弹性性能。第一方面是气动力效能的损失,从扭转方程第二项的变化可以看出

$$\frac{qeca}{GJ}\bar{\theta} \quad 变为 \quad \frac{qeca}{GJ}\bar{\theta}\cos^2\Lambda \tag{4.98}$$

注意,这种影响与后掠角的正负无关。第二方面是弯曲变形斜率对有效攻角的影响(见式(4.91)),这导致了弯曲和扭转之间的耦合。这一耦合对于发散和载荷分布的影响极大。掠角的总影响效果在很大程度上取决于机翼是前掠还是后掠,这可从对发散动压 $q_{\mathrm{D}}$ 的影响体现出来,如图 4.21 所示。显然,前掠使得翼面更容易发散,反之后掠使得发散动压提高。事实上,的确一个小的后掠角(对于所考虑的理想情况,后掠角取决于 $e/l$ 和 $\overline{GJ/EI}$,大小仅为 $5°$ 或 $10°$)就会使发散动压充分大,从而消除发散问题。接下来本小节将讨论一些具体情况,同时讨论这些情况下的控制方程的近似解。

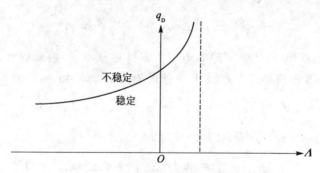

**图 4.21　发散动压随 $\Lambda$ 的变化曲线**

　　机翼掠角对于气动弹性载荷分布的总体影响也在很大程度上取决于翼面是前掠还是后掠,图 4.22 说明了这一点,图中为弹性翼面的展向载荷分布曲线,而且通过调整 $\alpha_r$ 来保持总升力(或 $N$)为常数。从结构受力的角度来看,显然,当总升力一定时,前掠翼的根部弯矩比后掠翼的根部弯矩大得多。

　　机翼后掠的最初目的是通过减阻来提高飞机性能,尽管会有一些升力效能损失。然而,这些气动弹性特性对设计决策具有非常重要的影响。从气动弹性的角度来看,

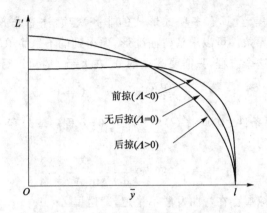

**图 4.22    Λ 为正值、零、负值时的升力分布**

前掠翼加剧了发散的不稳定性,增加了结构受力;而后掠翼则相反,对这些问题有减缓效果。复合材料升力面的出现使得弯扭弹性耦合可用来被动地提高前掠翼的发散动压,使前掠翼的使用成为可能。事实上,如果没有一种方法去稳定机翼,防止其发散,那么 X - 29 就不可能起飞,这将在 4.2.7 小节中进一步讨论。

**弯曲-扭转发散的精确解**。求解耦合的常微分方程(式(4.94))的解析解十分困难。要想获得精确的解析解,最简单的方法是通过调整攻角的弹性分量,首先将耦合的方程组变换为一个单一的方程。如果只计算发散动压,则仅需考虑方程(4.94)的齐次部分,即

$$\left.\begin{array}{l} \bar\theta'' + \dfrac{qeca}{GJ}\bar\theta\cos^2\Lambda - \dfrac{qeca}{GJ}w'\sin\Lambda\cos\Lambda = 0 \\[3mm] w^{(4)} + \dfrac{qca}{EI}w'\sin\Lambda\cos\Lambda - \dfrac{qca}{EI}\bar\theta\cos^2\Lambda = 0 \end{array}\right\} \quad (4.99)$$

为了得到单一的方程,将式(4.99)的第一个方程对 $\bar y$ 求导,再乘以 $\cos\Lambda$,得到的结果减去乘以了 $\sin\Lambda$ 的第二个方程,以 $\theta$ 替代 $\bar\theta\cos\Lambda - w'\sin\Lambda$,得到

$$\theta''' + \frac{qeca}{GJ}\cos^2\Lambda\theta' + \frac{qca}{EI}\sin\Lambda\cos\Lambda\theta = 0 \quad (4.100)$$

引入无量纲坐标 $\eta = \bar y/l$,方程(4.100)可写为

$$\theta''' + \frac{qecal^2}{GJ}\cos^2\Lambda\theta' + \frac{qcal^3}{EI}\sin\Lambda\cos\Lambda\theta = 0 \quad (4.101)$$

其中( )′在此表示 $\mathrm{d}(\ )/\mathrm{d}\eta$,由式(4.95)可以得出边界条件为

$$\theta(0) = \theta'(1) = \theta'(1) + \frac{qecal^2}{GJ}\cos^2\Lambda\theta(1) = 0 \quad (4.102)$$

这是运用式(4.99)的第一个方程和式(4.95)中的最后一个边界条件导出的第三个边界条件。

Diederich 和 Budiansky 获得了式(4.101)和式(4.102)的精确解(1948 年),其性质很复杂,具有多个分支,且不易于在设计中使用。然而,接下来给出了其中一个分

支的简单近似,并绘图与精确解进行比较。

**弯曲-扭转发散的近似解。**精确解过于复杂,幸运的是对于这类方程有很多近似求解的方法,包括将里兹法应用于虚功原理(见 3.5 节)。在这个特定的情况下,动能为零,得出的代数方程是广义运动方程(见 3.1.5 小节)的特殊形式,称为广义平衡方程。如何确定这一近似解留给读者作为练习(见习题 11～习题 16)。

这里,考虑用近似解替代弯扭发散问题解析解的一个分支。好在从物理角度来看最重要的一个分支比较简单。定义

$$\left. \begin{aligned} \tau &= \frac{qecal^2}{GJ}\cos^2\Lambda \\ \beta &= \frac{qcal^3}{EI}\sin\Lambda\cos\Lambda \end{aligned} \right\} \tag{4.103}$$

就像 Diederich 和 Budiansky 提到的(1948 年)那样,在一定范围内可以用直线来近似描述发散边界

$$\tau_{\mathrm{D}} = \frac{\pi^2}{4} + \frac{3\pi^2}{76}\beta_{\mathrm{D}} \tag{4.104}$$

注意,对于弯曲刚硬机翼,有 $\beta_{\mathrm{D}}=0$,所以 $\tau_{\mathrm{D}}=\pi^2/4$ ,这是纯扭转发散的精确解。同样,对于扭转刚硬机翼,有 $\tau_{\mathrm{D}}=0$,所以 $\beta_{\mathrm{D}}=-19/3$,接近于 $-6.3297$,这是弯曲发散的精确解。两种情况的误差都很小。

值得注意的是,$\tau$ 的符号由 $e$ 的符号决定,而 $\beta$ 的符号则由 $\Lambda$ 的符号决定。图 4.23 画出了式(4.104)的近似解和精确解的部分分支。注意到,在原点附近的直线的近似解与精确解十分吻合。还可以注意到,解位于 $\tau_{\mathrm{D}}$ 轴($\beta_{\mathrm{D}}=0$)上的交点,与前面 4.2.3 小节中的特征根(式(4.63))的平方一致,即 $(2n-1)^2\pi^2/4(n=1,2,\cdots,\infty)$,也就是

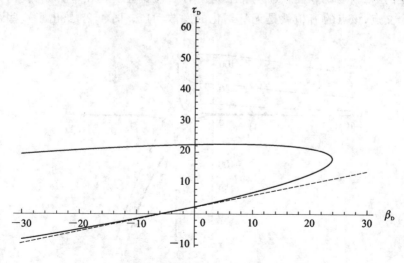

实线:准确解;虚线:式(4.104)

**图 4.23　弯曲-扭转耦合发散的 $\tau_{\mathrm{D}}$ 对于 $\beta_{\mathrm{D}}$ 的曲线**

$\pi^2/4, 9\pi^2/4, \cdots$

　　描述发散动压更简单的方法,是绘制 $\tau_D$ 与结构相关参数的关系曲线,这一参数只取决于结构本身。为此引入无量纲参数 $r$,有

$$r \equiv \frac{\beta}{\tau} = \frac{l}{e}\frac{\overline{GJ}}{EI}\tan\Lambda \tag{4.105}$$

式(4.105)可以是正、负或零,则式(4.104)可以写为

$$\tau_D = \frac{\pi^2}{4} + \frac{3\pi^2 r}{76}\tau_D \tag{4.106}$$

从而可以解出

$$\tau_D = \frac{\pi^2}{4\left(1 - \dfrac{3\pi^2 r}{76}\right)} \tag{4.107}$$

或得到

$$q_D = \frac{\overline{GJ}\pi^2}{4ecal^2\cos^2\Lambda\left(1 - \dfrac{3\pi^2}{76}\dfrac{l}{e}\dfrac{\overline{GJ}}{EI}\tan\Lambda\right)} \tag{4.108}$$

　　对于 $\tau_D$ 的最小绝对值随 $r$ 的变化曲线如图4.24所示,式(4.101)和式(4.102)的精确解的几个分支如图4.24中实线所示。注意到,除了第三象限外,每个象限内至少有一个分支,而第四象限内只有一个分支。方程(4.107)得出的 $\tau_D$ 的近似解随 $r$ 的变化以虚线绘制双曲线,位于第一、第二和第四象限内。当 $r$ 增大时,第四象限中的解逐渐接近抛物线 $\tau_D = -27r^2/4$,图中也以虚线表示。注意到,与图4.23中一样,解与 $\tau_D$ 轴的交点是 $\pi^2/4, 9\pi^2/4, 25\pi^2/4, \cdots$。机翼的构型确定了 $r$ 值,对于正的 $e$ 值,只需考虑正的 $\tau_D$。因此,在图中($r$ 为常数),沿着 $\tau_D$ 轴的正方向由零开始,找出与实线的第一个交点,该点的 $\tau_D$ 值就是无量纲化的发散动压。图4.25给出了这些结果在

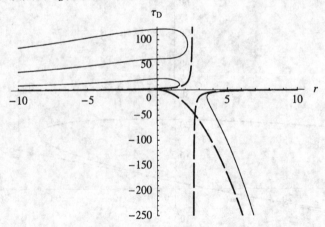

实线:精确解;虚线:式(4.107)、第四个象限 $\tau_D = -27r^2/4$

**图 4.24　弯扭耦合发散的 $\tau_D$ 对于 $r$ 的曲线**

更实用的范围内放大。很容易看出,当 $r<1.5$ 时,在第一象限和第二象限中,虚线很接近实线。注意当 $e<0$ 时,负的 $\tau_D$ 对应于正的 $q_D$,在这种情况下,应该沿 $r$ 为常数的直线朝 $\tau_D$ 轴的负方向推进。

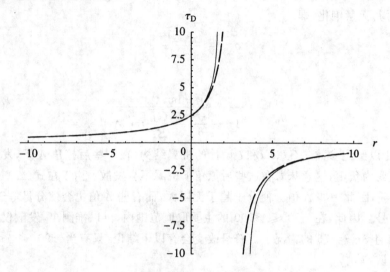

实线:精确解;虚线:式(4.107)

**图 4.25　耦合的弯曲-扭转发散的 $\tau_D$ 对于 $r$ 的曲线**

有趣的是,尽管近似解接近于精确解,但在数学方面它显示出本质上完全不同的性质。近似解显示出渐进的特点,在使分母为零的 $r$(即 $r=76/(3\pi^2)=2.566\ 80$)值处,$\tau_D$ 由左侧趋于正无穷,由右侧趋于负无穷。如果近似解是准确的,则在数学上意味着在这个 $r$ 值处不可能发散。此外,在物理上,这种情况意味着对于 $e>0$、$r\geqslant76/(3\pi^2)$(或者对于 $e<0$,$r\leqslant76/(3\pi^2)$),不可能发散。然而实际上,精确解表现出"极限点"变化的不稳定性。这意味着对于 $e>0$,当 $r$ 值为正且很小时就会发散。此外,在第一象限内随着 $r$ 的增大,$\tau_D$ 也增大,直至达到某一个点,在这一点上会出现两种情况:① 在这个 $\tau_D$ 值的上方,曲线转回向左,而不是继续靠向渐近线;② 过了这个点之后,$r$ 的任何微小的增加都会使解跳到更高的分支。这一点称为极限点,例如在第一象限的曲线的主要分支上,极限点位于 $r=1.597\ 68$、$\tau_D=10.709\ 0$ 处。由图 4.24 可见,只要 $r$ 稍有增加,解就会由较低的分支($\tau_D$ 为 10.709 0)跳转到较高的分支($\tau_D$ 为 66.813 3),在这个点处,$\tau_D$ 随 $r$ 快速地增加。所以,尽管没有 $r$ 值可以绝对准确地确定发散动压,但实际上在极限点的 $r$ 值附近基本上不会发散。因此,对于工程实际,完全可以认为在近似解放大部分的那些点附近不会发散,近似解充分接近精确解的特性,可以应用于设计中。第四象限的极限点适用于 $e<0$(即气动中心在弹性轴之后)的情况。这个极限点在 $r=3.565\ 95$、$\tau_D=-14.834\ 5$ 处,注意,负的 $e$ 和 $\tau_D$ 会得出正的 $q_D$。对这种情况的进一步研究作为练习留给读者(见习题 18)。

如上所述,尽管精确解和近似解在性质上不同,但在实际感兴趣的范围内,以 $\tau_D$

和 $\beta_D$ 表示的发散边界的线性近似在数值上是精确的,并可给出简单的、以结构刚度 $e/l$ 和后掠角表示的发散动压表达式(即式(4.108))。这个近似公式可用来研究在各种结构参数下发散动压的性质。为了表示当 $e>0$ 时的发散动压,用后掠角为零时的 $q_D$ 值对其无量纲化,即

$$q_{D_0} = \frac{\pi^2 \overline{GJ}}{4ecal^2} \tag{4.109}$$

则有

$$\frac{q_D}{q_{D_0}} = \frac{1 + \tan^2 \Lambda}{1 - \dfrac{3\pi^2}{76} \dfrac{l}{e} \dfrac{\overline{GJ}}{\overline{EI}} \tan \Lambda} \tag{4.110}$$

因此,对于以给定参数 $e$、$\overline{GJ}$、$\overline{EI}$ 和 $l$ 设计的机翼结构,在一些后掠角 $\Lambda$ 下,发散动压为无限大或为负值,这意味着在这些后掠角下机翼不会发散。由于在式(4.110)中包含 $\tan \Lambda$ 项,因此一些 $\Lambda$ 值会使分子趋于无限大,而有些 $\Lambda$ 值也会使分母等于零,或者改变符号。因此,在 $-90° \leqslant \Lambda \leqslant 90°$ 的主要取值范围内,可以推测出,发散仅出现在 $|\Lambda| \neq 90°$ 且 $3\pi^2 r \neq 76$ 的情况下。符号改变会有以下结论:只有当 $-90° < \Lambda < \Lambda_\infty$ 时会出现发散,其中

$$\tan \Lambda_\infty = \frac{76}{3\pi^2} \frac{\overline{EI}}{\overline{GJ}} \frac{e}{l} \tag{4.111}$$

因此,式(4.110)可以写为

$$\frac{q_D}{q_{D_0}} = \frac{1 + \tan^2 \Lambda}{1 - \dfrac{\tan \Lambda}{\tan \Lambda_\infty}} \tag{4.112}$$

换句话说,选择 $\Lambda \geqslant \Lambda_\infty$ 可以避免发散,而当 $\Lambda$ 减小到 $\Lambda_\infty$ 以下时,发散动压迅速减小。由于 $\Lambda_\infty$ 一般很小,这通常意味着后掠翼不会发散,而前掠翼的发散动压会下降得很厉害。因为在近似解中 $\Lambda_\infty$ 是 $\Lambda$ 的渐近值,大于精确解中极限点的 $\Lambda$ 值,所以可以认为近似解提供了一个保守设计。图4.26表明了对于机翼具有 $\overline{GJ}/\overline{EI}=1.0$、$e/l=0.02$

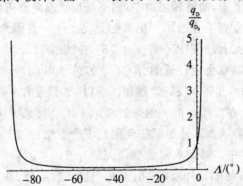

**图 4.26　弹性非耦合后掠翼的无量纲化发散动压**
$(\overline{GJ}/\overline{EI}=1.0, e/l=0.02)$

时的发散动压的性质。当后掠角为零时,如预期的那样,曲线通过 1 点。因为在这种情况下 $\Lambda_\infty$ 很小,所以当后掠角为很小的正值时,发散动压就会趋于无限大。因此,小后掠角就能使机翼不发散。图 4.27 为 $\overline{GJ}/\overline{EI}$ 减小到 $0.2$、$e/l$ 保持不变时的发散动压的结果。因为 $\Lambda_\infty$ 增加,所以相对于前一种情况,机翼必须增大后掠角以避免发散。

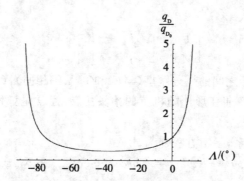

**图 4.27　弹性非耦合后掠翼的无量纲化发散动压**
$$(\overline{GJ}/\overline{EI}=0.2,e/l=0.02)$$

因为 $e$ 可以是正、负或零,所以 $q_{D_0}$ 也可以是正、负或零。因此,以 $q_{D_0}$ 对 $q_D$ 无量纲化,可以淡化 $e$ 的符号对 $q_D$ 的影响。在这些情况下,可能也包括在其他情况下,将式(4.112)写为与 $q_{D_0}$ 无关的形式更方便。为此,一种方法就是用式(4.109)和式(4.111)从 $q_D$ 的表达式中消去 $q_{D_0}$,则有

$$\frac{q_D a c l^3}{\overline{EI}} = \frac{19(1+\tan^2\Lambda)}{3(\tan\Lambda_\infty - \tan\Lambda)} \tag{4.113}$$

可以很清楚地看到,不论 $e$ 的符号是正还是负,仅当 $-90° < \Lambda < \Lambda_\infty$ 时机翼会发散。公式的这个形式也更清楚地表明,在不发散的后掠翼设计中 $\overline{EI}$ 的影响十分重要。

## 4.2.7　复合材料机翼和气动弹性剪裁

气动弹性剪裁是利用复合材料的方向特性,优化气动弹性性能的机翼设计。气动弹性剪裁的概念相对较新,是 20 世纪 80 年代在前掠翼的设计中凸显出来的。式(4.112)表明,对于未经剪裁的前掠翼,$q_D$ 急剧减小。在前掠翼设计中,发散速度过低是主要的障碍。本小节中将会看到,使用复合材料有助于消除前掠翼的这一弱点。目前,气动弹性剪裁是复合材料机翼设计必不可少的一部分,可以用来以多种方式提高飞机的性能。

复合材料是各向异性的,这意味着在不同的方向上有不同的材料特性(如刚度)。一个简单的梁模型对于研究和了解复合材料机翼的特性是很有帮助的,这样的模型可以体现弹性弯曲和扭转之间的耦合,具有弹性耦合的梁的分析较为复杂,但可以得

到十分有用的结果。

　　将这种耦合引入梁的方程中,对于弯曲和扭转之间耦合的各向异性梁,"本构关系"(即横截面上的合应力与广义应变之间的关系)从

$$\begin{bmatrix} T \\ M \end{bmatrix} = \begin{bmatrix} \overline{GJ} & 0 \\ 0 & \overline{EI} \end{bmatrix} \begin{bmatrix} \bar{\theta}' \\ w'' \end{bmatrix} \tag{4.114}$$

变为

$$\begin{bmatrix} T \\ M \end{bmatrix} = \begin{bmatrix} \overline{GJ} & -K \\ -K & \overline{EI} \end{bmatrix} \begin{bmatrix} \bar{\theta}' \\ w'' \end{bmatrix} \tag{4.115}$$

其中,$K$ 是弯曲和扭转之间的耦合刚度(与 $\overline{EI}$ 和 $\overline{GJ}$ 量纲相同),( )′ 是关于 $\bar{y}$ 的导数。正的 $K$ 值表示,正的弯曲变形伴随机翼的抬头扭转,通常是弹性轴位于气动中心后方的不稳定情况。

　　使用耦合本构关系,平衡方程变为

$$\left. \begin{aligned} (\overline{GJ}\bar{\theta}' - Kw'')' &= -qec\bar{a}\alpha - qc^2\bar{c}_{m_{ac}} + Nmgd \\ (\overline{EI}w'' - K\bar{\theta}')'' &= qc\bar{a}\alpha - Nmg \end{aligned} \right\} \tag{4.116}$$

仍考虑一个根部固支、梢部自由的机翼,求解所必须施加的边界条件是

$$\left. \begin{aligned} \bar{y} = 0: \quad & \bar{\theta} = 0 && (\text{零扭转}) \\ & w = 0 && (\text{零弯曲挠度}) \\ & w' = 0 && (\text{零弯曲斜率}) \\ \bar{y} = l: \quad & T = 0 && (\text{零扭矩}) \\ & M = 0 && (\text{零弯矩}) \\ & M' = 0 && (\text{零剪力}) \end{aligned} \right\} \tag{4.117}$$

　　对于复合材料梁,距离 $d$ 和 $e$ 可以按各向同性梁中的定义方式类似地进行定义:$d$ 是 $\bar{y}$ 轴到截面质心的距离,质心在前(更靠近前缘)为正;$e$ 是 $\bar{y}$ 轴到气动中心的距离,气动中心在前(更靠近前缘)为正。然而,复合材料梁的 $\bar{y}$ 轴与各向同性梁的 $\bar{y}$ 轴必然有不同的特性,并且"弹性轴"一词也有不同的含义。对于一个展向均匀一致的各向同性梁,弹性轴就沿着 $\bar{y}$ 轴,是截面剪心的轨迹;横向力作用在轴上不会引起梁的扭转。然而,对于展向均匀一致的在弯曲和扭转之间耦合的复合材料梁,没有这样的轴可以定义为横截面特性点的轨迹,即作用于此的横向剪力不引起梁的扭转。对于这种梁,$\bar{y}$ 轴仍必须沿着剪心的轨迹,作用于剖面该点的横向剪力与扭矩在结构上是解耦的。尽管作用在 $\bar{y}$ 轴上的横向剪力不直接引起扭转,但当 $K \neq 0$ 时,由剪力引起的弯矩仍会引起扭转。

　　现在可以写出平衡方程的齐次部分

$$\left. \begin{aligned} \bar{\theta}'' - \frac{K}{\overline{GJ}}w''' + \frac{qeca}{\overline{GJ}}\theta\cos\Lambda &= 0 \\ w^{(4)} - \frac{K}{\overline{EI}}\bar{\theta}''' - \frac{qca}{\overline{EI}}\theta\cos\Lambda &= 0 \end{aligned} \right\} \tag{4.118}$$

第一个方程对 $\bar{y}$ 求导,变换方程组使得方程关于最高阶导数项 $\bar{\theta}$ 和 $w^{(4)}$ 解耦,得到

$$
\left.
\begin{aligned}
\bar{\theta}''' + \frac{\overline{EI}\,\overline{GJ}}{\overline{EI}\,\overline{GJ} - K^2}\,\frac{qeca}{GJ}\theta'\cos\Lambda - \frac{K\,\overline{EI}}{\overline{EI}\,\overline{GJ} - K^2}\,\frac{qca}{EI}\theta\cos\Lambda = 0 \\
w^{(4)} + \frac{K\,\overline{GJ}}{\overline{EI}\,\overline{GJ} - K^2}\,\frac{qeca}{GJ}\theta'\cos\Lambda - \frac{\overline{EI}\,\overline{GJ}}{\overline{EI}\,\overline{GJ} - K^2}\,\frac{qca}{EI}\theta\cos\Lambda = 0
\end{aligned}
\right\}
$$

$$(4.119)$$

第一式乘以 $\cos\Lambda$,第二式乘以 $\sin\Lambda$,两式相减,得到一个关于 $\theta = \bar{\theta}\cos\Lambda - \omega'\sin\Lambda$ 的方程

$$
\theta''' + \frac{\overline{EI}\,\overline{GJ}}{\overline{EI}\,\overline{GJ} - K^2}\,\frac{qecal^2}{GJ}\cos^2\Lambda\left(1 - \frac{K}{EI}\tan\Lambda\right)\theta' +
$$

$$
\frac{\overline{EI}\,\overline{GJ}}{\overline{EI}\,\overline{GJ} - K^2}\,\frac{qcal^3}{EI}\sin\Lambda\cos\Lambda\left(1 - \frac{K}{GJ}\frac{1}{\tan\Lambda}\right)\theta = 0 \quad (4.120)
$$

其中 $(\ )'$ 表示 $\mathrm{d}(\ )/\mathrm{d}\eta$,这与前面没有弹性耦合机翼的类似推导中的定义是一致的。

由式(4.117)可以导出边界条件

$$
\theta(0) = \theta'(1) = \theta''(1) + \frac{\overline{EI}\,\overline{GJ}}{\overline{EI}\,\overline{GJ} - K^2}\,\frac{qecal^2}{GJ}\cos^2\Lambda\left(1 - \frac{K}{EI}\tan\Lambda\right)\theta(1) = 0
$$

$$(4.121)$$

伴随有结构耦合的气动弹性发散问题,与没有结构耦合的情况一样,具有相同的数学形式,在前面的章节中已给出后者的近似解。可以看到,参数 $\tau$ 和 $\beta$ 可以重新定义为

$$
\left.
\begin{aligned}
\tau &= \frac{\overline{EI}\,\overline{GJ}}{\overline{EI}\,\overline{GJ} - K^2}\,\frac{qecal^2}{GJ}\cos^2\Lambda\left(1 - \frac{K}{EI}\tan\Lambda\right) \\
\beta &= \frac{\overline{EI}\,\overline{GJ}}{\overline{EI}\,\overline{GJ} - K^2}\,\frac{qcal^3}{GJ}\sin\Lambda\cos\Lambda\left(1 - \frac{K}{GJ}\frac{1}{\tan\Lambda}\right)
\end{aligned}
\right\}
$$

$$(4.122)$$

并且,发散边界可以再次以直线近似表示

$$
\tau_{\mathrm{D}} = \frac{\pi^2}{4} + \frac{3\pi^2}{76}\beta_{\mathrm{D}}
$$

$$(4.123)$$

使用发散边界方程中的参数表达式,得到

$$
q_{\mathrm{D}} = \frac{\pi^2}{4}\,\frac{\overline{EI}\,\overline{GJ} - K^2}{\overline{EI}\,\overline{GJ}}\,\frac{\overline{GJ}}{ecal^2\cos^2\Lambda}\cdot
$$

$$
\frac{1}{1 - \dfrac{K}{EI}\tan\Lambda - \dfrac{3\pi^2}{76}\dfrac{l}{e}\dfrac{\overline{GJ}}{\overline{EI}}\left(\tan\Lambda - \dfrac{K}{GJ}\right)}
$$

$$(4.124)$$

简化式(4.124),引入无量纲参数

$$
\kappa = \frac{K}{\sqrt{EI\,GJ}}
$$

$$(4.125)$$

则有

$$q_{\mathrm{D}} = \frac{\pi^2 \, \overline{GJ}(1-\kappa^2)}{4ecal^2\cos^2\Lambda\left[1 - \kappa\sqrt{\dfrac{\overline{GJ}}{\overline{EI}}}\tan\Lambda - \dfrac{3\pi^2}{76}\dfrac{l}{e}\dfrac{\overline{GJ}}{\overline{EI}}\left(\tan\Lambda - \kappa\sqrt{\dfrac{\overline{EI}}{\overline{GJ}}}\right)\right]}$$

$$(4.126)$$

由式(4.126)可以确定发散动压,其精度足以确定发散动压随后掠角 $\Lambda$ 和弹性耦合参数 $\kappa$ 的变化趋势,该公式表明这两个参数之间的联系非常紧密。

为了说明上述分析的用途,首先用零后掠角和零耦合时的发散动压 $q_{\mathrm{D}_0}$ 对 $q_{\mathrm{D}}$ 进行无量纲化,有

$$\frac{q_{\mathrm{D}}}{q_{\mathrm{D}_0}} = \frac{(1-\kappa^2)(1+\tan^2\Lambda)}{1 - \kappa\sqrt{\dfrac{\overline{GJ}}{\overline{EI}}}\tan\Lambda - \dfrac{3\pi^2}{76}\dfrac{l}{e}\dfrac{\overline{GJ}}{\overline{EI}}\left(\tan\Lambda - \kappa\sqrt{\dfrac{\overline{EI}}{\overline{GJ}}}\right)}$$

$$(4.127)$$

与之前一样,当发散动压表达式的分母等于零时,对应于发散动压无穷大,穿越这个"边界"意味着由存在发散的区域进入不存在发散的区域。令分母为零,求后掠角的正切函数,有

$$\tan\Lambda_\infty = \frac{1 + \dfrac{3\pi^2}{76}\sqrt{\dfrac{\overline{GJ}}{\overline{EI}}}\dfrac{l}{e}\kappa}{\dfrac{3\pi^2}{76}\dfrac{\overline{GJ}}{\overline{EI}}\dfrac{l}{e} + \sqrt{\dfrac{\overline{GJ}}{\overline{EI}}}\kappa}$$

$$(4.128)$$

其中 $\Lambda_\infty$ 是发散动压趋于无穷大时的后掠角,由定义式(4.128),式(4.127)可改写为

$$\frac{q_{\mathrm{D}}}{q_{\mathrm{D}_0}} = \frac{(1-\kappa^2)(1+\tan^2\Lambda)}{\left(1 + \dfrac{3\pi^2}{76}\sqrt{\dfrac{\overline{GJ}}{\overline{EI}}}\dfrac{l}{e}\kappa\right)\left(1 - \dfrac{\tan\Lambda}{\tan\Lambda_\infty}\right)}$$

$$(4.129)$$

同样,仅当 $-90° < \Lambda < \Lambda_\infty$ 时才可能发散。由于存在附加设计参数 $\kappa$,因此设计者至少可以通过选取合适的 $\kappa < 0$ 来部分抵消前掠的不稳定效应,即机翼向上弯曲增加时引起机翼低头扭转的增加。但耦合程度是有限的,因为一般的 $|\kappa| < 0.86$。

各向同性机翼设计与复合材料机翼设计有两个主要的差别:第一,是 $\overline{GJ}/\overline{EI}$ 可以有更宽的取值范围;第二,也是更为重要的,是复合材料机翼可以设计成参数 $\kappa$ 的值为非零。由式(4.128),$\Lambda_\infty$ 的值随 $\kappa$ 值的减小而减小,这意味着出现发散的 $\Lambda$ 的范围变小了。为了证明这一点,以及之前提到的正的 $\kappa$ 值导致失稳,图 4.28 给出了 $\kappa = -0.4, 0, 0.4$ 的结果。显然,选择合适的 $\kappa$ 值(即足够大,负数),可以使复合材料机翼在前掠时仍能避免发散。由于前掠对高机动性飞机设计有利,所以这一结论具有重要的工程实用价值。不出现发散的掠角 $\Lambda_\infty$,在一定程度上也与参数 $\overline{GJ}/\overline{EI}$ 和 $e/l$ 有关,如图 4.29 和图 4.30 所示。显然,通过减小扭转刚度(相对于弯曲刚度)和减小 $e/l$,可以设计更大掠角的不发散的前掠机翼。

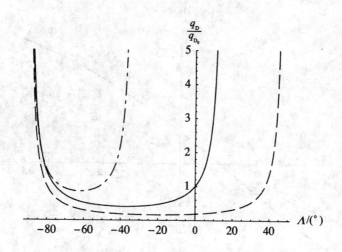

$\kappa=-0.4$(点画线)，$\kappa=-0$(实线)，$\kappa=0.4$(虚线)

**图 4.28** 对于一个具有 $\overline{GJ/EI}=0.2$ 和 $e/l=0.02$ 的弹性耦合的
掠角机翼的无量纲化发散动压

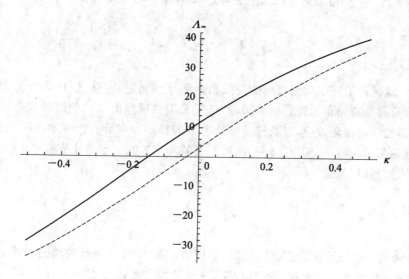

实线 : $e/l=0.01$ ; 虚线 : $e/l=0.04$

**图 4.29** 发散动压无穷大时机翼($\overline{GJ/EI}=0.5$)的掠角

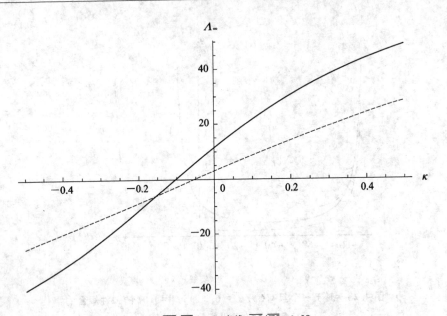

实线：$\overline{GJ/EI}=1.0$；虚线：$\overline{GJ/EI}=0.25$

**图 4.30　发散动压无穷大时机翼($e/l=0.02$)的掠角**

## 4.3　小　结

　　这一章讨论了简单风洞模型的发散和副翼反效问题，柔性梁(代表升力面)的扭转发散、载荷重新分布和副翼反效问题，机翼采用梁模型的飞机的滚转效率，关于弯扭耦合型发散的掠角效应，以及气动弹性剪裁的作用。在所有这些本章研究的情况下，惯性载荷影响很小，可以忽略。在第 5 章的飞行器的气动弹性分析中将引入惯性载荷，并讨论颤振问题。

## 习　题

　　1. 考虑一个刚硬的、均匀的机翼风洞模型，可以绕弦线中点的轴俯仰转动，由安装在机翼后缘的线性弹簧进行弹性约束，弹簧的弹性系数是 225 lb/in。模型具有对称翼型，展长为 3 ft，弦长为 6 in。总的升力线斜率是 6/rad。气动中心位于四分之一弦线，质心在弦线中点处。

　　(a) 计算海平面的发散动压；

　　(b) 计算海平面的发散速度。

　　答案：$q_D=150$ lb/ft²；$U_D=355$ ft/s。

　　2. 针对习题 1 的模型，如动压为 30 lb/ft²，则计算由气动弹性效应引起的升力变化百分比。

答案:25%。

3. 针对习题 1 的模型,假设通过对支持系统做如下的设计改变,可以使发散动压增加一倍。

(a) 改变约束弹簧的弹性常数;

(b) 改变转轴点。

答案:(a) $k=450$ lb/in;(b) $x_o=2.513$ in。

4. 针对习题 1 的模型,按照习题 3 中的更改设计,计算当动压为 30 lb/ft²、重为 3 lb、$\alpha_r=0.5°$时的由气动弹性效应引起的升力变化的百分比。

(a) 弹簧的弹性常数改为 $k=450$ lb/in;

(b) 转轴坐标 $x_o=2.513$ in。

答案:11.11%;17.91%。

5. 考虑一个与 4.1.3 小节讨论的相似的支柱支撑的机翼,但此处两个弹簧的刚度不同。设前缘弹簧的弹性常数为 $k_1$,后缘弹簧的弹性常数为 $k_2$,并且假设气动中心位于四分之一弦线处,证明:当 $k_1/k_2 \geqslant 3$ 时,不会产生发散现象。

6. 使用 Excel 或类似工具,针对不同的 $R=q_R/q_D$,且 $0<\bar{q}<1$,画出一组描述副翼弹性效率 $\eta$ 随标准动压 $\bar{q}=q/q_D$ 的变化曲线。在如下范围内画出两条曲线,以免混淆:

(a) 当 $-3<\eta<3$ 时,$R<1$ 的曲线;

(b) 当 $-3<\eta<3$ 时,$R>1$ 的曲线。

提示:不要计算 $1<R<1.1$ 的情况,对于这种情况,Execel 处理得不是很好,且有可能混淆。在某些情况下,可以只用符号表达式精细地画出曲线。

回答下列问题:在什么地方会出现副翼反效? 当你设计一个机翼时,你打算匹配(或取到)什么样的 $R$? 为什么? 当 $q_R=q_D$ 时会发生什么? 当 $q$ 接近于 $q_R$ 时,操纵效率会如何变化? 为什么这样变化? 从这些曲线中能否得出有关的其他一些特点? 是什么? 解释一下是如何得出上面的结论的。

7. 考虑一个可以弹性扭转($GJ=8\,000$ lb·in²)的均匀机翼的风洞模型,两端刚硬地固定于风洞壁。该模型具有对称翼型,展长为 3 ft,弦长为 6 in。剖面的升力线斜率为 6/rad。气动中心位于四分之一弦线处,质心和弹性轴在二分之一弦线处。

(a) 计算海平面的发散动压;

(b) 计算海平面的发散速度。

答案:(a) $q_D=162.46$ lb/ft²;(b) $U_D=369.65$ ft/s。

8. 针对习题 7 的模型,通过如下设计更改,使得发散动压增加一倍。

(a) 改变机翼的扭转刚度;

(b) 改变转轴的位置。

答案:$GJ=16\,000$ lb·in²;$x_{ea}=2.25$ in。

9. 针对习题 7 的模型,当动压为 30 lb/ft² 时,计算由气动弹性效应引起的在半展长处的截面升力变化百分比。

答案:28.094%。

10. 针对习题 7 的模型,当动压为 30 lb/ft² 时,计算由气动弹性效应引起的总升力的变化百分比。

答案:18.59%。

11. 考虑一个后掠的固支-自由的机翼,如 4.2.6 小节中所描述的模型。控制偏微分方程由式(4.94)给出,边界条件由式(4.95)给定。使用一组截断的假设模态和广义平衡方程(广义运动方程中所有的时间项为零),寻求一个具有对称翼型机翼的近似解。注意到:求解此问题所需要的过程与将里兹法应用到虚功原理中的过程是等效的,参见 3.5 节。忽略机翼的重量,只考虑结构和气动项,则广义平衡方程的结构项基于势能(即应变能)给出

$$P = \frac{1}{2}\int_0^l (EIw''^2 - 2Kw''\bar{\theta}' + GJ\bar{\theta}'^2)\mathrm{d}\bar{y}$$

而且,弯扭变形可以用一个截断的级数表示,从而

$$w = \sum_{i=1}^{N_w} \eta_i \Psi_i(\bar{y})$$

$$\bar{\theta} = \sum_{i=1}^{N_\theta} \phi_i \Theta_i(\bar{y})$$

其中,$N_w$ 和 $N_\theta$ 分别是假设模态中弯曲模态和扭转模态的个数;$\eta_i$ 和 $\phi_i$ 分别是与弯曲和扭转有关的广义坐标;$\Psi_i$ 和 $\Theta_i$ 分别是弯曲模态和扭转模态的振型。使用广义坐标和假设模态来定义势能,这里的假设模态是不耦合的、固支-自由的、自由振动的弯曲和扭转模态。对于扭转,有

$$\Theta_i = \sqrt{2}\sin\left[\frac{\pi\left(i-\frac{1}{2}\right)\bar{y}}{l}\right]$$

对于弯曲,根据方程(3.258),给出

$$\Psi_i = \cosh(\alpha_i\bar{y}) - \cos(\alpha_i\bar{y}) - \beta_i[\sinh(\alpha_i\bar{y}) - \sin(\alpha_i\bar{y})]$$

其中 $\alpha_i$ 和 $\beta_i$ 由表 3.1 给出。

12. 求解习题 11,但对于假设模态,使用如下两个表达式代替习题 11 中的两个表达式

$$\Theta_i = \left(\frac{\bar{y}}{l}\right)^i$$

$$\Psi_i = \left(\frac{\bar{y}}{l}\right)^{i+1}$$

注意:这些函数不是正交的。

13. 求解习题 11,但用有限元法来表示弯曲和扭转。

14. 求解习题 11、习题 12 或习题 13,从气动力的虚功开始,即

$$\overline{\delta W} = \int_0^l (L'\delta w + M'\delta\bar\theta)\,\mathrm{d}\bar y$$

其中 $L'$ 和 $M'$ 是用于建立方程(4.94)的剖面升力和俯仰力矩的表达式。假设翼型对称,使用给定的变形模态,求解广义力 $\Xi_i(i=1,2,\cdots,N;N=N_w+N_\theta)$。如同教材中所讨论的那样,广义力是虚功表达式中广义坐标变分的系数。(提示:忽略方程(4.92)右端的重量项,就会发现,$L'$ 是第二个方程的右端项,而 $M'$ 是第一个方程右端项的负数,且等于 $eL'$)。

15. 参见习题14和习题11、习题12或习题13,确定广义平衡方程

$$\boldsymbol{K\xi} = \bar q\{\boldsymbol{A\xi} + \boldsymbol{\Xi}_0\}$$

其中,$\bar q$ 是无量纲化的动压 $q/q_{D_0}$;$q_{D_0}$ 是一固支-自由的无掠角机翼的发散动压,由方程(4.55)给出;$\boldsymbol\xi$ 是由所有未知量 $\bar\eta_i=\eta_i/l(i=1,2,\cdots,N_w)$ 和 $\phi_i(i=1,2,\cdots,N_\theta)$ 构成的向量;$\boldsymbol{\Xi}_0$ 是包含了不依赖于任何未知量的广义气动力的列阵,并且 $N=N_w+N_\theta$(注意到在有限元应用中,$N_w=N_\theta$ 表示有限单元的个数,并且 $N=2N_w+N_\theta$)。$N\times N$ 的矩阵 $\boldsymbol K$ 和 $\boldsymbol A$ 分别是广义刚度矩阵和广义气动力矩阵。如果以习题11为基础进行求解,并且忽略弹性耦合,则广义刚度矩阵 $\boldsymbol K$ 是对角矩阵,因为用来表示机翼结构行为的固有模态关于机翼的刚度属性是正交的。

16. 回到习题14进行如下的数值研究:

a. 发散。为了确定发散动压,写出齐次广义平衡方程

$$\frac{1}{\bar q}\boldsymbol\xi = \boldsymbol{K}^{-1}\boldsymbol{A\xi}$$

显然,这是一个以 $1/\bar q$ 为特征值的特征值问题。针对所考虑的掠角,求解该特征值问题之后,最大的 $1/\bar q$ 将提供最小的无量纲化的临界发散动压 $\bar q_D=q_D/q_{D_0}$。通过数值实验,在画图精度范围内确定 $N_w$ 和 $N_\theta$,可以获得发散动压。画出发散动压随掠角的变化曲线,掠角的范围是 $-45°\leqslant\Lambda\leqslant45°$,无量纲参数 $e/l$ 取 0.05 和 0.1,$EI/GJ$ 取 1 和 5,$k=0$,$\pm0.5$。将你得到的结果与方程(4.129)的结果进行比较。对比一下本文中的近似解与用里兹法或有限元法得到的精度,哪一个更精确?讨论一下发散动压相对于掠角、刚度比以及气动中心位置的变化趋势。

b. 响应。对于响应问题,需考虑非齐次方程

$$\boldsymbol{K} - \bar q\boldsymbol{A\xi} = \bar q\boldsymbol{\Xi}_0$$

令 $\alpha_r=1°$,通过求解上述矩阵形式的线性系统方程来得出响应。画出翼尖的响应(即 $\bar y=l$ 处的 $w$ 和 $\bar\theta$)随着动压的变化直到 $q=0.95q_D$ 的曲线,在 $\Lambda=-25°$ 和 $0°$ 时的参数 $e/l,EI/GJ,k$ 与习题相同。绘出在翼尖扭角最大情况下的升力、扭角和弯矩的分布。讨论该结果以及静气动弹性响应随掠角、刚度比、气动中心位置以及弹性耦合的变化趋势。

17. 考虑一无掠角的复合材料机翼的发散,该机翼的 $\kappa=0,EI/GJ=0.2$,并且 $e/l=0.025$。利用方程(4.126),确定方程(4.125)中定义的 $\kappa$ 值,对于不同的 $\Lambda<0$

的值,需要保持前掠翼的发散动压不变。绘出 $\kappa$ 随 $\Lambda$ 的变化曲线。

18. 利用方程(4.126)中的近似公式,当 $e<0$ 时,对 $q_{\mathrm{D}}acl^3/EI$ 推导一个类似于方程(4.113)的公式,并确定有掠角的复合材料机翼的发散动压。讨论当 $e$ 变成负数时可能遇到的情况。这时 $\kappa$ 取什么符号才能保持平衡?绘出当 $EI/GJ=0.2,e/l=-0.025$ 以及 $\kappa=0,\pm0.4$ 时,有掠角的复合材料机翼的无量纲发散动压随 $\Lambda$ 的变化曲线。

19. 考虑一有掠角的复合材料机翼的发散。由方程(4.120)和方程(4.121)给出的控制方程和边界条件可以写成一个二阶积分-积分方程的形式

$$\theta' + \tau\theta - r\tau\int_{\eta}^{1}\theta(\xi)\mathrm{d}\xi = 0$$

其中边界条件为 $\theta(0)=\theta'(1)=0$,并且 $r=\beta/\tau$。试确定该降阶方程和边界条件的两个最简单的多项式比较函数。使用迦辽金法给出发散动压 $\tau_{\mathrm{D}}$ 对 $r$ 的一项或两项近似。绘出当 $EI/GJ=0.2,e/l=-0.02,\kappa=-0.4$ 时的近似解,如图 4.28 所示,并将这些解与教材给出的近似解进行比较。对于两项近似,确定当 $e$ 为正数时的极限值,注意准确值是 $r=1.597\ 68$ 和 $\tau_{\mathrm{D}}=10.709\ 0$。

答案:一项近似为

$$\tau_{\mathrm{D}} = \frac{30}{12-5r}$$

两项近似为

$$\tau_{\mathrm{D}} = \frac{1\ 260}{282-105r\pm\sqrt{3}\ \sqrt{15r(197r-1\ 036)+17\ 408}}$$

第一象限内的近似极限点位于 $r=1.618\ 04$ 和 $\tau_{\mathrm{D}}=11.239\ 4$。在画图精度范围内,当 $-10\leqslant\tau_{\mathrm{D}}\leqslant10$ 时,两项近似解与精确解几乎没有区别。

20. 考虑一均匀、具有弹性扭转的机翼,长度为 $l$,扭转刚度为 $GJ$。副翼位于 $y=rl$ 到 $y=Rl$ 处。

(a) 利用副翼反效准则,即当副翼变形消失时的根部弯矩的改变,推导求解 $\lambda l$ 的表达式。尖部损失系数为 $B$。

(b) 假设 $e=0.25c,c_{l_{\beta}}=0.8,c_{m_{\beta}}=-0.5,R=1$,求当 $r=0$ 和 $r=0.5$ 以及 $B=0.97$ 和 $B=1$ 时的 $\lambda_1 l$。讨论 $r$ 与 $B$ 之间的影响。

(c) 由方程(4.79)确定 $\lambda_1 l$。对于 $r=0,R=1$ 和 $B=1$ 的情形,比较本结果和你得到的结果。解释从弯矩准则得到的反效动压与从总升力准则中得到的反效动压的不同是如何发生的。

答案:例如,当 $r=0,R=1$ 和 $B=1$ 时,

$$\sec(\lambda l) = \frac{ec_{l_{\beta}} + cc_{m_{\beta}}\left[1 + \dfrac{(\lambda l)^2}{2}\right]}{ec_{l_{\beta}} + cc_{m_{\beta}}}$$

则有 $\lambda_1 l=0.984\ 774$。

21. 考虑一个代表对称飞机机身的刚性体,它安装了如习题 20 相同属性的均匀、弹性扭转的机翼。假设飞机以定常滚转率的定常速度飞行,针对与习题 20 相同的参数集合,推导与习题 20 相同问题的求解方法。

# 第 5 章 气动弹性颤振

飞行员……成功着陆,大约三分之二的水平尾翼已经损坏,而其他飞行员则没有如此幸运……在当前的飞机结构设计中,已广泛将颤振问题视为重点关注问题。在许多情况下,基于颤振的刚度标准是设计的临界标准……没有证据表明对于通过气动操纵的推进器和再入型滑翔机的设计,颤振的影响会比以往减小,例如轰炸机。

——R. L. Bisplinghoff, H. Ashley,《气动弹性原理》,
约翰·威利父子出版公司,1962。

第 3 章处理的结构动力学问题,是研究力学系统中惯性力与弹性力相互作用下的各种现象,所研究的力学系统通常以一维连续结构简化的飞行器结构来体现其动力学特性。如果在上述分析中加入气动力的作用,就形成了气动弹性力学。在第四章中已经提到气动弹性现象对飞行器的设计具有十分重要的影响,它可能极大地改变相关的设计要求,包括飞行性能、结构载荷、飞行稳定性和操纵性,甚至推力特性,等等。同时,气动弹性现象还可能导致独特的、灾难性的结构不稳定,限制飞行包线。

回顾图 1.1,气动弹性现象可分为静力学和动力学两部分。在第四章中讨论了静气动弹性力学,本章将讨论动气动弹性力学。动气动弹性的现象有很多,但本章仅集中讨论称为颤振的动不稳定性问题,通常情况下颤振会导致飞行器结构的灾难性破坏。气动弹性颤振是飞行器结构在气动力、弹性力和惯性力三者共同作用下的一种动力学不稳定。根据这个定义,显然对颤振稳定性的研究首先需要有对系统的结构动力学和空气动力学方面的丰富知识。更进一步阐述,颤振是自激振动且具有潜在破坏性的振动不稳定性,它是由在弹性物体上的气动力与它的固有振动模态耦合产生的,有增长振幅的振动运动。在这种情况下,振动水平不断增大,最终振幅过大导致结构破坏。因此,若结构暴露于空气动力环境中,就必须仔细设计避免颤振,这既包括机翼和翼型,也适用于烟囱和桥梁。对于复杂结构,当空气动力特性、机械特性都不明确时,只能通过试验来确保不发生颤振。在各种各样的颤振现象中,最多见且最易导致毁灭性结构破坏的是升力面颤振。因此对于任何飞行器的升力面都必须进行颤振分析和试验,以确保在飞行包线内的任何条件下都不会发生动力学不稳定。

如果机翼表面的气流在任意一个攻角的不稳定振动周期段发生分离,那么此时的控制方程就为非线性,这种不稳定称为失速颤振。失速颤振通常发生在喷气发动机的压气机叶片和直升机旋翼上。另外,结构的大变形、机械的间隙、非线性控制系统等都是非线性因素,本章暂不讨论非线性情况。即使经过了上述简化,升力面的线性颤振分析依然是十分复杂的,故本章只对颤振理论进行简单叙述,更多的概念读者可进一步参考相关文献。

本章首先建立升力面颤振分析模型的常微分线性方程组,并把这些方程组转换成特征值问题,以特征值来讨论稳定性特性。随后,作为研究方法的举例,应用第 4 章中用过的、简单的定常气动力,系统地分析两自由度典型翼面。这种简化分析方法的主要不足在于忽略了气动力模型的非定常影响。由需要简单实用的角度出发引出经典颤振分析。而对接下来的工程的求解,将克服经典颤振分析的部分缺点。本章还将概述两种非定常气动力理论作为完整颤振分析的工具:一种为导数形式,适合经典分析方法;另一种适合基于特征值颤振分析。最后,本章运用假设模态法进行弹性机翼颤振分析,最后以对颤振边界特性的讨论结束。

# 5.1　特征值分析的稳定性特性

最直接的升力面颤振可以由一组结构动力学方程来描述,包含因弹性变形引起的线性非定常气动载荷。这里的升力面可以是机翼,也可以是安定面,可以有操纵面,也可以没有。通常机翼包括各种外挂,如发动机短舱、起落架、内部油箱等,这些组件的存在会使升力面颤振分析带来一些困难,会使分析变得复杂,但它们并不会对颤振不稳定性带来本质的改变。基于此,以下内容仅限于讨论"干净"升力面的情况。

对于理想的线性分析,气流流过升力面不仅会产生升力和俯仰力矩的定常部分,还会因升力面运动的小扰动产生动态力。翼型的俯仰运动和沉浮运动分别对应来自升力面的扭转变形和弯曲变形。对于处于静稳定的升力面来说,当飞行速度小于颤振速度时,由扰动引起的振动随时间呈指数衰减,可以认为空气对运动起阻尼作用。当飞行速度大于颤振速度时,由扰动引起的振动不再衰减,此时空气对运动起负阻尼作用,因此振幅呈指数增长。对于颤振的定性描述可参考更多基于复特征值的稳定性的讨论。

在进行颤振分析之前,首先研究在气动载荷作用下结构动力学可能的解是有益的。假定飞行器可以用它的振动模态来表示,升力面简化为板模型,而非梁模型,这更适合目前真实的小展弦比机翼结构,而且因为使用了模态表达式,所以几乎不增加方程的复杂性。令 $w(x,y,t)$ 为在 $z$ 向垂直于机翼平面(即 $x$-$y$ 平面)的位移,$\phi_i(x,y)$ 为固有振动模态,$\omega_i$ 为对应的各阶固有频率,则典型的结构位移可表示为

$$w(x,y,t) = \sum_{i=1}^{n} \xi_i(t)\phi_i(x,y) \tag{5.1}$$

其中 $\xi_i(t)$ 为第 $i$ 阶模态的广义坐标。式(5.1)中既有刚体模态,又有弹性模态,为了简化而没有用标记加以区分。因此可以得到机翼各点的广义运动方程组

$$M_i(\ddot{\xi}_i + \omega_i^2\xi_i) = \Xi_i \quad (i = 0,1,2,\cdots,n) \tag{5.2}$$

其中 $M_i$ 为广义质量,与质量分布 $m(x,y)$ 相关,并确定为

$$M_i = \iint\limits_{\text{planform}} m(x,y)\phi_i^2(x,y)\,\mathrm{d}x\mathrm{d}y \tag{5.3}$$

$\Xi_i(t)$ 为广义力,与外力载荷 $F(x,y,t)$ 相关,并计算为

$$\Xi_i = \iint\limits_{\text{planform}} F(x,y,t)\phi_i(x,y)\mathrm{d}x\mathrm{d}y \tag{5.4}$$

调整固有频率 $\omega_i$,任何与刚体模态相联系的固有频率都应为 0。

在检验飞行器结构稳定性的时候,外载荷只考虑气动载荷,而忽略其他外部载荷(如阵风、喷流等)的影响。气动载荷可以表示为 $w(x,y,t)$ 及其偏导数的线性函数,再加上一些必要的描述流场的附加状态,例如诱导流动、下洗等。由于各点位移可以用模态的叠加来表示,因此诱导压强分布 $\Delta p(x,y,t)$ 也可以用广义坐标及其导数的线性方程来表示,即

$$\Delta p(x,y,t) = \sum_{j=1}^{n}\left[a_j(x,y)\xi_j(t)+b_j(x,y)\dot{\xi}_j(t)+c_j(x,y)\ddot{\xi}_j(t)\right]+\sum_{j=1}^{N}d_j(x,y)\lambda_j(t) \tag{5.5}$$

式中 $\lambda_j$ 是与流场相关的状态变量,也称为"增广"状态或"滞后"状态,可以这样写是由于它与广义坐标具有相同的量纲,这些状态的个数记为 $N\geqslant0$,以示与 $n$ 区别。相应于第 $i$ 阶模态的广义力,可以确定为

$$\Xi_i(t) = \iint\limits_{\text{planform}} \Delta p(x,y,t)\phi_i(x,y)\mathrm{d}x\mathrm{d}y$$

$$= \sum_{j=1}^{n}\xi_j(t)\iint\limits_{\text{planform}} a_j(x,y)\phi_i(x,y)\mathrm{d}x\mathrm{d}y + \sum_{j=1}^{n}\dot{\xi}_j(t)\iint\limits_{\text{planform}} b_j(x,y)\phi_i(x,y)\mathrm{d}x\mathrm{d}y +$$

$$\sum_{j=1}^{n}\ddot{\xi}_j(t)\iint\limits_{\text{planform}} c_j(x,y)\phi_i(x,y)\mathrm{d}x\mathrm{d}y + \sum_{j=1}^{N}\lambda_j(t)\iint\limits_{\text{planform}} d_j(x,y)\phi_i(x,y)\mathrm{d}x\mathrm{d}y$$

$$= \rho_\infty\frac{U^2}{b^2}\left[\sum_{j=1}^{n}\left(a_{ij}\xi_j+\frac{b}{U}b_{ij}\dot{\xi}_j+\frac{b^2}{U^2}c_{ij}\ddot{\xi}_j\right)+\sum_{j=1}^{N}d_{ij}\lambda_j\right] \tag{5.6}$$

按照一些出版物的惯例,对广义气动力表达式提取公因子——来流空气密度 $\rho_\infty$ 和 $U^2/b^2$。虽然并非必须,但这样做在分析中易于区别高度的影响,显然,在真空状态 $\rho_\infty=0$ 时,气动力的影响消失了。此外,无量纲化 $b/U$ 的平方项——其中 $b$ 是升力面参考半弦长——使矩阵 $a$、$b$、$c$ 和 $d$ 具有相同的量纲,接下来可以将方程简化为关于无量纲变量的方程。通过重新定义广义坐标,可以消去所有广义力中的非齐次项,因此它们可以度量不同的参考构型。由此,当包含了广义力时,可将包含广义力的系统的广义运动方程写为一个齐次微分方程组,即

$$\frac{b^2}{U^2}(M_i\ddot{\xi}_i+M_i\omega_i^2\xi_i)-\rho_\infty\frac{b^2}{U^2}\sum_{j=1}^{n}c_{ij}\ddot{\xi}_j-\rho_\infty\frac{b}{U}\sum_{j=1}^{n}b_{ij}\dot{\xi}_j -$$

$$\rho_\infty\sum_{j=1}^{n}a_{ij}\xi_j-\rho_\infty\sum_{j=1}^{N}d_{ij}\lambda_j = 0 \quad (i=1,2,\cdots,n) \tag{5.7}$$

如果 $N>0$,则对于 $\lambda_j$ 需要 $N$ 个附加方程,它们的通常形式为

$$\sum_{j=1}^{N} A_{ij}\dot{\lambda}_j + \frac{U}{b}\Big(\lambda_i - \sum_{j=1}^{n} E_{ij}\xi_j\Big) = 0 \quad (i = 1,2,\cdots,N) \tag{5.8}$$

或

$$A\dot{\boldsymbol{\lambda}} + \frac{U}{b}(\boldsymbol{\lambda} - \boldsymbol{E}\boldsymbol{\xi}) = \boldsymbol{0} \tag{5.9}$$

矩阵 $A$ 和 $E$ 可以通过非定常空气动力学理论、计算流体力学或试验数据获得。注意,矩阵 $E$ 可能对 $\boldsymbol{\xi}$ 求一次甚至多次微分。

　　这个系统包含了 $n+N$ 个方程,即结构模态(包括弹性模态和刚体模态)的个数加上气动状态的个数。因为是齐次方程,所以这个线性常微分方程的通解可以表示为一个简单的时间指数的函数,解的形式可取为

$$\xi_i(t) = \bar{\xi}_i \exp(vt), \quad \lambda_i(t) = \bar{\lambda}_i \exp(vt) \tag{5.10}$$

将式(5.10)代入式(5.7)和式(5.8),得到一个代数方程组,各项均包含 $\exp(vt)$,提出公因子,得到关于 $\bar{\xi}_i$ 的 $n+N$ 阶线性齐次代数方程组,矩阵形式为

$$\left.\begin{aligned}
\Big[p^2 \operatorname{diag}(\boldsymbol{M}) + \frac{b^2}{U^2}\operatorname{diag}(\boldsymbol{M\omega}^2)\Big]\bar{\boldsymbol{\xi}} - \rho_\infty(p^2\boldsymbol{c} + p\boldsymbol{b} + \boldsymbol{a})\bar{\boldsymbol{\xi}} - \rho_\infty \boldsymbol{d}\bar{\boldsymbol{\lambda}} &= \boldsymbol{0} \\
(p\boldsymbol{A} + \boldsymbol{I})\bar{\boldsymbol{\lambda}} - \boldsymbol{E}\bar{\boldsymbol{\xi}} &= \boldsymbol{0}
\end{aligned}\right\} \tag{5.11}$$

其中 $p = bv/U$ 是未知的无量纲特征值,且符号 $\operatorname{diag}(\boldsymbol{M})$ 是由 $M_i$ 构成的对角矩阵。要想求解广义坐标振幅的非平凡解,系数 $\bar{\xi}_i$ 和 $\bar{\lambda}_i$ 构成的行列式必须为 0。显然,这个行列式是关于 $p$ 的 $2n+N$ 阶多项式,求解 $p$ 的多项式方程,得到 $2n+N$ 个根,包括 $n_c$ 对共轭复根和 $n_r$ 个实数根($2n_c + n_r = 2n+N$)。复数根的典型形式为

$$v_k = \frac{Up_k}{b} = \Gamma_k \pm \mathrm{i}\Omega_k \quad (k = 0,1,\cdots,n_c) \tag{5.12}$$

而当 $k = n_c+1, n_c+2, \cdots, n_c+n_r$ 时,根 $v_k$ 是实数。换言之,任何根都可写为 $v_k$,所以对于 $n_c \leqslant k \leqslant n_c + n_r$,$\Omega_k = 0$。

　　对于每个根 $p_k$,对应复值 $n$ 维列矩阵 $\bar{\boldsymbol{\xi}}^{(k)}$($j = 0,1,\cdots,n$)和 $N$ 维列矩阵 $\bar{\boldsymbol{\lambda}}^{(k)}$($j = 0,1,\cdots,N$)。至此,包含气动力耦合的广义运动方程的位移场的解可以表示为

$$w(x,y,t) = \sum_{k=1}^{n_c+n_r}\{w_k(x,y)\exp[(\Gamma_k + \mathrm{i}\Omega_k)t] + \bar{w}_k(x,y)\exp[(\Gamma_k - \mathrm{i}\Omega_k)t]\} \tag{5.13}$$

式中 $\bar{w}_k$ 为 $w_k$ 的共轭复数,正如所希望的那样,$w(x,y,t)$ 的这个表达式的结果是实数。每个 $w_k$ 代表了结构振动模态的唯一线性组合,即

$$w_k(x,y) = \sum_{i=1}^{n} \bar{\xi}_i^{(k)}\phi_i(x,y) \quad (k = 1,2,\cdots,n_c+n_r) \tag{5.14}$$

注意如果不给定初始位移和速度,则只能确定 $\bar{\xi}_i^{(k)}$ 的相对值。

　　由通解 $w(x,y,t)$ 的式(5.13)可以看出:第 $k$ 个分量代表了一个幅值呈指数变化

的简谐振荡。对于任何给定的初始条件,该动态响应非常依赖于 $\Gamma_k$ 的符号。图 5.1 给出了当 $\Omega_k \neq 0$ 时,$\Gamma_k$ 分别大于 0、等于 0 和小于 0 时的动态响应特性曲线。有时将负的 $\Gamma_k$ 称为第 $k$ 阶模态的模态阻尼,将 $\Omega_k$ 称为对应的模态频率。也可以根据稳定性对这些运动进行分类,当 $\Gamma_k < 0$ 时,为收敛振荡,称为动力学稳定;当 $\Gamma_k > 0$ 时,为发散振荡,称为动力学不稳定;当 $\Gamma_k = 0$ 时,代表上述二种情况的边界,通常称为稳定边界。对于气动弹性系统,这种动力学不稳定现象称为颤振,对应于简谐振荡的稳定边界就是颤振边界。

回顾式(5.13),位移是所有模态的叠加,所以有必要考虑 $\Gamma_k$ 和 $\Omega_k$ 的所有可能的组合情况,$\Gamma_k$ 可以小于、等于或大于 0,$\Omega_k$ 可以等于或不等于 0。表 5.1 列出了不同的 $\Gamma_k$ 和 $\Omega_k$ 的组合所对应的运动类型和稳定特性。尽管本章主要关注的是 $\Omega_k \neq 0$ 时的动力学不稳定——颤振,但由表 5.1 可见,广义运动方程也能够求解静气动弹性的发散问题,当 $\Omega_k = 0$

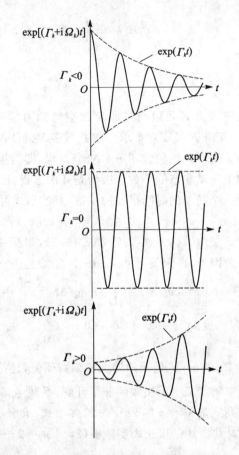

**图 5.1　当 $\Omega_k \neq 0$ 时各典型模态幅值的状态**

时的不稳定情况正是发散现象,当 $\Gamma_k = \Omega_k = 0$ 时为静气动弹性问题的发散边界。

**表 5.1　$\Gamma_k$ 与 $\Omega_k$ 不同组合对应的运动类型和稳定性特性**

| $\Gamma_k$ | $\Omega_k$ | 运动类型 | 稳定特性 |
|---|---|---|---|
| $<0$ | $\neq 0$ | 衰减振动 | 稳定 |
| $=0$ | $\neq 0$ | 简谐振动 | 临界稳定 |
| $>0$ | $\neq 0$ | 发散振动 | 不稳定 |
| $<0$ | $=0$ | 收敛 | 稳定 |
| $=0$ | $=0$ | 与时间相关 | 临界稳定 |
| $>0$ | $=0$ | 发散 | 不稳定 |

本节中介绍的基于复特征值判定稳定性的颤振分析方法在很多资料中称为“$p$ 法”,该名称源于式(5.11)中的无量纲复特征值 $p = bv/U$,一般称为“减缩特征值”。

为了提高 $p$ 法预测颤振特性的精度,必须使用适合的空气动力学理论,以便能够更加精确地描述由升力面瞬态运动引起的气动力载荷。基于这个理论,可能需要增广空气动力状态,也可能不需要,例如 5.5.2 小节介绍的理论就用到了它,但在 5.2 节中介绍的理论就没有使用,而是使用了最简单的定常气动力理论,因为该小节对精度不做要求。这样做的唯一目的就是说明如何使用 $p$ 法来分析一个简单的结构。

# 5.2　典型翼段的气动弹性分析

本节介绍线性气动弹性系统的颤振分析。首先需要一个简单的模型。在较早的气动弹性颤振专著中,颤振分析通常选取简单的、弹簧支撑的刚硬机翼模型,如图 5.2 所示,该模型称为典型翼段,由于其物理机理简单,因此至今仍普遍采用。这个模型可看做是一个安装于风洞试验段的二维刚性机翼风洞模型,也可看做是有限展长机翼的一个典型剖面。对于后者,弹簧分别模拟机翼结构的弯曲和扭转刚度,支撑点为机翼弹性轴。

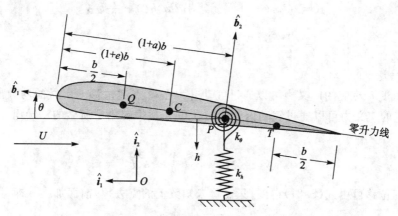

**图 5.2　具有俯仰和沉浮弹簧约束的翼剖面几何形状说明示意图**

在该模型中所关注的是 $P$、$C$、$Q$ 和 $T$,它们分别是参考基准点(即沉浮位移 $h$ 的测量点)、机翼质心、气动中心(亚声速薄翼理论中假定为 1/4 弦长点)和 3/4 弦长点(薄翼理论中的一个重要的弦向位置)。无量纲参数 $e$、$a$($-1 \leqslant e \leqslant 1$、$-1 \leqslant a \leqslant 1$)决定了 $C$、$P$ 的位置,当这些参数等于零时,这两点在翼段中点,当这些参数是正(负)时,这两点靠近后缘(前缘)。文献中的运动方程常包含质心与参考基准点的弦向距离,一般使用翼型半弦长 $b$ 进行无量纲化,记为 $x_\theta = e - a$,称为静不稳定参数,当质心位于参考基准点后靠近后缘时,$x_\theta$ 为正。模型的刚体沉浮、俯仰运动由线性轻质弹簧约束,弹簧常数分别为 $k_h$ 和 $k_\theta$。

由拉格朗日方程建立运动方程,首先要求出系统的动能、势能,以及由气动载荷引起的广义力。系统势能可写为

$$P = \frac{1}{2}k_h h^2 + \frac{1}{2}k_\theta \theta^2 \tag{5.15}$$

为了推导系统动能,需要写出质心 $C$ 的速度,为

$$\boldsymbol{v}_C = \boldsymbol{v}_P + \dot{\theta}\hat{\boldsymbol{b}}_3 \times b[(1+a)-(1+e)]\hat{\boldsymbol{b}}_1 \tag{5.16}$$

其中参考点 $P$ 的惯性速度为

$$\boldsymbol{v}_P = -\dot{h}\hat{\boldsymbol{i}}_2 \tag{5.17}$$

则有

$$\boldsymbol{v}_C = -\dot{h}\hat{\boldsymbol{i}}_2 + b\dot{\theta}(a-e)\hat{\boldsymbol{b}}_2 \tag{5.18}$$

因此动能给出为

$$K = \frac{1}{2}m\boldsymbol{v}_C \cdot \boldsymbol{v}_C + \frac{1}{2}I_C \dot{\theta}^2 \tag{5.19}$$

其中 $I_C$ 是绕 $C$ 点的惯性力矩。根据 $\hat{\boldsymbol{b}}_2$ 与惯性系单位矢量 $\hat{\boldsymbol{i}}_1$ 和 $\hat{\boldsymbol{i}}_2$ 之间的关系,并假设转角 $\theta$ 为小量,得

$$\begin{aligned} K &= \frac{1}{2}m(\dot{h}^2 + b^2 x_\theta^2 \dot{\theta}^2 + 2bx_\theta \dot{h}\dot{\theta}) + \frac{1}{2}I_C \dot{\theta}^2 \\ &= \frac{1}{2}m(\dot{h} + 2bx_\theta \dot{h}\dot{\theta}) + \frac{1}{2}I_P \dot{\theta}^2 \end{aligned} \tag{5.20}$$

式中 $I_P = I_C + mb^2 x_\theta^2$。

自由度 $h$ 对应的广义力可以通过气动升力在 $Q$ 点虚位移上所做的功导出,自由度 $\theta$ 对应的广义力可以通过气动俯仰力矩在 $Q$ 点虚拟转角上所做的功导出。$Q$ 点的速度为

$$\boldsymbol{v}_Q = -\dot{h}\hat{\boldsymbol{i}}_2 + b\dot{\theta}\left(\frac{1}{2}+a\right)\hat{\boldsymbol{b}}_2 \tag{5.21}$$

$Q$ 点的虚位移可由式(5.21)得到,只需将未知数上的点去掉,前面加上 $\delta$ 即可,

$$\delta\boldsymbol{p}_Q = -\delta h\hat{\boldsymbol{i}}_2 + b\delta\theta\left(\frac{1}{2}+a\right)\hat{\boldsymbol{b}}_2 \tag{5.22}$$

其中 $\delta\boldsymbol{p}_Q$ 是 $Q$ 点的虚位移。同理,机翼的角速度为 $\dot{\theta}\hat{\boldsymbol{b}}_3$,所以机翼的虚拟转角为 $\delta\theta\hat{\boldsymbol{b}}_3$。气动力做的虚功为

$$\overline{\delta W} = L\left[-\delta h + b\left(\frac{1}{2}+a\right)\delta\theta\right] + M_{\frac{1}{4}}\delta\theta \tag{5.23}$$

系统的广义力变为

$$\left.\begin{aligned} Q_h &= -L \\ Q_\theta &= M_{\frac{1}{4}} + b\left(\frac{1}{2}+a\right)L \end{aligned}\right\} \tag{5.24}$$

可见 $h$ 自由度对应的广义力是负升力,$\theta$ 自由度对应的广义力是气动力关于参考点 $P$ 的俯仰力矩。

此处的拉格朗日方程(见附录的式(A.35))专门用于动能 $K$ 只取决于 $\dot{q}_1, \dot{q}_2, \cdots$

的情况,即

$$\frac{\mathrm{d}}{\mathrm{d}t}\left(\frac{\partial K}{\partial \dot{q}_i}\right)+\frac{\partial P}{\partial q_i}=Q_i \quad (i=1,2,\cdots,n) \tag{5.25}$$

这里 $n=2$，$q_1=h$，$q_2=\theta$ ，则系统运动方程变为

$$\left.\begin{array}{l} m(\ddot{h}+bx_\theta\ddot{\theta})+k_h h=-L \\[2mm] I_P\ddot{\theta}+mbx_\theta\ddot{h}+k_\theta\theta=M_{\frac{1}{4}}+b\left(\frac{1}{2}+a\right)L \end{array}\right\} \tag{5.26}$$

对于空气动力,运用前面所给的定常气动力理论,有

$$\left.\begin{array}{l} L=2\pi\rho_\infty bU^2\theta \\[2mm] M_{\frac{1}{4}}=0 \end{array}\right\} \tag{5.27}$$

其中,根据薄翼理论,升力线斜率取为 $2\pi$。若表达式(5.27)当前是适用的,则可以使用 $p$ 法,这是因为气动载荷是专门针对任意运动的(后面会讨论更复杂的气动力理论)。

为了简化表示,引入零空速时的非耦合结构固有频率,定义为

$$\omega_h=\sqrt{\frac{k_h}{m}}, \quad \omega_\theta=\sqrt{\frac{k_\theta}{I_P}} \tag{5.28}$$

将式(5.27)代入式(5.26),并应用式(5.28)的定义,将运动方程写为矩阵形式,有

$$\begin{bmatrix} mb^2 & mb^2 x_\theta \\[2mm] mb^2 x_\theta & I_P \end{bmatrix}\begin{bmatrix}\dfrac{\ddot{h}}{b} \\[3mm] \ddot{\theta}\end{bmatrix}+\begin{bmatrix} mb^2\omega_h^2 & 2\pi\rho_\infty b^2 U^2 \\[2mm] 0 & I_P\omega_\theta^2-2\left(\dfrac{1}{2}+a\right)\pi\rho_\infty b^2 U^2 \end{bmatrix}\begin{bmatrix}\dfrac{h}{b} \\[3mm] \theta\end{bmatrix}=\begin{bmatrix}0 \\[2mm] 0\end{bmatrix} \tag{5.29}$$

注意式(5.29)第一个方程乘以 $b$,相应的变量 $h$ 除以 $b$,这样使两个方程的量纲一致。根据前面概述的 $p$ 法,并代入 $h=\bar{h}\exp(vt)$ 和 $\theta=\bar{\theta}\exp(vt)$,得到

$$\begin{bmatrix} mb^2 v^2+mb^2\omega_h^2 & mb^2 v^2 x_\theta+2\pi\rho_\infty b^2 U^2 \\[2mm] mb^2 v^2 x_\theta & I_P\omega_\theta^2\theta+I_P v^2-2\left(a+\dfrac{1}{2}\right)\pi\rho_\infty b^2 U^2 \end{bmatrix}\begin{bmatrix}\dfrac{\bar{h}}{b} \\[3mm] \bar{\theta}\end{bmatrix}=\begin{bmatrix}0 \\[2mm] 0\end{bmatrix} \tag{5.30}$$

尽管可以直接求解式(5.30)的特征值问题,但是通过引入无量纲量使其简化能够使求解更加简单。为了达到这个目的,首先令 $v=pU/b$，$p$ 是未知的无量纲复特征值,然后使后两个方程都除以 $mU^2$,最后引入无量纲参数

$$r^2=\frac{I_P}{mb^2}, \quad \sigma=\frac{\omega_h}{\omega_\theta}, \quad \mu=\frac{m}{\rho_\infty\pi b^2}, \quad V=\frac{U}{b\omega_\theta} \tag{5.31}$$

其中,$r$ 表示相对于参考点 $P$ 的无量纲回转半径,$r^2>x_\theta^2$；$\sigma$ 表示非耦合沉浮和俯仰频率之比；$\mu$ 是质量比参数,反映了模型质量对受模型影响的空气质量的相对值；$V$ 表示无量纲空气的来流速度,也称为"减缩速度"。由此,方程(5.30)简化为

$$\begin{bmatrix} p^2+\dfrac{\sigma^2}{V^2} & x_\theta p^2+\dfrac{2}{\mu} \\[3mm] x_\theta p^2 & r^2 p^2+\dfrac{r^2}{V^2}-\dfrac{2}{\mu}\left(a+\dfrac{1}{2}\right) \end{bmatrix}\begin{bmatrix}\dfrac{\bar{h}}{b} \\[3mm] \bar{\theta}\end{bmatrix}=\begin{bmatrix}0 \\[2mm] 0\end{bmatrix} \tag{5.32}$$

若存在非平凡解,则系数矩阵的行列式必须等于零,从而得到两对共轭复根,例如

$$p_1 = \frac{bv_1}{U} = \frac{b}{U}(\Gamma_1 \pm i\Omega_1) \\ p_2 = \frac{bv_2}{U} = \frac{b}{U}(\Gamma_2 \pm i\Omega_2) \Bigg\} \tag{5.33}$$

呈现出这些根的最简便的方法是将它们乘以减缩速度 $V$，得到

$$Vp_1 = \frac{b}{U}(\Gamma_1 \pm i\Omega_1)\frac{U}{b\omega_\theta} = \frac{\Gamma_1}{\omega_\theta} \pm i\frac{\Omega_1}{\omega_\theta} \\ Vp_2 = \frac{b}{U}(\Gamma_2 \pm i\Omega_2)\frac{U}{b\omega_\theta} = \frac{\Gamma_2}{\omega_\theta} \pm i\frac{\Omega_2}{\omega_\theta} \Bigg\} \tag{5.34}$$

这样，它们就依赖于一个特定的系统参数 $\omega_\theta$，而不是变化的速度量 $U$。

对于给定的结构和高度，必须考察复根关于 $V$ 的函数特性，找出最小的 $V$ 值，得到与表 5.1 一致的振荡发散，这个最小值是 $V_F = U_F/(b\omega_\theta)$，其中 $U_F$ 是颤振速度。

在式(5.32)中令 $p=0$，这将在 $\bar{\theta}$ 的方程中置 $\bar{\theta}$ 的系数等于 0，并求解 $V$ 的展开式，从而可以得到发散速度，其值就是无量纲发散速度 $V_D$，即

$$V_D = \frac{U_D}{b\omega_\theta} = r\sqrt{\frac{\mu}{1+2a}} \tag{5.35}$$

这与第 4 章中近似分析所得的结果相同。

针对给定结构求解颤振问题，结构参数取为 $a=-1/5, e=-1/10, \mu=20, r^2=6/25, \sigma=2/5$。该结构的发散速度为 $V_D=2.828$(或 $U_D=2.828b\omega_\theta$)。方程解的实部和虚部关于 $V$ 的曲线分别如图 5.3 和图 5.4 所示，$\Gamma$ 的相反数为模态阻尼，$\Omega$ 为模态频率。首先讨论图 5.3 中的虚部 $\Omega$，当 $V=0$ 时有两个无量纲频率，近似为 1 和 $\sigma$，分别对应结构的俯仰和沉浮振动。即使当 $V=0$ 时，两个模态仍轻微耦合，因为此时质量矩阵的非对角项存在与 $x_\theta$ 成比例的非零项。当 $V$ 增加时，两个频率相互靠近，沉浮模态和俯仰模态的耦合作用加强。当两个模态的频率重合时，发生颤振，对应方程

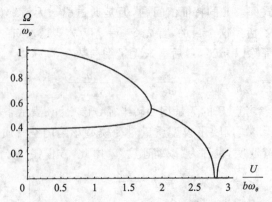

图 5.3　当 $a=-1/5, e=-1/10, \mu=20, r^2=6/25, \sigma=2/5$ 时，
模态频率关于 $V$ 的曲线(定常流理论)

的解为一对共轭复根。此时两个模态高度耦合为俯仰-沉浮振动。无量纲颤振速度为 $V_F = U_F/(b\omega_\theta) = 1.843$，颤振频率为 $\Omega_F/\omega_\theta = 0.5568$。如图 5.4 所示，在颤振发生前实部 $\Gamma$ 始终为零，颤振发生后实部的一个根为正，另一个根为负。

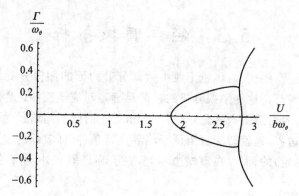

**图 5.4　当 $a = -1/5, e = -1/10, \mu = 20, r^2 = 6/25, \sigma = 2/5$ 时，模态阻尼关于 $V$ 的曲线(定常流理论)**

从分析与实验数据结果的比较看出，通过分析至少可以定性地获得某些真实的颤振特性。例如，分析预测颤振发生在 $V = V_F < V_D$ 的值，对于特定的结构是正确的。此外，它还显示出，当 $V$ 逼近 $V_F$ 时俯仰与沉浮频率靠近。这不仅对该特定结构适用，而且在颤振分析中也经常作为判断依据。但是，仅凭上述分析方法不可能得出准确的颤振速度，而且在低于颤振速度时，忽略全部模态阻尼也不符合实际情况。同时，在颤振点上的两个根完全相等使得定常理论呈现出重合的特征。所有实验和飞行试验所得的数据都不能满足这个条件。

在预测能力上的这些缺陷来自于气动力理论上的缺陷，因为使用了第 4 章的定常气动力理论。这个空气动力学理论具有明显的局限性(例如线性化和二维维数)，但是其应用于颤振分析最主要的缺陷是忽略了非定常影响。为了获得精确的颤振速度预测，空气动力学理论中必须包含非定常因素，这就需要更加精确的气动理论。

遗憾的是，发展非定常气动力理论是一件不小的事。如果预先作简谐运动假定，则可以大大简化非定常气动力理论。虽然这样简化后的理论不能用于 5.1 节的 $p$ 法颤振分析，但可以应用于 5.3 节的经典颤振分析中。随后的经典颤振分析能够预测颤振速度和颤振频率，但无法预测远离颤振点的模态阻尼和模态频率。为了能够获得非颤振点的合理的模态阻尼和模态频率，5.4 节将介绍两种近似方法。

如果将要介绍的这些近似方法还不能精确求解模态阻尼和模态频率，那么只能放弃简单的简谐运动假设，使用更加有效的非定常气动力理论，例如 1995 年 Peters 等人提出的有限状态理论(Finite-State Theory)就很适合于 5.1 节的分析。该理论不仅能使亚临界特征值的计算更加简单，而且因为是时域模型，所以还可用于控制设计。

在下面的几节中，首先介绍经典颤振分析方法及近似方法，然后详细讨论非定常气动力理论，包括作简谐运动假设的情况（即 Theodorsen 理论）和无简谐运动假设的情况（即 Peters 有限状态理论）。

## 5.3　经典颤振分析

直到 20 世纪 70 年代末，飞机工业中大部分升力面的颤振分析都基于颤振行列式即"经典颤振分析"。这些颤振分析的目的是确定对应于颤振边界的飞行条件。之前已提到，颤振边界对应的条件是：具有一个依赖于时间的简谐运动的模态。由于认为该边界是稳定边界，这就意味着当低于临界飞行条件（即较低的空速）时，所有运动模态都是收敛（稳定）的，而且在颤振边界上，除了临界模态外，所有的运动模态也都是收敛的。

此处的分析方法不同于 5.1 节中描述的广义运动方程求解方法，而是假定解包含了简谐运动。因为这一假设，接下来对于运动方程的求解只针对产生这种情况所对应的飞行条件。尽管在 $p$ 法中可以得到一组飞行条件下的特征值（特征值实部为模态阻尼），但经典颤振分析显然不能给出任意飞行条件下的模态阻尼，因此除了确定颤振稳定边界外，并不能准确衡量颤振稳定性。这是经典颤振分析的主要不足，而它的主要优势在于只需要升力面简谐运动下的非定常气动载荷，对于给定的精度，这比计算任意运动下的非定常气动力容易得多。

为了进行经典颤振分析，必须要选择升力面在简谐运动下的合适的非定常气动载荷表达式。因为这种简谐振动的振幅相对较小，完全可以运用线性的空气动力学理论计算气动载荷。这类空气动力学理论通常建立在薄翼线性势流理论的基础上，假定机翼运动和由其结构厚度引起流场流速的小扰动相对于来流速度是一个小量。仍然考虑一个平移和转动的二维升力面的典型剖面，如图 5.2 所示。由于运动是简谐的，因此 $h$ 和 $\theta$ 可表示为

$$\left.\begin{array}{l} h(t) = \bar{h}\exp(\mathrm{i}\omega t) \\ \theta(t) = \bar{\theta}\exp(\mathrm{i}\omega t) \end{array}\right\} \tag{5.36}$$

其中 $\omega$ 是运动频率。虽然 $h$ 和 $\theta$ 运动的频率相同，但它们并不一定是同相位。这种相位差在数学上可以通过振幅 $\bar{\theta}$ 是实数、振幅 $\bar{h}$ 是复数来考虑。因为使用了线性的空气动力学理论，所以得到的升力 $L$ 和绕 $P$ 点的俯仰力矩 $M$ 也是简谐的，有

$$M = M_{\frac{1}{4}} + b\left(\frac{1}{2} + a\right)L \tag{5.37}$$

且频率为 $\omega$，所以

$$\left.\begin{array}{l} L(t) = \bar{L}\exp(\mathrm{i}\omega t) \\ M(t) = \bar{M}\exp(\mathrm{i}\omega t) \end{array}\right\} \tag{5.38}$$

气动载荷的振幅可以按运动振幅的复线性函数计算为

$$\left. \begin{array}{l} \bar{L} = -\pi\rho_\infty b^3 \omega^2 \left[ l_h(k,Ma_\infty)\,\dfrac{\bar{h}}{b} + l_\theta(k,Ma_\infty)\bar{\theta} \right] \\[4mm] \bar{M} = \pi\rho_\infty b^4 \omega^2 \left[ m_h(k,Ma_\infty)\,\dfrac{\bar{h}}{b} + m_\theta(k,Ma_\infty)\bar{\theta} \right] \end{array} \right\} \tag{5.39}$$

其中, $\rho_\infty$ 表示来流空气密度,方括号内的四个复数函数表示由沉浮运动和俯仰运动引起的无量纲气动升力系数和力矩系数。这些系数通常是参数 $k$ 和 $Ma_\infty$ 的函数,有

$$\left. \begin{array}{ll} k = \dfrac{b\omega}{U} & \text{(减缩频率)} \\[4mm] Ma_\infty = \dfrac{U}{c_\infty} & \text{(来流马赫数)} \end{array} \right\} \tag{5.40}$$

在定常气动载荷的情况下,压缩性效应依靠 $Ma_\infty$ 的系数来体现。减缩频率 $k$ 则是非定常流动特有的参数,这个无量纲的频率参数是对流动非定常效应的衡量,对于常规飞行器,其值通常介于 0 和 1 之间。同时可以注意到,对于任何指定的 $k$ 和 $Ma_\infty$,每个系数都是一个复数。对于与 $\bar{\theta}$ 相关的 $\bar{h}$ 的情况,升力和俯仰力矩都是复数,反映出它们基于俯仰角的相位关系(为了方便,将 $\bar{\theta}$ 看做实数)。颤振发生时的速度对应于确定的 $k$ 和 $Ma_\infty$ 值,颤振速度必须通过迭代来求解。下面将针对单自由度和二自由度系统举例说明这一过程是如何实现的。

## 5.3.1　单自由度颤振

为了说明经典颤振分析的应用,首先考虑一个简单的构型。这个例子是一个单自由度气动弹性系统,由刚硬的二维机翼组成,允许它绕指定的参考点俯仰转动,这是图 5.2 的典型翼段构型在沉浮自由度为零时的特殊情况,如图 5.5 所示。因此,系统的运动方程可简化为一个方程

$$I_P \ddot{\theta} + k_\theta \theta = M \tag{5.41}$$

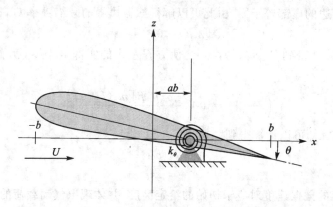

**图 5.5　弹簧约束下俯仰运动二维机翼的翼型示意图**

为了与经典颤振分析一致,将系统的运动假定为简谐运动,则有

$$\theta = \bar{\theta}\exp(\mathrm{i}\omega t) \tag{5.42}$$

运动方程中的气动力俯仰力矩 $M$ 是由该简谐俯仰运动导致的。与之前的讨论相同，气动载荷可表示为

$$M = \bar{M}\exp(\mathrm{i}\omega t) \tag{5.43}$$

其中

$$\bar{M} = \pi\rho_\infty b^4 \omega^2 m_\theta(k, Ma_\infty)\bar{\theta} \tag{5.44}$$

将式(5.42)和式(5.43)代入运动方程(5.41)中，得到 $\bar{\theta}$ 的系数之间的代数关系

$$k_\theta - \omega^2 I_P = \pi\rho_\infty b^4 \omega^2 m_\theta(k, Ma_\infty) \tag{5.45}$$

引入零空速时系统的固有频率

$$\omega_\theta = \sqrt{\frac{k_\theta}{I_P}} \tag{5.46}$$

整理代数关系式，可以得到关于颤振边界飞行条件的最终方程

$$\frac{I_P}{\pi\rho_\infty b^4}\left[1 - \left(\frac{\omega_\theta}{\omega}\right)^2\right] + m_\theta(k, Ma_\infty) = 0 \tag{5.47}$$

求解该方程，假定结构参数 $I_P$、$\omega_\theta$ 和 $b$ 已知，描述运动和飞行状态的参数 $\omega$、$\rho_\infty$、$k$ 和 $Ma_\infty$ 是未知的，这四个未知数必须由一个代数方程(5.47)求出。因为空气动力系数 $m_\theta(k, Ma_\infty)$ 是复数，所以可写为

$$m_\theta[m_\theta(k, Ma_\infty)] = \Re[m_\theta(k, Ma_\infty)] + \mathrm{i}\Im[m_\theta(k, Ma_\infty)] \tag{5.48}$$

因此，代数关系式的实部和虚部二者都必须等于零，这样就有两个实代数方程来求解四个未知数，还应该给定其中的两个未知参数。第一个给定高度，从而来流空气密度 $\rho_\infty$ 确定。第二个给定马赫数，可以暂时取零，当然这就意味着流动是不可压缩的，气动力矩系数只是减缩频率的函数。这样代数控制方程变为

$$\frac{I_P}{\pi\rho_\infty b^4}\left[1 - \left(\frac{\omega_\theta}{\omega}\right)^2\right] + \Re[m_\theta(k, 0)] + \mathrm{i}\Im[m_\theta(k, 0)] = 0 \tag{5.49}$$

使式(5.49)左边的虚部等于零，由此可以解得颤振边界的减缩频率 $k_F$，即

$$\Im[m_\theta(k_F, 0)] = 0 \tag{5.50}$$

$k_F$ 已知，可以计算得到 $\Im[m_\theta(k_F, 0)]$。使方程左边的实部等于零，就能够确定频率 $\omega_F$，即

$$\left(\frac{\omega_\theta}{\omega_F}\right)^2 = 1 + \frac{\pi\rho_\infty b^4 \Re[m_\theta(k_F, 0)]}{I_P} \tag{5.51}$$

$k_F$ 和 $\omega_F$ 确定之后，可以计算得到颤振速度

$$U_F = \frac{b\omega_F}{k_F} \tag{5.52}$$

上述过程确定的颤振速度对应于初始的给定高度，并体现出气动载荷的不可压缩性。确定了颤振速度之后，就可以根据给定高度下的声速 $c_\infty$ 计算颤振马赫数为

$$Ma_F = \frac{U_F}{c_\infty} \tag{5.53}$$

如果这个颤振马赫数非常小,则说明使用不可压的气动系数是合理的,那么得到的高度-速度组合就是颤振边界上的一点。如果颤振马赫数过高,则说明不可压的近似不合理,那么就应该使用计算颤振马赫数对应的气动系数重复整个求解过程。使用标准大气模型(高度、速度、声速为固定函数关系),这个迭代方案将收敛于一个颤振边界上的飞行条件。

## 5.3.2　二自由度颤振

本小节通过简单的如图 5.2 所示的二自由度构型,来说明多自由度系统的颤振分析过程。颤振分析的第一步是已经得到的运动方程(5.26),这里重复如下

$$\left.\begin{aligned} m(\ddot{h} + bx_\theta \ddot{\theta}) + k_h h = -L \\ I_P \ddot{\theta} + mbx_\theta \ddot{h} + k_\theta \theta = M \end{aligned}\right\} \tag{5.54}$$

如同以前

$$M = M_{\frac{1}{4}} + b\left(\frac{1}{2} + a\right)L \tag{5.55}$$

经典颤振分析的第二步是假设运动是简谐的,表示为

$$\left.\begin{aligned} h = \bar{h}\exp(\mathrm{i}\omega t) \\ \theta = \bar{\theta}\exp(\mathrm{i}\omega t) \end{aligned}\right\} \tag{5.56}$$

相应的升力和力矩写为

$$\left.\begin{aligned} L = \bar{L}\exp(\mathrm{i}\omega t) \\ M = \bar{M}\exp(\mathrm{i}\omega t) \end{aligned}\right\} \tag{5.57}$$

将式(5.56)和式(5.57)代入运动方程式(5.54)中,得到两个关于 $h$ 和 $\theta$ 振幅的代数方程

$$\left.\begin{aligned} -\omega^2 mh - \omega^2 mbx_\theta \bar{\theta} + m\omega_h^2 \bar{h} = -\bar{L} \\ -\omega^2 mbx_\theta \bar{h} - \omega^2 I_P \bar{\theta} + I_P \omega_\theta^2 \bar{\theta} = \bar{M} \end{aligned}\right\} \tag{5.58}$$

回顾一下

$$\left.\begin{aligned} \bar{L} = -\pi\rho_\infty b^3 \omega^2 \left[ l_h(k, Ma_\infty) \frac{\bar{h}}{b} + l_\theta(k, Ma_\infty)\bar{\theta} \right] \\ \bar{M} = \pi\rho_\infty b^4 \omega^2 \left[ m_h(k, Ma_\infty) \frac{\bar{h}}{b} + m_\theta(k, Ma_\infty)\bar{\theta} \right] \end{aligned}\right\} \tag{5.59}$$

把升力和力矩幅值表达式(5.59)代入式(5.58),整理得到关于 $\bar{h}$ 和 $\bar{\theta}$ 的齐次线性代数方程组

$$\left.\begin{aligned} \left\{ \frac{m}{\pi\rho_\infty b^2}\left[1 - \left(\frac{\omega_h}{\omega}\right)^2\right] + l_h(k, Ma_\infty) \right\} \frac{\bar{h}}{b} + \left[ \frac{mx_\theta}{\pi\rho_\infty b^2} + l_\theta(k, Ma_\infty) \right]\bar{\theta} = 0 \\ \left[ \frac{mx_\theta}{\pi\rho_\infty b^2} + m_h(k, Ma_\infty) \right] \frac{\bar{h}}{b} + \left\{ \frac{I_P}{\pi\rho_\infty b^4}\left[1 - \left(\frac{\omega_\theta}{\omega}\right)^2\right] + m_\theta(k, Ma_\infty) \right\}\bar{\theta} = 0 \end{aligned}\right\}$$

$$\tag{5.60}$$

方程系数中包含惯性项,可以使用之前定义的无量纲参数符号进行简化,即

$$\left.\begin{aligned} \mu &= \frac{m}{\pi \rho_\infty b^2} \quad \text{(质量比)} \\ r &= \sqrt{\frac{I_P}{mb^2}} \quad \text{(关于 $P$ 点的回转质量半径)} \end{aligned}\right\} \tag{5.61}$$

使用这些参数,式(5.60)中两个齐次方程简化为

$$\left.\begin{aligned} \left\{\mu\left[1-\left(\frac{\omega_h}{\omega}\right)^2\right]+l_h\right\}\frac{\bar{h}}{b}+(\mu x_\theta+l_\theta)\bar{\theta}=0 \\ (\mu x_\theta+m_h)\frac{\bar{h}}{b}+\left\{\mu r^2\left[1-\left(\frac{\omega_\theta}{\omega}\right)^2\right]+m_\theta\right\}\bar{\theta}=0 \end{aligned}\right\} \tag{5.62}$$

颤振分析的第三步是求解一定飞行条件的代数方程,且简谐运动假设是有效的。这个结果就对应于颤振边界。如果假定结构参数 $m$、$e$、$a$、$I_P$、$\omega_h$、$\omega_\theta$ 和 $b$ 已知,那么未知量 $\bar{h}$、$\bar{\theta}$、$\omega$、$\rho_\infty$、$Ma_\infty$ 和 $k$ 描述了运动和飞行条件。因为方程(5.62)是 $\bar{h}/b$ 和 $\bar{\theta}$ 的线性齐次方程,所以运动要想存在,要想有非零解,系数行列式就必须为零。这个条件可以表示为

$$\begin{vmatrix} \mu\left[1-\sigma^2\left(\dfrac{\omega_\theta}{\omega}\right)^2\right]+l_h & \mu x_\theta+l_\theta \\[3mm] \mu x_\theta+m_h & \mu r^2\left[1-\left(\dfrac{\omega_\theta}{\omega}\right)^2\right]+m_\theta \end{vmatrix}=0 \tag{5.63}$$

具有这种关系的行列式称为"颤振行列式"。注意已引入了参数 $\sigma=\omega_h/\omega_\theta$,这样就有了一个显含 $\omega$ 的公共项 $\omega_\theta/\omega$。因此,展开行列式将会得到一个关于未知量 $\lambda=(\omega_\theta/\omega)^2$ 的二次多项式。

　　为了求出颤振边界的飞行条件,必须确定余下的四个未知量:$\omega_\theta/\omega$,$\mu=m/(\pi\rho_\infty b^2)$、$Ma_\infty$ 和 $k=b\omega/U$。这样,只有一个方程可用于求解,即由行列式为零得到的二次多项式特征方程。然而,因为气动力系数是复数,所以这个复数方程可写为两个实数方程,其实部和虚部都必须等于零。这就意味着四个未知数中有两个必须是给定的。下面列出了求解颤振边界的主要步骤:

　　① 给定一个高度,则参数 $\mu$ 确定。

　　② 给定 $Ma_\infty$ 的初始推测,例如零。

　　③ 令颤振行列式等于 0,得到 $\lambda$ 的二次方程,通过应用寻根[①]找出 $\lambda$ 两个解的虚

---

① 如果没有现成的应用寻根程序,则这一步可以用下面 4 步代替:

(a) 在 $0.001$ 到 $1.0$ 之间给定一组 $k$ 值。

(b) 对于每个 $k$ 值(和给定的 $Ma_\infty$),计算函数 $l_h$、$l_\theta$、$m_h$ 和 $m_\theta$ 的值。

(c) 求解颤振行列式,即求解一个二次复系数方程,计算每个给定 $k$ 值对应的 $\lambda=(\omega_\theta/\omega)^2$。注意这些根通常是复数,实部是 $(\omega_\theta/\omega)^2$ 的近似,虚部则与模态阻尼有关。

(d) 通过插值找出一个根的虚部为零时的 $k$ 值。可以绘出两个根的虚部关于 $k$ 的曲线,根据某一个根的虚部穿越零轴的位置确定这个 $k$ 值。这个 $k$ 值是 $k_F$ 的近似值,当 $k=k_F$ 时 $\lambda$ 为实数。

部为零时对应的 $k$ 值,即 $k_F$。这个过程用计算机符号运算软件可以轻易完成,如 Mathematica™ 或 Maple™。

④ 应用对 $\lambda(k_F)$ 是实数的根,设置 $\omega_\theta/\omega_F = \sqrt{\lambda(k_F)}$。

⑤ 确定 $U_F = b\omega_F/k_F$ 和 $Ma_{\infty F} = U_F/c_\infty$。

⑥ 使用步骤⑤计算的数值 $Ma_{\infty F}$ 重复步骤③~⑤,直至在给定的 $\mu$ 值下,$Ma_{\infty F}$、$k_F$ 和 $U_F$ 的值收敛为止。

⑦ 取不同的 $\mu$ 值(即对于一架给定了飞机高度的显示),重复整个过程确定颤振边界,即给出高度与 $Ma_{\infty F}$、$k_F$ 及 $U_F$ 的变化曲线。

## 5.4 颤振问题的工程求解

在 5.3 节中已经提到,经典颤振分析的简谐运动假设既有优点又有缺点。简谐运动条件的主要争论在于其与稳定边界的对应性。确定稳定边界下的飞行条件是一个冗长的迭代过程,如同 5.3 节中所述。这类问题求解方法可以归功于 Theodorsen (1934 年),他依据他建立的二维机翼不可压的非定常气动力,首次给出了全面的颤振分析。

尽管在简谐运动条件下,非定常气动力分析也不能简单地写成公式,但是比变化振幅下的建模求解容易很多。从 Theodorsen 工作后,发展了许多简谐运动条件下的升力面非定常气动力计算方法。这些方法既适用于亚声速可压流,也适用于超声速可压流。后来还发展了用于三维升力面以及某些情况下升力面之间干扰的方法。简谐条件下较为精确有效的非定常气动力理论促进了颤振分析的进一步发展,超越了 5.3 节所介绍的经典颤振分析方法。

工程实践中还有两个需要着重考虑的问题:第一个,是确定在颤振边界附近飞行条件下的稳定裕度;第二个,或许更为重要的,是确定导致不稳定的物理机理。清楚了这些情况,工程人员就可以通过更改设计来缓解甚至消除这种不稳定。如果使用合适的非定常气动力理论,则 $p$ 法可以处理这些情况。本节将研究另外一种工程中处理这些问题的方法,该方法同样需要使用简谐运动假设的非定常气动力理论。

### 5.4.1 $k$ 法

在 Theodorsen 给出颤振问题分析方法之后,涌现出许多颤振行列式的求解和稳定边界的识别方法。Scanlan 和 Rosenbaum(1951 年)简要概述了这些 20 世纪 40 年代提出的方法。一般常用的做法是在颤振分析中引入表征结构阻尼效应的参数。当时的观察显示,在简谐振动中,每个周期消耗的能量与振幅的平方近似成比例,而与频率无关,故可以通过一个与位移成比例、与速度同相位的阻尼力来体现这个特性。

将这一结构阻尼的形式引入 5.3.2 小节的分析中,式(5.54)可写为

$$m(\ddot{h} + bx_\theta \ddot{\theta}) + k_h h = -L + D_h \left.\right\}$$
$$I_P\ddot{\theta} + mbx_\theta \ddot{h} + k_\theta \theta = M + D_\theta \tag{5.64}$$

其中耗散结构阻尼项为

$$D_h = \overline{D}_h \exp(i\omega t) = -ig_h m\omega_h^2 \overline{h}\exp(i\omega t) \left.\right\}$$
$$D_\theta = \overline{D}_\theta \exp(i\omega t) = -ig_\theta I_P \omega_\theta^2 \overline{\theta}\exp(i\omega t) \tag{5.65}$$

继续与之前的相同步骤,式(5.62)变为

$$\left\{\mu\left[1 - \left(\frac{\omega_h}{\omega}\right)^2(1+ig_h)\right] + l_h\right\}\frac{\overline{h}}{b} + (\mu x_\theta + l_\theta)\overline{\theta} = 0 \left.\right\}$$
$$(\mu x_\theta + m_h)\frac{\overline{h}}{b} + \left\{\mu r^2\left[1 - \left(\frac{\omega_\theta}{\omega}\right)^2(1+ig_\theta)\right] + m_\theta\right\}\overline{\theta} = 0 \tag{5.66}$$

阻尼系数 $g_h$ 和 $g_\theta$ 取决于结构形式,典型的取值范围为 $0.01\sim0.05$。大多早期的技术人员,在将这种形式的结构阻尼模型引入颤振分析时,为了提高结果的精度,会事先指定这些系数的值。

　　Scanlan 和 Rosenbaum(1948 年)建议将阻尼系数和 $\omega$ 一起作为未知量,在这种情况下,$g$ 的下标可以省去。与之前一样,记 $\sigma = \omega_h/\omega_\theta$,并定义

$$Z = \left(\frac{\omega_\theta}{\omega}\right)^2(1+ig) \tag{5.67}$$

则得到颤振行列式为

$$\begin{vmatrix} \mu(1-\sigma^2 Z) + l_h & \mu x_\theta + l_\theta \\ \mu x_\theta + m_h & \mu r^2(1-Z) + m_\theta \end{vmatrix} = 0 \tag{5.68}$$

这是关于 $Z$ 的二次方程,该二次方程的两个未知量都是复数,表示为

$$Z_{1,2} = \left(\frac{\omega_\theta}{\omega_{1,2}}\right)(1+ig_{1,2}) \tag{5.69}$$

式(5.68)的计算步骤与求解前面的式(5.63)的步骤类似。主要区别是在数值结果中包括了两对实数 $(\omega_1, g_1)$ 和 $(\omega_2, g_2)$,可以绘出它们相对于速度 $U$ 的曲线,或者相对于一个合适的无量纲化数值的曲线,例如 $U/(b\omega_\theta)$ 或"减缩速度" $1/k$。

　　阻尼系数 $g_1$、$g_2$ 相对于空速的曲线可以显示出颤振边界附近的飞行条件下的稳定裕度,其中 $g_1$ 或 $g_2$ 等于 0。这些曲线如此重要,以至于将这种引入未知结构阻尼的处理方法称为"$U-g$ 法"。注意本方法始终是假设在简谐运动条件下的,因此根据每个 $k$ 值求得的 $g_1$、$g_2$ 只能解释为是为了得到频率为 $\omega_1$、$\omega_2$ 的简谐运动所需要的阻尼系数(具有指定的形式)。这种阻尼实际上并不存在,它的引入只是一种手段,为了产生所需要的运动,所以它是一种人工结构阻尼。

　　在很多情况下,频率-速度曲线结合阻尼曲线可以得出导致颤振不稳定的物理机理。沿着 $U=0$ 轴上的频率值对应于初始结构动力学系统的耦合模态。随着速度的增加,这些根的个体特性或者它们之间的相互影响体现了能量从一个模态到另一个模态的传递。这些观察所得可以为推迟颤振不稳定提供方法。为了确定在任意指定

减缩频率下的模态运动,只需把相应的特征值 $\omega_i$ 和 $g_i$ 代回到齐次运动方程,计算对应的特征向量 $(\bar{h}/b,\bar{\theta})$。由于特征向量是复数,因此可以给出初始变形 $h$ 和 $\theta$ 的相对幅值和相位。

## 5.4.2 $p$-$k$ 法

因为速度因素,在工程实际中 $k$ 法是很常用的。虽然 $k$ 法为气动弹性工程师提供了极大的方便,但在数学上它不是一个适当的公式,这种不适当在于引入了人工阻尼,硬性假定了简谐运动,从而引发了整个业内的热烈讨论。讨论主要源于在 $g$ 不等于零的情况下,频率和阻尼特性不能正确描述系统特性。所以,基于这些特性所做的设计更改可能导致潜在的非常危险的后果。

1971 年,Hassig 给出了确定的数值结果,该数值结果清楚地表明,使用 $k$ 法的颤振分析会给出运动模态之间不正确的耦合。他使用了一种形式简单的非定常气动力表达式进行 $k$ 法的颤振分析,然后与 $p$ 法颤振分析结果进行比较。回顾在 5.1 节提出的 $p$ 法已经确定为最精确解,所以本小节会展示 $k$ 法和 $p$-$k$ 法如何与它关联。

在 $p$ 法中,齐次模态运动方程式(5.7)的通解可以用无量纲特征值参数 $p=bv/U$ 来表示,通解为

$$\xi_i(t) = \bar{\xi}_i \exp(vt) \tag{5.70}$$

将式(5.70)代入式(5.7)得到 $n+N$ 个线性齐次方程(5.11),$n$ 个关于 $\bar{\xi}_i$,$N$ 个关于 $\bar{\lambda}_j$。利用式(5.11)中的第二组方程消去 $\bar{\lambda}$,可以把这些方程的第一个以符号形式表示为

$$\left[ p^2 \operatorname{diag}(M) + \frac{b^2}{U^2}\operatorname{diag}(M)\operatorname{diag}(\omega^2) - \rho_\infty \mathscr{A}(p) \right]\bar{\xi} = 0 \tag{5.71}$$

其中,$\operatorname{diag}(M)$ 和 $\operatorname{diag}(\omega^2)$ 都是对角矩阵,其元素分别为 $M_1, M_2, \cdots, M_n$ 和 $\omega_1^2, \omega_2^2, \cdots, \omega_n^2$,$n$ 是模态个数。非定常气动算子矩阵 $\mathscr{A}(p)$ 可用式(5.11)中的其他矩阵(即 $a$、$b$、$c$、$d$、$A$ 和 $E$)表示。复矩阵 $\mathscr{A}(p)$ 由气动力影响系数(Aerodynamic-Influence Coefficients,AICs)构成,这些系数是 $p$ 的函数,还可能是马赫数的函数,取决于气动力理论的改进方法。

如果 $\bar{\lambda}$ 已经消去,那么通常这个问题不能表示为一个标准的特征值问题。这不是什么大问题,因为式(5.11)总是可以按标准特征值问题来求解。这里消去 $\bar{\lambda}$ 只是为了接下来便于运用 $k$ 法和 $p$-$k$ 法来更清楚地比较三种方法的差异。值得注意的是,获得式(5.71)的过程在现阶段并不重要,重要的是获得该方程本身的形式。系数 $\mathscr{A}(p)$ 通常可以用其他方法来计算或识别,方程(5.71)是 $p$ 法的一种常用形式。广义坐标的振幅要想有非平凡解,式(5.71)的系数矩阵行列式就必须为零,即

$$\left| p^2 \operatorname{diag}(M) + \frac{b^2}{U^2}\operatorname{diag}(M)\operatorname{diag}(\omega^2) - \rho_\infty \mathscr{A}(p) \right| = 0 \tag{5.72}$$

对于一个给定的速度和高度,这个颤振行列式可以对 $p$ 求解,通常会得到一组共轭

复根和实根,共轭复根可表示为

$$p = \gamma k \pm ik \tag{5.73}$$

其中,$k$ 是式(5.40)中的减缩频率;$\gamma$ 是衰减率,其公式为

$$\gamma = \frac{1}{2\pi}\ln\left(\frac{a_{m+1}}{a_m}\right) \tag{5.74}$$

其中 $a_m$ 和 $a_{m+1}$ 表示连续两个周期的振幅。

对公式(5.73)令 $p = ik$,可以将 $k$ 法应用于模态表示中,这时得到的颤振行列式与式(5.72)类似,即

$$\left| -k^2\,\mathrm{diag}(\boldsymbol{M}) + \frac{b^2}{U^2}\,\mathrm{diag}(\boldsymbol{M})\,\mathrm{diag}(\boldsymbol{\omega}^2) - \rho_\infty\,\boldsymbol{\mathscr{A}}(ik) \right| = 0 \tag{5.75}$$

对于选定的减缩频率和高度,式(5.75)可以对 $b^2/U^2$ 的复根求解,记为 $\lambda_r + i\lambda_i$。这些根可以解释为

$$\lambda_r + i\lambda_i = \left(\frac{b^2}{U^2}\right)(1 + ig) \tag{5.76}$$

其中,$g$ 是维持简谐运动的结构阻尼。这个结构阻尼参数与 $p$ 法中衰减率参数的关系为

$$g \cong 2\gamma \tag{5.77}$$

当分析对象为飞行器时,小阻尼是一个很好的近似。$k$ 法很容易转化为标准特征值问题,这在式(5.75)中是显然的,相比于 5.3 节的经典颤振行列式的分析方法,这是非常有优势的。

在比较 $p$ 法和 $k$ 法之间的关系时,另一个重要的方面是要考虑非定常气动力的压缩性效应。在 $p$ 法中,针对选取的速度-高度组合求解颤振行列式,在开始计算时,对于气动力项可以选择合适的马赫数。与此相比,$k$ 法预先给定减缩频率-高度组合,速度是要计算的未知量,因此 $\lambda_r$ 和马赫数不能预先准确给定。所以,在 $k$ 法中必须经过反复迭代,以确保恰当地引入压缩性效应,过程与 5.3 节中介绍的类似。

Hassig 将颤振分析的 $p$ 法和 $k$ 法用于一个真实飞行器构型。在各自的分析中,采用了相同的非定常气动力表达式,以便对结果进行有效的对比,如图 5.6(Hassig 的图 1)所示。由图可见,$k$ 法不仅得出错误的模态耦合,而且更重要的是,得出了错误的不稳定模态。这两种分析唯一一致有效的结果是在 $g = \gamma = 0$ 点处所对应的颤振速度。尽管 $k$ 法给出了不一致的模态耦合,但是它可以使用非定常气动力的简谐模型。如前面提到的那样,简谐运动气动载荷的计算精度优于瞬态运动气动载荷的计算精度,由于这个原因,所以出现了两种模型的折中。

$p$-$k$ 法就是这样一种折中。它基于 $p$ 法进行颤振分析,但使用简谐运动的非定常气动力矩阵。使用任意 $k$ 值来计算矩阵 $\boldsymbol{\mathscr{A}}(ik)$,颤振行列式为

$$\left| p^2\boldsymbol{M} + \frac{b^2}{U^2}\boldsymbol{M}\boldsymbol{\omega}^2 - \rho_\infty\,\boldsymbol{\mathscr{A}}(ik) \right| = 0 \tag{5.78}$$

给定一组 $k$ 的初始估计值,比如对于第 $i$ 个根,$k_0 = b\omega_i/U$,则可由式(5.78)解出 $p$。

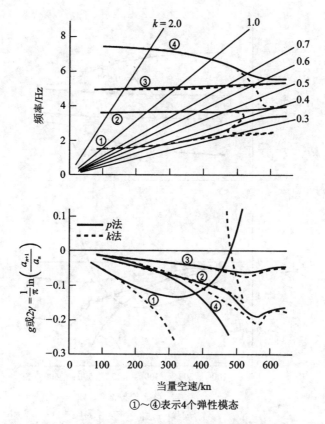

①~④表示4个弹性模态

**图 5.6　$p$ 法和 $k$ 法关于双发喷气运输机颤振分析的
比较(参考 Hassig(1971 年)的图 1,经许可使用)**

由于 $p$ 是简单出现在方程中的,所以式(5.78)可看做是关于 $p$ 的标准特征值问题。典型解是一组共轭复根对,也可能包含部分实根。选择其中的一个根,初始解记为

$$k_1 = |\Im(p)|, \quad \gamma_1 = \frac{\Re(p)}{k_1} \tag{5.79}$$

可以计算出矩阵 $\mathscr{A}(\mathrm{i}k_1)$,使用这个新矩阵求解式(5.78),可以得到另一组 $p$ 值,就有

$$k_2 = |\Im(p)|, \quad \gamma_2 = \frac{\Re(p)}{k_2} \tag{5.80}$$

以这种方法继续更新气动力矩阵,并对每一个根重复迭代过程直至收敛,负的 $\gamma$ 表示模态阻尼。该方法最早由 Irwin 和 Guyett 在 1965 年提出。对于低阶问题的求根过程,可以直接取 $k=|\Im(p)|$ 时的行列式为零。

　　Hassig 将 $p$-$k$ 法用于图 5.6 的飞机构型。由图 5.7(Hassig 的图 2)中可见,$p$-$k$ 法得到了与 $p$ 法几乎相同的结果。当然,这也简单证明了迭代收敛方案的有效。$p$-$k$ 法的最大优势在于它可以使用简谐运动形式的气动载荷。Hassig 给出的另外一个比较,是把 $k$ 法和 $p$-$k$ 法用在水平安定面/升降舵构型的颤振分析中。这

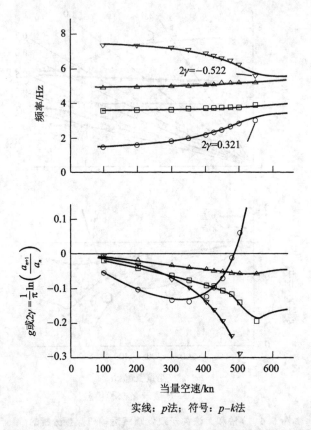

实线：$p$ 法；符号：$p-k$ 法

**图 5.7　$p$ 法和 $p-k$ 法关于双发喷气运输机颤振分析的比较**
**（参考 Hassig(1971 年)的图 2，经许可使用）**

是一个强耦合的系统，这个例子的分析结果如图 5.8（这是 Hassig 的图 3）所示。如同图 5.6 中 $k$ 法与 $p$ 法的对比，这里也得出大相径庭的模态耦合结论。$p-k$ 法除了对强耦合系统很容易分析频率-速度和阻尼-速度曲线外，它的第二个优势在于计算耗费。在密度不变的情况下，$k$ 法需要大量的运算，以确保马赫数与速度和高度匹配，而 $p-k$ 法则不需要。

　　$p-k$ 法的精度取决于任何一个特定模态的阻尼水平（这作为练习留给读者，参看习题 14），从而能够说明 $p-k$ 法中的阻尼只是对小阻尼模态中阻尼的很好的近似。幸运的是，这些正是我们最关心的模态。Goodman 介绍了目前用于工程实际的方法（2001 年），当前飞机工业中的颤振分析主要使用 $k$ 法和/或 $p-k$ 法。当精度很重要时，$p$ 法不可行，$k$ 法因其快速而仍然被经常使用，但业界似乎更倾向于使用 $p-k$ 法，尤其是可以使用 NASTRAN™ 中的气动弹性模块。

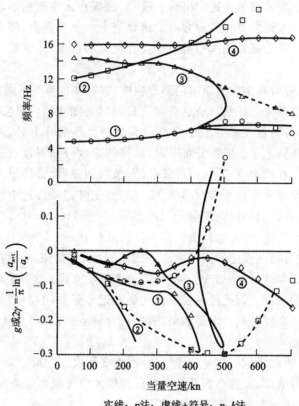

实线：$p$法；虚线+符号：$p$-$k$法

**图 5.8　$p$-$k$ 法和 $k$ 法关于水平尾翼的颤振分析的比较**
**（参考 Hassig(1971 年)的图 3，经许可使用）**

# 5.5　非定常气动力

在 5.2 节中使用定常气动力理论进行颤振分析时，升力和俯仰力矩仅是瞬时俯仰角 $\theta$ 的函数。然而如果深入探究，很容易看出攻角并不简单地就等于 $\theta$。例如，翼型参考基准点以速度 $\dot{h}$ 做沉浮运动，可以论证至少对于小角度，应修正攻角以便引入沉浮的影响，即

$$\alpha = \theta + \frac{\dot{h}}{U} \tag{5.81}$$

这来源于考虑飞机滚转对机翼攻角的影响，与 4.2.5 小节中的讨论类似。但必须小心做此特定的推论，因为可能还有其他同等量级的影响没有考虑。

事实上，必须包含其他同样重要的影响因素。为了说明实际情况不像式(5.81)那样简单，Fung(1995 年)设计了一个简单的实验，使一根木棍在水中沿直线快速移

动并观察其结果。在木棍的尾迹中出现了漩涡,漩涡在木棍两侧不断交替脱落。涡的脱落会在垂直于木棍的直线运动方向上诱导产生一个周期力,使得木棍在手中有来回摆动的趋势。升力面在流体中运动也会有类似的情况,非定常气动力理论必须考虑这种情况。

可以注意到,升力和俯仰力矩由两部分构成,它们来自两类不同的物理现象——非环量效应和环量效应。环量效应通常对飞机机翼更加重要。事实上,在定常飞行中,是环量产生的升力使飞机在空中飞行。涡是产生环量升力时必不可少的部分。气流速度大小在机翼上下表面的分布不同,这样的速度分布可以表示为一个等速流动加上一个漩涡。在动态情形下,因机翼运动,漩涡的强度(即环量)随时间变化,相关的风矢量大小和方向也同样随时间变化。但是,定常流动理论中的环量力不考虑脱落涡的影响,所以我们的讨论仅限于二维势流,回顾 Helmholtz 定理:在任意包围特定流体微团的封闭曲线内,总涡量始终为零。因此,如果一个顺时针涡量随机翼发展变化,那么一定有相同强度的逆时针漩涡脱落到流动中。随着脱落涡运动、发展,它会诱导产生非定常流动,从而改变流场,反过来影响机翼。这种影响是脱落涡强度及其与机翼距离的函数。因此考虑脱落涡的影响通常是一项相对复杂的工作,需要清楚流动中的每一个脱落涡。但是如果假设脱落涡随来流一起运动,那么就能估算出这些涡的影响。

非环量效应,也称为视在质量和惯性效应,重要性次于环量效应。当机翼有加速度时会产生非环量效应,而且会因此带动部分周围的空气随之运动,这部分空气具有确定的质量,会产生与其加速度对应的惯性力。

总而言之,非定常气动力理论需要考虑至少以下三个独立的物理现象:

① 因为机翼相对于大气的非定常运动,使得相关风速矢量在空间中不能确定,对此只能进行部分修正,如式(5.81)。风速方向的变化改变了有效攻角,从而改变了升力。

② Fung 的实验显示,机翼的运动对气流有扰动,并使漩涡自后缘脱落。脱落涡产生的下洗,反过来会改变机翼的绕流。这个非定常下洗改变了有效攻角,从而改变了升力。

③ 机翼的运动会使翼表面附近的空气微团加速运动,因此需要考虑由此产生的惯性力(尽管这个"视在惯性"影响小于脱落涡的影响)。视在惯性效应不改变攻角,但它通常影响升力和俯仰力矩。

此外,对颤振有影响的附加现象还包括三维效应、可压缩性、机翼厚度、流动分离及失速等,这些都在本文范围以外。

本节将介绍两个典型的非定常气动力理论,两者都基于势流理论,并且考虑了脱落涡效应、机翼相对于大气的运动及视在质量效应等。其中较为简单的理论不仅适用于经典颤振分析,而且也适用于 $k$ 法和 $p$-$k$ 法。另一个是建立在时域中的有限状态理论,它适用于 $p$ 法的特征值分析,以及控制设计中的时域分析。

## 5.5.1　Theodorsen 非定常薄翼理论

Theodorsen(1934 年)推导了小简谐振动情况下不可压流的薄翼(平板)非定常气动力理论。推导基于线性势流理论,在 Bisplinghoff、Ashley 和 Halfman(1955 年)的教材中详细介绍了推导的数学过程。升力包括环量项和非环量项,然而绕 1/4 弦线点的俯仰力矩完全是非环量的。根据 Theodorsen 理论,升力和俯仰力矩可表示为

$$
\left.\begin{aligned}
L &= 2\pi\rho_\infty UbC(k)\left[\dot{h} + U\theta + b\left(\frac{1}{2} - a\right)\dot{\theta}\right] + \pi\rho_\infty b^2\left(\ddot{h} + U\dot{\theta} - ba\ddot{\theta}\right) \\
M_{\frac{1}{4}} &= -\pi\rho_\infty b^3\left[\frac{1}{2}\ddot{h} + U\dot{\theta} + b\left(\frac{1}{8} - \frac{a}{2}\right)\ddot{\theta}\right]
\end{aligned}\right\}
\tag{5.82}
$$

其中的广义力已由式(5.24)给出,函数 $C(k)$ 是减缩频率 $k$ 的复数函数,可表示为

$$
C(k) = \frac{H_1^{(2)}(k)}{H_1^{(2)}(k) + iH_0^{(2)}(k)}
\tag{5.83}
$$

其中 $H_n^{(2)}(k)$ 是第二类 Hankel 函数,可以分别由第一类和第二类 Bessel 函数表示为

$$
H_n^{(2)}(k) = J_n(k) - iY_n(k)
\tag{5.84}
$$

函数 $C(k) = F(k) + iG(k)$ 称为 Theodorsen 函数,如图 5.9 和图 5.10 所示。注意对于定常情况(即 $k=0$),$C(k)$ 是实数,而且等于 1。随着 $k$ 增加,虚部也增大,实部减小;当 $k$ 趋于无穷时,$C(k)$ 接近于 1/2。但在实际情况中,$k$ 不会超过 1,所以图 5.9 中只绘制了直到 $k=1$ 的情况,而大 $k$ 值则如图 5.10 所示。任何一个调和函数乘以 $C(k)$ 后,数值都会减小,同时都会产生相位滞后,这里会给出这种情况的算例。

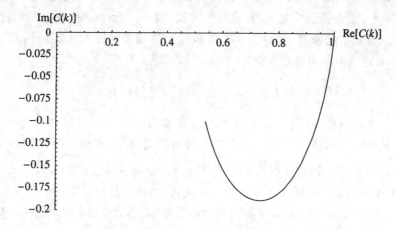

**图 5.9　$k$ 从 0 变化到 1 时 $C(k)$ 的实部和虚部曲线,其中 $C(k)=1$**

式(5.82)有几个问题值得关注。首先,Theodorsen 理论中的升力线斜率等于 $2\pi$。升力表达式的第一项是环量升力(不考虑脱落涡效应)乘以 $C(k)$,乘以 $C(k)$ 是 Theodorsen 理论的关键,这是为了考虑脱落涡的影响。非环量项(即升力表达式第二项和全部俯仰力矩)取决于机翼的加速度和角加速度,这主要是视在质量或视在惯

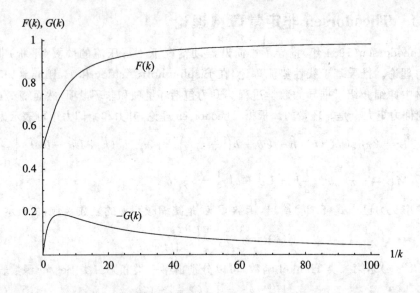

**图 5.10  $C(k)$ 的实部和虚部对于 $1/k$ 的曲线**

量。在升力的两项中,环量升力更为重要。注意到,升力中 $\ddot{h}$ 的系数是以 $b$ 为半径的单位长度的圆柱(无限长圆柱)所含的空气质量,它反映了因机翼运动使多少空气获得加速度。

对于定常流,环量升力与攻角呈线性关系,但是对于非定常流,没有一定的攻角可言,因为诱导流是沿弦向变化的,从而导致流动方向也沿弦向变化。然而这样就可以讨论非定常流动的概念,此时引入有效攻角是有帮助的。对于简谐运动,可以从Theodorsen 理论中推出有效攻角为

$$\alpha = C(k)\left[\theta + \frac{\dot{h}}{U} + \frac{b}{U}\left(\frac{1}{2} - a\right)\dot{\theta}\right] \tag{5.85}$$

通过与 5.5.2 小节的有限状态气动力模型比较表明,$\alpha$ 是 3/4 弦线处的攻角,它是基于弦向的诱导流平均值。对于二维机翼定常空气动力学,攻角即是俯仰角 $\theta$。但是此处的 $\alpha$ 既取决于 $\theta$,同样又取决于 $\dot{h}$、$\dot{\theta}$ 和 $k$。由于存在这些附加项以及 $C(k)$ 的作用,可以预测 $\theta$ 与 $\alpha$ 之间的大小和相位的变化,这会影响到升力的大小和相位相对于 $\theta$ 的变化,实际上,函数 $C(k)$ 有时称为升力损失函数,因为相比于定常升力,非定常升力的大小有所减小。此外,它还会引入俯仰振动峰值与对应升力振动峰值之间的相位变化。

当看到升力和俯仰力矩表达式中 $h$ 和 $\theta$ 上的点时,很容易把它们当做时域方程。然而,$C(k)$ 在时域方程中毫无意义,所以,当前含有函数 $C(k)$ 的 Theodorsen 理论只在简谐振动条件下才有效。

注意,当 $C(k)$ 等于 1 时,Theodorsen 理论的近似称为"准定常"薄翼理论。这样

的近似仅当 $k$ 取值非常小时才适用。对于缓慢的简谐振动或缓慢的非简谐的变化运动,准定常理论可以用于时域。

以例子来说明振幅减小和相位的改变,认为在升力中占优势的项与 $\alpha$ 成比例。在时域中,升力是实数,且 $\theta$ 和 $\alpha$ 也是实数。然而,当把 $\theta$ 当做简谐时,即

$$\theta = \bar{\theta}\exp(\mathrm{i}\omega t) \tag{5.86}$$

必须认识到恢复 $\theta$ 的时域性质需要有

$$\theta = \Re[\bar{\theta}\exp(\mathrm{i}\omega t)] \tag{5.87}$$

类似地,恢复 $\alpha$ 的时域性质要运用

$$\alpha = \Re[C(k)\bar{\theta}\exp(\mathrm{i}\omega t)] \tag{5.88}$$

现在,假设 $\bar{\theta}=1$,则在时域中 $\theta=\cos(\omega t)$,可以得到

$$\begin{aligned}
\alpha &= \Re[C(k)\bar{\theta}\exp(\mathrm{i}\omega t)] \\
&= \Re[C(k)\exp(\mathrm{i}\omega t)] \\
&= F(k)\cos(\omega t) - G(k)\sin(\omega t) \\
&= [F^2(k) + G^2(k)]^{\frac{1}{2}}\cos(\omega t - \phi) \\
&= |C(k)|\cos(\omega t - \phi)
\end{aligned} \tag{5.89}$$

其中

$$\tan\phi = -\frac{G(k)}{F(k)} \tag{5.90}$$

因为 $|C(k)|<1,\phi(k)>0$,所以 $\theta$ 振幅等于 1 意味着 $\alpha$ 振幅小于 1,$\theta$ 峰值在 $t=0$ 处意味着 $\alpha$ 峰值移至 $t=\phi/\omega$ 处。例如,当 $k=1/3,C(k)=0.649\,739-0.174\,712\mathrm{i}$ 时, $|C(k)|=0.672\,819$,这意味着振幅减小了几乎 $33\%,\phi=15.050\,6°$。

Theodorsen 理论可以用于经典颤振分析,其中颤振减缩频率先前是未知的,可以使用在 5.3 节中叙述的方法确定颤振条件下的 $k$ 值。Theodorsen 理论也可用于 5.4.1 小节和 5.4.2 小节中的 $k$ 法和 $p-k$ 法,如同在这两个小节中分别叙述的那样。

## 5.5.2　Peters 等人的有限状态非定常薄翼理论

虽然 Theodorsen 理论是经典颤振分析的一个很好的选择,但在有些情形下需要有其他方法。首先,通常需要计算亚临界飞行条件下的模态阻尼;其次,颤振主动控制逐渐兴起,并且控制器的设计还要求系统可表示为状态空间形式。为了满足这些需求,需要用时域微分方程来表示真实的空气动力载荷(在 Theodorsen 的理论中为频域)。有限状态理论是在工程精度范围内对真实的无限状态的空气动力模型进行近似。其中一种方法是 Peters 等人(1955 年)提出的针对无粘不可压流的有限状态诱导流理论。

考虑一个刚硬、对称机翼的典型剖面(图 5.2),附加矢量的方向定义如图 5.11 所示。

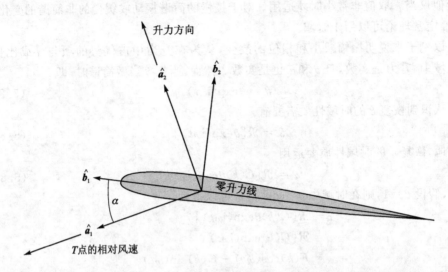

**图 5.11  零升力线、相对于气流的速度方向、升力方向几何示意图**

为了介绍这个理论,首先介绍如下三组单位矢量:

① 固定于惯性系的一组矢量 $\hat{i}_1$ 和 $\hat{i}_2$,则空气流动速度为 $-U\hat{i}_1$;

② 固定于机翼的一组矢量 $\hat{b}_1$ 和 $\hat{b}_2$,其中 $\hat{b}_1$ 沿着零升力线指向前缘,$\hat{b}_2$ 垂直于 $\hat{b}_1$;

③ 与 3/4 弦线处的当地相对风速矢量相关的一组矢量 $\hat{a}_1$ 和 $\hat{a}_2$,$\hat{a}_1$ 沿着相对风速矢量的方向,$\hat{a}_2$ 与 $\hat{a}_1$ 垂直,沿着假定的升力方向。

这些单位矢量之间的关系可以简单地表示为

$$\begin{bmatrix} \hat{b}_1 \\ \hat{b}_2 \end{bmatrix} = \begin{bmatrix} \cos\theta & \sin\theta \\ -\sin\theta & \cos\theta \end{bmatrix} \begin{bmatrix} \hat{i}_1 \\ \hat{i}_2 \end{bmatrix} \tag{5.91}$$

和

$$\begin{bmatrix} \hat{a}_1 \\ \hat{a}_2 \end{bmatrix} = \begin{bmatrix} \cos\alpha & -\sin\alpha \\ \sin\alpha & \cos\alpha \end{bmatrix} \begin{bmatrix} \hat{b}_1 \\ \hat{b}_2 \end{bmatrix} \tag{5.92}$$

以及 $\hat{i}_3 = \hat{a}_3 = \hat{b}_3 = \hat{b}_1 \times \hat{b}_2$。

诱导流理论以脱落涡引起的翼型附近流场的改变为基础,对脱落涡的影响进行了近似。因此,翼型附近的速度场包含自由流速度和用来描述诱导流的额外速度分量。虽然诱导流在整个流场中都是变化的,但是可以将翼型附近的诱导流近似为弦线方向上的平均值。因此,当地的惯性风速可以近似写为 $-U\hat{i}_1 - \lambda_0\hat{b}_2$,这里 $\lambda_0$ 是平均诱导流速度(垂直于翼型的零升力线)。根据经典薄翼理论,应该使用 $T$ 点的瞬时相对风速矢量来计算攻角。为了描述 $T$ 点的相对风速矢量,可以将相对风速矢量(即机翼相对于空气的速度)写为 $W\hat{\boldsymbol{a}}_1$,并令其等于 $T$ 点的惯性速度减去惯性风速,即

$$W\hat{\boldsymbol{a}}_1 = \boldsymbol{v}_T - (-U\hat{\boldsymbol{i}}_1 - \lambda_0\hat{\boldsymbol{b}}_2) = \boldsymbol{v}_T + U\hat{\boldsymbol{i}}_1 + \lambda_0\hat{\boldsymbol{b}}_2 \tag{5.93}$$

其中 $\boldsymbol{v}_T$ 是 3/4 弦长处的惯性速度,表达式为

$$\boldsymbol{v}_T = \boldsymbol{v}_P + \dot{\theta}\hat{\boldsymbol{b}}_3 \times \boldsymbol{r}_{PT} \tag{5.94}$$

$\boldsymbol{r}_{PT}$ 是从 $P$ 点到 $T$ 点的位置矢量。从图 5.2 可以看出

$$\boldsymbol{r}_{PT} = \left[\frac{b}{2} + (1+a)b - 2b\right]\hat{\boldsymbol{b}}_1 = b\left(a - \frac{1}{2}\right)\hat{\boldsymbol{b}}_1 \tag{5.95}$$

所以

$$\boldsymbol{v}_T = \boldsymbol{v}_P + \dot{\theta}\hat{\boldsymbol{b}}_3 \times b\left(a - \frac{1}{2}\right)\hat{\boldsymbol{b}}_1 \tag{5.96}$$

参考点 $P$ 的惯性速度是

$$\boldsymbol{v}_P = -\dot{h}\hat{\boldsymbol{i}}_2 \tag{5.97}$$

$\dot{\theta}\hat{\boldsymbol{b}}_3$ 是机翼的惯性角速度。计算出式(5.96)中的叉积,得到

$$\boldsymbol{v}_T = -\dot{h}\hat{\boldsymbol{i}}_2 + b\dot{\theta}\left(a - \frac{1}{2}\right)\hat{\boldsymbol{b}}_2 \tag{5.98}$$

所以相对风速矢量可以写为

$$W\hat{\boldsymbol{a}}_1 = U\hat{\boldsymbol{i}}_1 - \dot{h}\hat{\boldsymbol{i}}_2 + \left[b\dot{\theta}\left(a - \frac{1}{2}\right) + \lambda_0\right]\hat{\boldsymbol{b}}_2 \tag{5.99}$$

也可以根据相对风速矢量沿 $\hat{\boldsymbol{b}}_1$ 和 $\hat{\boldsymbol{b}}_2$ 的分量将其写为

$$W\hat{\boldsymbol{a}}_1 = W\cos\alpha\,\hat{\boldsymbol{b}}_1 - W\sin\alpha\,\hat{\boldsymbol{b}}_2 \tag{5.100}$$

其中,$\alpha$ 可表示为(图 5.11)

$$\tan\alpha = -\frac{\hat{\boldsymbol{a}}_1 \cdot \hat{\boldsymbol{b}}_2}{\hat{\boldsymbol{a}}_1 \cdot \hat{\boldsymbol{b}}_1} \tag{5.101}$$

由式(5.99)可以得到

$$\left.\begin{aligned} W\hat{\boldsymbol{a}}_1 \cdot \hat{\boldsymbol{b}}_1 &= U\cos\theta - \dot{h}\sin\theta \\ W\hat{\boldsymbol{a}}_1 \cdot \hat{\boldsymbol{b}}_2 &= -U\sin\theta - \dot{h}\cos\theta + b\left(a - \frac{1}{2}\right)\dot{\theta} + \lambda_0 \end{aligned}\right\} \tag{5.102}$$

根据小角度假设,可以写出

$$\left.\begin{aligned} \alpha &= \theta + \frac{\dot{h}}{U} + \frac{b}{U}\left(\frac{1}{2} - a\right)\dot{\theta} - \frac{\lambda_0}{U} \\ W &= U + \text{高阶项} \end{aligned}\right\} \tag{5.103}$$

根据上述推导,$\alpha$ 是 3/4 弦长处基于相对风速矢量的有效攻角,同时也是基于机翼弦

线上诱导流速度 $\lambda_0$ 的平均值,注意 $\alpha$ 不等于俯仰角 $\theta$。由于机翼运动和诱导流场的存在,相对风速方向在惯性空间中是不确定的,因此,有效攻角取决于俯仰角速度、沉浮速度和诱导流。此外,假设升力垂直于相对风速矢量,升力和俯仰力矩中的有关运动变量均为一阶。然而,快速的沉浮运动(如像昆虫拍打翅膀)会引起不小的 $\alpha$ 值,这时需要采用"有限小"角度假设来计算这种情况下所遇到的阻力(或推力,等于负的阻力)。

包含非环量的总升力和力矩表达式为

$$L = \pi\rho_\infty b^2 (\ddot{h} + U\dot{\theta} - ba\ddot{\theta}) + 2\pi\rho_\infty Ub\left[\dot{h} + U\theta + b\left(\frac{1}{2} - a\right)\dot{\theta} - \lambda_0\right]$$

$$M_{\frac{1}{4}} = -\pi\rho_\infty b^3\left[\frac{1}{2}\ddot{h} + U\dot{\theta} + b\left(\frac{1}{8} - \frac{a}{2}\right)\ddot{\theta}\right]$$

$$(5.104)$$

可以注意到式(5.104)与式(5.82)之间的相似之处。通过进一步研究两个升力方程中的环量升力,可以找到区别 $\alpha$ 的基本方法,其中 $\alpha$ 分别按照式(5.103)中的第一个式子及式(5.85)计算得到。

升力和俯仰力矩用于根据式(5.24)形成广义力,并反过来用于式(5.26)中的结构方程,即使这样,这两个方程仍是不完备的,未知量仍超过两个。诱导流速度 $\lambda_0$ 必须用机翼运动表示,Peters 等人的诱导流理论的做法是:用 $N$ 个诱导流速度 $\lambda_1, \lambda_2, \cdots, \lambda_N$ 来表示平均诱导流速度 $\lambda_0$,如

$$\lambda_0 \approx \frac{1}{2}\sum_{n=1}^{N} b_n\lambda_n \qquad (5.105)$$

其中 $b_n$ 由最小二乘法求得。假设脱落涡保持在机翼平面,并且以同样的速度随气流顺流向下,由此可以推导出诱导流的动力学方程。引入以 $\lambda_n$ 构造的列矩阵 $\boldsymbol{\lambda}$,可以写出 $N$ 个关于 $\boldsymbol{\lambda}$ 的一阶常微分方程,而决定 $\boldsymbol{\lambda}$ 的方程为

$$\boldsymbol{A}\dot{\boldsymbol{\lambda}} + \frac{U}{b}\boldsymbol{\lambda} = \boldsymbol{c}\left[\ddot{h} + U\dot{\theta} + b\left(\frac{1}{2} - a\right)\ddot{\theta}\right] \qquad (5.106)$$

其中矩阵 $\boldsymbol{A}$ 和 $\boldsymbol{c}$ 由读者定义的诱导流速度的个数确定。这里使用的矩阵表达式由如下的 $N$ 个有限状态变量给出,即

$$\boldsymbol{A} = \boldsymbol{D} + \boldsymbol{db}^{\mathrm{T}} + \boldsymbol{cd}^{\mathrm{T}} + \frac{1}{2}\boldsymbol{cb}^{\mathrm{T}} \qquad (5.107)$$

其中

$$D_{nm} = \begin{cases} \dfrac{1}{2n}, & (n = m+1) \\[2mm] -\dfrac{1}{2n}, & (n = m-1) \\[2mm] 0, & (n \neq m \pm 1) \end{cases} \qquad (5.108)$$

$$b_n = \begin{cases} (-1)^{n-1}\dfrac{(N+n-1)!}{(N-n-1)!}\dfrac{1}{(n!)^2}, & (n \neq N) \\[2mm] (-1)^{n-1}, & (n = N) \end{cases} \qquad (5.109)$$

$$d_n = \begin{cases} \dfrac{1}{2}, & (n = 1) \\ 0, & (n \neq 1) \end{cases} \tag{5.110}$$

和
$$c_n = \frac{2}{n} \tag{5.111}$$

最终得到在时域中的气动弹性模型,而经典颤振分析则是在频域中进行的(参见 5.3 节)。因此这个模型既可以采用 $p$ 法进行颤振分析,也可以用于颤振抑制控制系统设计。

这里给出使用有限状态诱导流的模型(即式(5.106)和式(5.26),其中广义力由式(5.24)给定,升力和俯仰力矩由式(5.104)给定)对 5.2 节中的算例($a = -1/5, e = -1/10, \mu = 20, r^2 = 6/25$ 和 $\sigma = 2/5$)进行分析的结果,分析时选取 $N = 6$ 个诱导流速度[①]。频率和阻尼分析结果分别如图 5.12 和图 5.13 所示。与之前类似,在接近不稳定时,可以观察到有频率相互靠近,但是颤振条件是以某一个根的实部穿越横轴成为正值来确定的,从而得到颤振速度 $V_F = U_F/(b\omega_\theta) = 2.165$,颤振频率 $\Omega_F/\omega_\theta = 0.654\ 5$。虽然颤振速度接近于之前使用简单理论得到的结果,但使用非定常气动力理论在所有 $V \neq 0$ 时都会得出复根,即在小于颤振速度时所有模态都存在模态阻尼。包含阻尼项(与速度成比例)的方程解释了初始阶段的阻尼增加。然而随着速度的增加,不稳定的环量项(即刚度矩阵的非对称项,定常流理论中也出现)将克服非定常项引

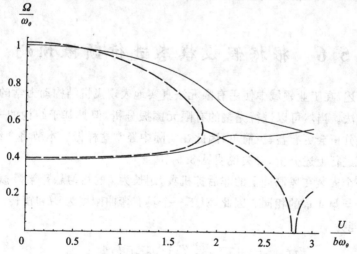

实线:$p$ 法,Peters 等的气动力理论;虚线:定常气动力理论

**图 5.12　模态频率随 $U/(b\omega_\theta)$ 的变化曲线**

$(a = -1/5, e = -1/10, \mu = 20, r^2 = 6/25, \sigma = 2/5)$

---

① 应该注意诱导流速度的状态个数没有必要太多,使用太多的状态有可能因为病态而降低模型精度。

起的阻尼,从而导致颤振。一道习题留给读者,说明 Peters 等人的理论和 Theodorsen 理论的等效性(见习题 16)。

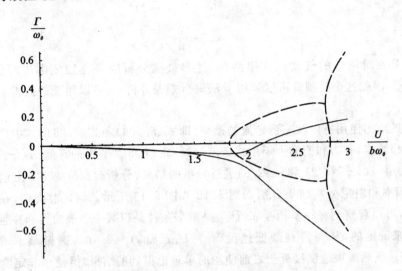

实线:$p$ 法,Peters 等的气动力理论;虚线:定常气动力理论

**图 5.13　模态阻尼随 $U/(b\omega_\theta)$ 的变化曲线**

$(a=-1/5,e=-1/10,\mu=20,r^2=6/25,\sigma=2/5)$

# 5.6　根据假设模态进行颤振预测

如前所述,在工业领域中使用有限元法真实地表现飞机结构动力学的特性,是目前典型的做法。当然可以进行完整的有限元颤振分析,但是基于结构的一组截断模态进行颤振分析会更有益、更简单,因此在实际中经常这样做。本节将介绍在里兹法体系内如何进行上述分析,有关说明见 3.5 节。

考虑一个安装在风洞壁上的非后掠机翼,用长为 $l$ 的均匀悬臂梁模拟,结构模型使用的符号与第 4 章的相同。因此,对于一个具有弯曲刚度为 $\overline{EI}$ 和扭转刚度为 $\overline{GJ}$ 的梁,其应变能为

$$U = \frac{1}{2}\int_0^l \left[ \overline{EI} \left( \frac{\partial^2 w}{\partial y^2} \right)^2 + \overline{GJ} \left( \frac{\delta\theta}{\delta y} \right)^2 \right] \mathrm{d}y \tag{5.112}$$

为了获得动能,先考虑图 4.12 所示的翼剖面。材料密度为 $\rho$,横截面内典型点的速度为

$$v = z\frac{\partial\theta}{\partial t}\hat{i} + \left( \frac{\partial w}{\partial t} - x\frac{\partial\theta}{\partial t} \right)\hat{k} \tag{5.113}$$

其中 $\hat{i}$ 和 $\hat{k}$ 分别是 $x$ 和 $z$ 方向上的单位矢量,则动能可以写为

$$K = \frac{1}{2} \int_0^l \iint_A \rho \left[ \left( \frac{\partial w}{\partial t} - x \frac{\partial \theta}{\partial t} \right)^2 + z^2 \left( \frac{\partial \theta}{\partial t} \right)^2 \right] \mathrm{d}x \mathrm{d}y \mathrm{d}z \tag{5.114}$$

直接计算截面上的积分,得到

$$K = \frac{1}{2} \int_0^l \left[ m \left( \frac{\partial w}{\partial t} \right)^2 + 2md \frac{\partial w}{\partial t} \frac{\partial \theta}{\partial t} + mb^2 r^2 \left( \frac{\partial \theta}{\partial r} \right)^2 \right] \mathrm{d}y \tag{5.115}$$

其中,$m$ 是单位长度质量,$d$ 是质心与弹性轴之间的距离(当质心朝向前缘为正),$b$ 是半弦长,$br$ 是截面质量绕弹性轴的回转半径。

最后,气动力所做的虚功可写为

$$\overline{\delta W} = \int_0^l [L' \delta w + (M'_{ac} + eL') \delta \theta] \mathrm{d}y \tag{5.116}$$

与之前一样,$L'$ 和 $M'_{ac}$ 是机翼单位展长的分布升力和俯仰力矩。

由于非定常气动力文献长期以来的惯例,这里使用的符号与本章前面使用的符号不一致。所以根据本章中的符号,重新写出上述三个表达式(应变能、动能及虚功)。具体的,对图 4.12 中的符号做如下替换:

$$d \rightarrow - bx_\theta$$
$$e \rightarrow \left( \frac{1}{2} + a \right) b$$
$$L' \rightarrow L'$$
$$M'_{ac} \rightarrow M'_{\frac{1}{4}}$$

所以应变能不变,动能变为

$$K = \frac{1}{2} \int_0^l \left[ m \left( \frac{\partial w}{\partial t} \right)^2 - 2mbx_\theta \frac{\partial w}{\partial t} \frac{\partial \theta}{\partial t} + mb^2 r^2 \left( \frac{\partial \theta}{\partial t} \right)^2 \right] \mathrm{d}y \tag{5.117}$$

虚功变为

$$\overline{\delta W} = \int_0^l \left\{ L' \delta w + \left[ M'_{\frac{1}{4}} + \left( \frac{1}{2} + a \right) bL' \right] \delta \theta \right\} \mathrm{d}y \tag{5.118}$$

合理的假设模态是选择一组不耦合的悬臂梁的自由振动弯曲和扭转模态,如

$$\left. \begin{array}{l} w(y, t) = \sum_{i=1}^{N_w} \eta_i(t) \Psi_i(y) \\ \theta(y, t) = \sum_{i=1}^{N_\theta} \phi_i(t) \Theta_i(y) \end{array} \right\} \tag{5.119}$$

其中,$N_w$ 和 $N_\theta$ 分别表示弯曲模态和扭转模态的个数,$\eta_i$ 和 $\phi_i$ 分别是与弯曲和扭转相关的广义坐标,$\Psi_i$ 和 $\Theta_i$ 分别是弯曲和扭转模态振型。$\Theta_i$ 可以表示为

$$\Theta_i = \sqrt{2} \sin(\gamma_i y) \tag{5.120}$$

其中

$$\gamma_i = \frac{\pi \left( i - \frac{1}{2} \right)}{l} \tag{5.121}$$

根据式(3.258),$\Psi_i$ 可以表示为

$$\Psi_i = \cosh(\alpha_i y) - \cos(\alpha_i y) - \beta_i [\sinh(\alpha_i y) - \sin(\alpha_i y)] \tag{5.122}$$

其中 $\alpha_i$ 和 $\beta_i$ 如表 3.1 所列。

应用里兹法的下一步就是在空间上离散应变能、动能和虚功的表达式。由于弯曲和扭转二者模态存在正交性,所以应变能可以简化为

$$U = \frac{1}{2} \left[ \frac{\overline{EI}}{l^3} \sum_{i=1}^{N_w} (\alpha_i l)^4 \eta_i^2 + \frac{\overline{GJ}}{l} \sum_{i=1}^{N_\theta} (\gamma_i l)^2 \phi_i^2 \right] \tag{5.123}$$

类似的,由于弯曲模态和扭转模态二者存在正交性,所以动能可以大大地简化为

$$K = \frac{ml}{2} \left( \sum_{i=1}^{N_w} \dot{\eta}_i^2 + b^2 r^2 \sum_{i=1}^{N_\theta} \dot{\phi}_i^2 - 2 b x_\theta \sum_{i=1}^{N_\theta} \sum_{j=1}^{N_w} A_{ij} \dot{\phi}_i \dot{\eta}_j \right) \tag{5.124}$$

其中

$$A_{ij} = \frac{1}{l} \int_0^l \Theta_i \Psi_j \mathrm{d}y \quad (i = 1, 2, \cdots, N_\theta; j = 1, 2, \cdots, N_w) \tag{5.125}$$

包含 $A_{ij}$ 项反映出弯曲运动和扭转运动之间存在惯性耦合,因为弯曲模态与扭转模态不正交,所以 $A_{ij}$ 是满阵。

虚功表达式

$$\overline{\delta W} = \sum_{i=1}^{N_w} \Xi_{w_i} \delta \eta_i + \sum_{i=1}^{N_\theta} \Xi_{\theta_i} \delta \phi_i \tag{5.126}$$

能够用于确定广义力,即

$$\left. \begin{aligned} \Xi_{w_i} &= \int_0^l \Psi_i L' \mathrm{d}y \\ \Xi_{\theta_i} &= \int_0^l \Theta_i \left[ M'_{\frac{1}{4}} + \left( \frac{1}{2} + a \right) b L' \right] \mathrm{d}y \end{aligned} \right\} \tag{5.127}$$

其中,$L'$ 和 $M'_{\frac{1}{4}}$ 的表达式可以通过式(5.82)或式(5.104)中的 $L$ 和 $M_{\frac{1}{4}}$ 的表达式获得,并将其中的 $h$ 替换为 $-w$,将头上的求导符号"·"替换为对时间的偏导数。为了说明,使用 Theodorsen 理论来完成这一步,有

$$\left. \begin{aligned} L' &= 2\pi \rho_\infty U b C(k) \left[ U\theta - \frac{\partial w}{\partial t} + b \left( \frac{1}{2} - a \right) \frac{\partial \theta}{\partial t} \right] + \pi \rho_\infty b^2 \left( U \frac{\partial \theta}{\partial t} - \frac{\partial^2 w}{\partial t^2} - ba \frac{\partial^2 \theta}{\partial t^2} \right) \\ M'_{\frac{1}{4}} &= -\pi \rho_\infty b^3 \left[ U \frac{\partial \theta}{\partial t} - \frac{1}{2} \frac{\partial^2 w}{\partial t^2} + b \left( \frac{1}{8} - \frac{a}{2} \right) \frac{\partial^2 \theta}{\partial t^2} \right] \end{aligned} \right\} \tag{5.128}$$

将式(5.119)代入式(5.128),得到广义力表达式,并可以很容易地写为矩阵形式

$$\begin{bmatrix} \Xi_w \\ \Xi_\theta \end{bmatrix} = -\pi \rho_\infty b^2 l \begin{bmatrix} \boldsymbol{E} & ba \boldsymbol{A}^{\mathrm{T}} \\ ba \boldsymbol{A} & b^2 \left( a^2 + \frac{1}{8} \right) \boldsymbol{E} \end{bmatrix} \begin{bmatrix} \ddot{\eta} \\ \ddot{\phi} \end{bmatrix} -$$

$$\pi \rho_\infty b U l \begin{bmatrix} 2C(k)\boldsymbol{E} & -b \left[ 1 + 2 \left( \frac{1}{2} - a \right) C(k) \right] \boldsymbol{A}^{\mathrm{T}} \\ 2b \left( \frac{1}{2} + a \right) C(k) \boldsymbol{A} & b^2 \left( \frac{1}{2} - a \right) \left[ 1 - 2 \left( \frac{1}{2} + a \right) C(k) \right] \boldsymbol{E} \end{bmatrix} \begin{bmatrix} \dot{\eta} \\ \dot{\phi} \end{bmatrix} -$$

$$\pi\rho_\infty bU^2 l \begin{bmatrix} \mathbf{0} & -2C(k)\mathbf{A}^\mathrm{T} \\ \mathbf{0} & -b(1+2a)C(k)\mathbf{E} \end{bmatrix} \begin{bmatrix} \boldsymbol{\eta} \\ \boldsymbol{\phi} \end{bmatrix} \tag{5.129}$$

其中，$\mathbf{E}$ 表示单位矩阵，$\mathbf{0}$ 表示零矩阵。由于 Theodorsen 理论本身的局限性，这个广义力的表达式仅对简谐振动有效。注意，这个方程中的方形子矩阵也被称为空气动力影响系数（AICs）。

现在，里兹法的应用剩下了最后一步——应用拉格朗日方程得出广义运动方程，它可以写成矩阵形式

$$ml \begin{bmatrix} \mathbf{E} & -bx_\theta \mathbf{A}^\mathrm{T} \\ -bx_\theta \mathbf{A} & b^2 r^2 \mathbf{E} \end{bmatrix} \begin{bmatrix} \ddot{\boldsymbol{\eta}} \\ \ddot{\boldsymbol{\phi}} \end{bmatrix} + \begin{bmatrix} \dfrac{EI}{l^3}\mathrm{diag}(\mathbf{B}) & \mathbf{0} \\ \mathbf{0} & \dfrac{GJ}{l}\mathrm{diag}(\mathbf{T}) \end{bmatrix} \begin{bmatrix} \boldsymbol{\eta} \\ \boldsymbol{\phi} \end{bmatrix} = \begin{bmatrix} \Xi_w \\ \Xi_\theta \end{bmatrix} \tag{5.130}$$

其中对角矩阵 $\mathrm{diag}(\mathbf{B})$ 和 $\mathrm{diag}(\mathbf{T})$ 的元素为

$$\left. \begin{array}{l} B_{ii} = (\alpha_i l)^4 \\ T_{ii} = (\gamma_i l)^2 \end{array} \right\} \tag{5.131}$$

在刚度矩阵中出现的对角矩阵 $\mathrm{diag}(\mathbf{B})$ 和 $\mathrm{diag}(\mathbf{T})$，以及在质量矩阵和广义力中出现的单位矩阵 $\mathbf{E}$，都是由所选择的基底函数 $\Theta_i$ 和 $\Psi_i$ 具有正交性引起的。这样的选择虽然不是必需的，但可以简化离散方程。

根据 5.3 节的经典颤振分析方法，令

$$\left. \begin{array}{l} \eta(t) = \bar{\eta}\exp(\mathrm{i}\omega t) \\ \phi(t) = \bar{\phi}\exp(\mathrm{i}\omega t) \end{array} \right\} \tag{5.132}$$

其中 $\omega$ 是简谐运动的频率。这样就可以导出颤振行列式，并可以按照下面的步骤求解。求解过程与 5.3 节中的步骤类似，唯一的区别在于有更多的自由度（只要 $N_w$ 或 $N_\theta$ 任一个大于 1）。

考虑 $N_w = N_\theta = 1$ 的情况，如果类似于 5.3 节引入无量纲常数，那么运动方程就可以写为式（5.62）的形式，即

$$\left. \begin{array}{l} \left\{ \mu\left[ 1 - \left(\dfrac{\omega_w}{\omega}\right)^2 \right] + l_w \right\} \dfrac{\bar{\eta}_1}{b} + (-\mu x_\theta + l_\theta)A_{11}\bar{\phi}_1 = 0 \\[3mm] (-\mu x_\theta + m_w)A_{11}\dfrac{\bar{\eta}_1}{b} + \left\{ \mu r^2\left[ 1 - \left(\dfrac{\omega_\theta}{\omega}\right)^2 \right] + m_\theta \right\}\bar{\phi}_1 = 0 \end{array} \right\} \tag{5.133}$$

其中，$l_w$、$l_\theta$、$m_w$ 和 $m_\theta$ 的定义方法类似于它们在式（5.39）中右侧的数值，其中的载荷是根据 Theodorsen 理论得到的，则有

$$
\left.
\begin{aligned}
l_w &= 1 - \frac{2\mathrm{i}C(k)}{k} \\
l_\theta &= a + \frac{\mathrm{i}}{k}\left[1 + 2\left(\frac{1}{2}-a\right)C(k)\right] + \frac{2C(k)}{k^2} \\
m_w &= a - \frac{2\mathrm{i}\left(\frac{1}{2}+a\right)C(k)}{k} \\
m_\theta &= a^2 + \frac{1}{8} - \frac{\left(\frac{1}{2}-a\right)\left[1 - 2\left(\frac{1}{2}+a\right)C(k)\right]\mathrm{i}}{k} + \frac{2\left(\frac{1}{2}+a\right)C(k)}{k^2}
\end{aligned}
\right\}
$$

$$
(5.134)
$$

而弯曲和扭转的基频为

$$
\left.
\begin{aligned}
\omega_w &= (\alpha_1 l)^2 \sqrt{\frac{EI}{ml^4}} \\
\omega_\theta &= \frac{\pi}{2}\sqrt{\frac{GJ}{mb^2 r^2 l^2}}
\end{aligned}
\right\}
$$

$$
(5.135)
$$

最后,常数 $A_{11} = 0.958\ 641$。很明显,方程(5.135)与之前求解典型翼段的方程形式相同,而且对于这种最简单的两个模态的情况,机翼弹性的影响很小,对耦合项的修正不超过 5%。

举这个例子的主要目的就是为了说明如何运用已有的工具进行弹性机翼颤振分析。当然,增加高阶模态会影响分析的结果,而质量和刚度特性以及集中质量和惯量沿机翼展向的变化同样会影响分析的结果。将这些附加因素结合到分析当中,可以使颤振计算更符合实际情况。

然而,为了全面充分地考虑上述因素以及其他重要的实际因素——如三角翼构型或小展弦比机翼飞机等——有必要采用完整的有限元分析方法。即使在这些情况下,基于假设模态的颤振分析也会给分析者一个关于不稳定性机理的合理解释。此外,可以用完整有限元法解出一组真实的模态,来替换前面使用假设模态进行的里兹法分析,这样可以使模型更真实合理,同时不需要增加阶次。目前在工程实际中,既采用完整有限元模型,又采用由完整有限元模型导出的假设模态。

至于非定常气动力,在工程中,通常使用基于非定常势流的面元法计算气动力影响系数矩阵,例如偶极子格网法。通常,气动面元与结构有限元在几何方面是完全不同的,因此结构运动和气动载荷就需要在这两个模型之间变换。进行变换的一种方法是使用样条矩阵,将由结构有限元网格点的位移插值到气动面元上,并将面元上的载荷变换到有限元节点上。尽管结构网格与气动网格完全不同,但是已经建立了使两者直接有效结合的方法。可以使用类似的步骤将有限元模型与更细致复杂的计算流体力学模型结合起来。

# 5.7 颤振边界特性

前面章节中介绍了以高度、速度和马赫数表示的颤振边界的求解过程。对于标准大气,以上任意两项都足以描述飞行条件。最终的颤振边界通常由无量纲的颤振速度 $U_F/(b\omega_\theta)$ 表示,参数 $U/(b\omega_\theta)$ 有时被称为减缩速度,而有时也称为减缩频率 $U/(b\omega_\theta)$ 的倒数。减缩颤振速度是质量比 $\mu=\pi\rho_\infty b^2$ 的函数,函数关系如图 5.14 所示。可见,颤振速度随着质量比的增加近乎线性地增加,这种结果可以有两种解释。第一种解释是,对于给定的构型,$\mu$ 的变化对应于大气密度及高度的变化。在这种情况下,高度增加则质量比增加,这意味着任何飞行器在低空时要比在高空时更容易颤振。

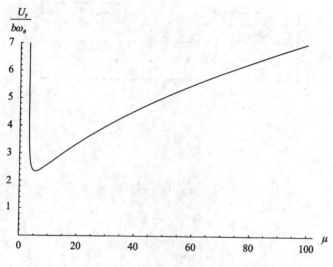

**图 5.14 减缩颤振速度随质量比 $\mu$ 的变化曲线**

$(\sigma=1/\sqrt{10}, r=1/2, x_\theta=0, a=-3/10)$

关于质量比的第二种解释与它在任意指定高度下的数值有关。$\mu$ 的值取决于飞行器的类型,可由升力面单位展长质量 $m$ 表征。表 5.2 列出了飞行器的构型及其典型质量比数值,大气密度为从海平面到 10 000 英尺之间。

颤振边界对无量纲参数非常敏感,例如图 5.15 中,在质量比非常小的情况下,颤振速度随频率比 $\sigma=\omega_h/\omega_\theta$ 的变化十分剧烈。而且当 $x_\theta=0.2$ 时,$\sigma=1.4$ 附近的颤振速度陡然降至极小,这一点具有最重要的实际意义。受其他参数的影响,在某些频率比处,颤振速度会变得很低。这类凹坑可以从大多数高性能飞机机翼的颤振速度随频率比的变化曲线中看到,这类飞机具有相对较大的质量比和正的静不平衡。弦向的无量纲距离参数同样对颤振速度有很强的影响,如图 5.16 所示,质心位置的微小变化会使颤振速度大幅增加。质心位置 $e$ 和无量纲回转半径 $r$ 必然同时改变,但是前者小百分比变化对颤振速度造成的影响要大于后者同样百分比变化对颤振速度造成的影响。由这些特性得到的机翼质量平衡的概念,类似于操纵面的质量平衡方法,可借此延缓颤振的发生。如果质心相对于参考点前移,那么颤振速度通常会提高。可惜这一点并不容易实现,但好在通常并不需要很大的变化来确保安全。需要注意的是,必须小心仔细地检查因质量分布变化引起的其他参数的变化。例如,回转半径变化可能引起扭转频率的显著变化。最后,注意到弯扭耦合型颤振的颤振频率介于$\omega_h$和$\omega_\theta$之间,即通常$\sigma<1$,不过也有可能出现颤振频率高于$\omega_\theta$的情况。

**表 5.2 典型飞行器的不同质量比**

| 飞行器类型 | $\mu = \dfrac{m}{\pi\rho_\infty b^2}$ |
| --- | --- |
| 滑翔机和轻型飞机 | 5～15 |
| 普通航空飞机 | 10～20 |
| 商用运输机 | 15～30 |
| 战斗机 | 25～55 |
| 直升机叶片 | 65～110 |

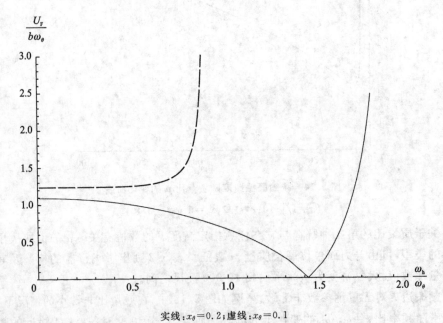

实线:$x_\theta=0.2$;虚线:$x_\theta=0.1$

**图 5.15 无量纲颤振速度随频率比的变化曲线($\mu=3, r=1/2, a=-1/5$)**

值得注意的是,目前的简化理论表明,在弦向偏移参数 $e$ 和 $a$ 的某些组合下不会发生颤振。Bisplinghoff、Ashley 和 Halfman 的经典教科书(1955 年)对弦向偏移参数 $e$ 和 $a$ 的影响,按 $\sigma$ 取小值和大值的情况进行了分类。当 $\sigma$ 取小值时,注意到只有当质心位于 1/4 弦线后面(即 $e>-1/2$)时才会发生颤振,当 $e\leqslant-1/2$ 时不会发生颤

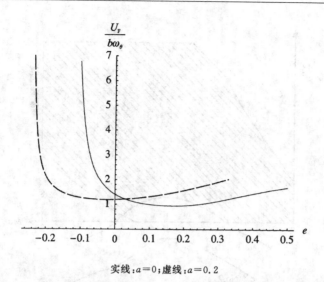

实线:$a=0$;虚线:$a=0.2$

**图 5.16　无量纲颤振速度随 $e$ 的变化曲线($\mu=10, \sigma=1/\sqrt{2}, r=1/2$)**

振。当 $\sigma$ 取大值时,只有当弹性轴在 1/4 弦线之前(即 $a<-1/2$)时才会发生颤振,当 $a \geqslant -1/2$ 时不会发生颤振。在使用本章的气动力模型分析典型剖面时发现,当质心、弹性轴和气动中心三者全部重合(即 $e=a=-1/2$)时,对于任意的 $\sigma$ 和 $r$ 组合似乎都不会发生颤振。即使这样的分析预测是正确的,但实际上机翼设计很难做到三点重合。但是请注意,所有这些分析结论都是基于简化模型的。我们需要在设计中使用更有力的工具(例如 NASTRAN™、ASTROS™)来分析真实的机翼。的确,弯扭耦合颤振是一个非常复杂的现象,似乎挑战了一切一般化的尝试。这些现象的更多讨论,以及大量的结果曲线可以参考 Bisplinghoff、Ashley、Halfman 的著作(1955 年)。

对于任何给定的飞行器,最终的颤振边界可以用多种方法给出,所使用的方式取决于所服务的工程目的。颤振边界一种可能的表示方式是与飞行包线一起给出。对于一架马赫数为 2 的攻击机的典型飞行包线如图 5.17 所示,图中两个颤振边界由标记为 No.1 和 No.2 的曲线表示。颤振边界上方,较高高度的阴影区域为稳定飞行区域,边界下方将会发生颤振。在颤振边界 No.1 表明,在原飞行包线的一部分区域将会发生颤振。应该注意到这些不稳定条件所对应的飞行马赫数接近 1(跨声速流)和大动压状态。这一分析可以归纳为一些飞行器容易发生颤振的条件:① 低高度;② 跨声速流;③ 大动压。

如果确定在原飞行包线内的任何区域都可能发生颤振,那么有必要进行适当的设计更改,以消除在这些条件下的不稳定。这些更改可以包括改变结构的惯性、弹性或气动特性,一般同时对这三方面进行小改动可以获得最优结果。颤振边界 No.2 表明飞行器是颤振安全的。注意到在最小的高度-跨声速条件下,有一个颤振不稳定安全裕度。所有的飞行器规范都要求这样一个安全因子,通常称为"颤振裕度"。多数规范要求在极限当量空速基础上有 15% 的颤振裕度。换个说法,即海平面高度下

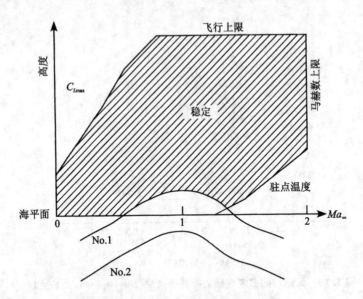

**图 5.17　典型 2 倍声速战斗机的飞行包线**

的最小颤振速度不应低于海平面最大计算动压对应空速的 1.15 倍。

# 5.8　结构动力学、气动弹性力学和认证[①]

　　对于所有这些理论方法,什么是在实际中使用的气动弹性和结构动力学分析的方法呢? 对于每架飞机,可能存在几十甚至上百种燃油和有效负荷的组合情况,在获得飞行许可前,必须验证在所有情况下,飞机在飞行包线内是稳定的。计算结果的使用极其重要,因为不可能测试燃油和安装在机身和机翼上的硬件(例如外挂物、引爆系统、油箱)的每一种组合。因此在飞行试验和最终的飞机飞行认证中,对于每一个通过/不通过的决定,计算结果都是主要的工作依据。

　　为了着手这些大量工作,首先需要确定最关键的组合(即对应最小的颤振速度)。如果可能,应与以往的计算和飞行试验的经验相比较。一旦最关键的构型确定下来,将对这些构型进行专门的风洞试验和飞行试验。而且,需要确定颤振模态振型、频率 $\omega_F$、速度 $U_F$ 和严重度 $g' = dg/dU$,上述分析计算均针对颤振点(即 $g = 0$)。确定以上四项,使我们可以由颤振速度及以往的经验来区分各种构型的情况,并决定进一步的分析范围和飞行试验,以此检验计算和飞行许可。

## 5.8.1　地面振动试验

　　地面上结构动力学试验的目的是确认空机构型或重要飞机构型的频率和模态振

---

　　①　Rusak(2011 年),民间委员会。

型。为了完成试验,在飞机的机翼、水平尾翼、垂直尾翼、机头的根部和梢部都布置了应变片和加速度计。为了模拟飞机自由-自由结构动力学状态,飞机放置在软的支撑上。在翼尖和水平尾翼处使用垂直电机(即激振器),在机头尖端和垂直尾翼处使用垂直激振器和侧向激振器。根据试验的测量结果,有很多信号分析方法来识别固有频率、模态振型和结构阻尼。通常,激振器具有最高 30 Hz 的带宽,激振频率会先由 0.1～30 Hz 扫频,从而识别这一范围内的对称和反对称模态。使用经典技术,如快速傅里叶变换(FFT)和功率谱密度(PSD)进行非定常弹性变形信号的谱分析,以此来识别固有频率。这时,必须继续详细研究与颤振相关的固有弯曲和固有扭转频率的动力响应,或其他气动弹性现象。对于每阶的模态,需要采取下述操作:

① 在确定的固有频率下诱发模态的振动运动,并测量响应,以进行 FFT 分析,由此识别该模态的共振频率和结构阻尼。

② 诱发从振动运动到静止的阶跃函数指令,并测量衰减率,从而推断出该模态的结构阻尼。

③ 诱发脉冲函数,并测量衰减率,从而推断出该模态的结构阻尼。

至此可以将试验测得的频率和模态振型,与精细的有限元预测结果进行比较。运用非常完善的技术来调整有限元模型,从而得到符合地面振动试验数据的频率和模态振型。

## 5.8.2　风洞颤振试验

设计风洞模型、准确体现真实飞机的颤振情况是一项很复杂的工作,甚至可能是一门艺术。最主要的挑战是要构造小尺寸版的飞机,它具有可调整的结构动力学特性,充分详细的几何参数,能够正确反映飞机的非定常气动力特性。在这些试验中,模型由柔性钢索支持,在翼根、翼尖、垂直尾翼和水平尾翼的尖部,以及机头处均安装有应变仪和加速度计。利用流动扰动激励模型的气动弹性模态,对所测量的各种模型变形进行 FFT 和 PSD 分析,以估算颤振速度、颤振频率和颤振的严重程度。

风洞试验使我们对飞机颤振的可能模态有了更深入和更本质的了解。试验验证了计算结果,识别了与飞机结构相关的未知气动弹性现象。然而应该认识到,模型大小的比例对于非定常流动现象影响很大,因此小尺寸的模型可能没有正确地描述减缩频率、流动雷诺数、漩涡间的分离、激波和边界层间的相互干扰,等等,所以这样的试验都可能会导致对全尺寸飞机颤振的不准确预测。不过小尺寸模型风洞试验为改进计算模型、调整非定常气动力分析方法提供了参考基础。

## 5.8.3　地面行驶(滑跑)和飞行试验

采用特殊的试验飞机,能够实时测量飞机的燃油量、飞行速度、马赫数、飞行高度、载荷系数、操纵面偏转角等,与地面振动试验一样安装应变仪和加速度计,采用特殊执行机构操纵副翼和升降舵在一定频率范围内的动作。首先开展驱动频率的扫频来识别重要模态,而后在某些频率点测量阶跃信号和脉冲信号的响应。

**地面行驶(滑跑)测量。** 飞机地面滑跑使我们对飞机的气动弹性响应有了初步了解,相对粗糙的跑道可以激励飞机的结构模态。同时,进行扫频,并对测量结果进行 FFT - PSD 分析,以判断试验结果与零速度附近的气动弹性特性分析预测结果是否吻合。如果两者不吻合,则必须停止试验,改正或调整计算模型,直到两者符合为止,然后重新计算颤振特性。只有两者结果一致,才能够起飞继续下一步试验。

**飞行试验。** 在这一阶段,飞机起飞进行最低速度的低空水平飞行。这时,测量飞机的大气扰动响应,进行 FFT 和 PSD 分析,确定试验结果是否与相同速度下的分析计算结果相吻合。如果两者不吻合,则必须再次停止试验,改正或调整计算模型直至两者吻合。当两者吻合后,就可以继续试验,启动激励器施加脉冲指令,然后判断结构是否有足够的阻尼。如果有,则进行扫频和频率阻尼的 FFT 和 PSD 分析。如果这些结果与分析结果相吻合,则可以小心地在计算颤振频率处启动激励器,并对响应进行 FFT 和 PSD 分析。当测量阻尼与理论计算一致时,启动激励器施加阶跃指令,而后确定响应是否与分析结果相吻合。如果两者吻合,则按照 $U - g - g'$ 曲线图的格式采集和存储数据。只有当试验与分析结果一致时,才可以继续在相同速度和相同高度下谨慎地完成不同载荷系数的机动动作。对于每一次机动,启动激励器施加脉冲指令,观察是否有足够的阻尼。如果有足够的阻尼,则继续增加载荷系数,直至在飞行包线内选定的载荷系数全部完成测试。

只有当计算分析与各个阶段得到的试验结果均吻合时,才可以安全地在这一高度上继续提高飞行速度(例如提高 25 kn)。此时重复所有步骤,并按照 $U - g - g'$ 曲线图的格式采集和存储数据。系统谨慎地提高飞行速度直至最大值,在每次增加速度时都要进行检查以确保分析正确。类似的,系统地增加飞行高度直至最大值,按此规律重复试验。一旦出现下列情况之一,应立即中止(即减小飞行速度至先前的安全速度):

① 模态阻尼系数 $g$ 下降,低于规范要求的阻尼水平(民用飞机为 5%);

② 在至少一次测量中出现振动发散,并超出预先许可的界限;

③ 主频率与它的预计值偏离。

这样,可以发现飞机颤振分析非常依赖于理论研究。理论是关键构型和飞行条件分析决策的工具。运用地面振动试验来修正结构动力学分析,以获得更精确的结构动力学模型,运用风洞试验调整非定常气动力模型。颤振飞行试验十分危险。运用实时测量和各种激励技术来预测在各种飞行高度、飞行速度和载荷系数下的飞机阻尼,并非常谨慎地由一个状态点移到下一个状态点。分析、地面试验和飞行试验总是一起全面消除在飞行中的颤振问题。

## 5.8.4 颤振飞行试验

在这一阶段,飞机起飞进行最低速度的低空水平飞行。这时测量大气紊流响应,并进行 FFT 和 PSD 分析。判断这些结果是否与计算分析预测结果吻合。如果不吻合,则必须调整或修改计算模型,直至分析结果与试验一致。当两者最终吻合时,可以启动激励器发出脉冲指令。接下来,判断是否有足够的阻尼。如果有足够的阻尼,则进行扫频及频率阻尼的 FFT 和 PSD 分析。如果试验结果与计算分析结果相吻合,则可以在计算颤振频率附近小心地启动激励器,并对响应进行 FFT 和 PSD 分析。当测量阻尼与理论预测吻合时,启动激励器发出一次指令。接下来,判断响应是否与分析结果吻合。如果二者一致,则按照 $U$-$g$-$g'$ 曲线图的格式采集和存储数据。只有当试验与分析结果一致时,才可以小心地继续进行同样速度和高度下 2 倍于过载的机动飞行。在这一过载下,启动激励器发出脉冲指令,观察是否有足够的阻尼。如果具有足够的阻尼,则继续在同样的飞行速度和高度下提高过载至 3 倍、4 倍……,直至完成飞行包线内全部规定载荷系数的飞行测试。

只有当计算模型与各阶段的试验结果都吻合时,才可以安全地在相同高度下提高飞行速度(例如增加 25 kn)。此时,重复所有步骤,并按照 $U$-$g$-$g'$ 曲线图的格式采集数据。系统而谨慎地逐步提高飞行速度直至最大值,在每次增加速度时都要进行检查以确保分析正确。类似的,系统地增加飞行高度直至最大值,按此规律重复试验。一旦出现下列情况之一时应立即中止(即减小飞行速度至先前的安全速度):

① 阻尼系数 $g$ 即使有极其微小的下降,但降至了 2% 以下(民用飞机为 5%);

② 在至少一次测量中出现振动发散,并趋向于超出预计许可的界限;

③ 主频率与预测的模态频率偏离。

由此可以看到,颤振分析非常依赖于理论研究。理论是关键构型和飞行条件分析决策的工具。运用地面振动试验来修正结构动力学分析,以获得更精确的结构动力学模态,运用风洞试验调整非定常气动力模型。

颤振飞行试验十分危险。运用实时测量和各种激励技术来预测飞机在不同飞行高度、飞行速度和载荷系数下的飞机阻尼,并非常谨慎地由一个状态点移到下一个状态点。分析、地面试验和飞行试验总是一起全面消除在飞行中的颤振问题。

# 5.9　小　结

本章探讨了升力面颤振的一般性问题。介绍了几类颤振分析方法,包括 $p$ 法、经典颤振分析方法、$k$ 法和 $p$-$k$ 法,阐述了经典颤振分析在离散的单自由度和二自由度风洞模型上的应用。同学们可以了解到 Theodorsen 非定常薄翼理论以及较新的 Peters 等人的有限状态薄翼理论。本章接下来介绍了运用假设模态法进行弹性机翼的颤振分析,并结合当前的工程设计实际、飞行试验和验证讨论了颤振问题中的重要参数。在充分掌握本章内容的基础上,同学们应该具备将这些基本理论运用到飞行器设计中的能力。

本文内容的进一步展开适合研究生学习,同学们将能够在令人兴奋的气动弹性

领域中开展研究。目前的研究主题十分多样化。随着控制技术的不断发展,通过主
动控制襟翼或其他操纵面来解决颤振问题已经变得越来越普遍。这些颤振抑制系统
给昂贵的设计更改提供了替代方案,例如在必须携带武器的军用飞机上利用颤振抑
制系统就是一种很好的选择。这类飞机通常有多个不同的构型,在它们的飞行包线
内均不能发生颤振。对于如此复杂的系统,有时通过更改设计来防止颤振已经超出
了设计者的能力范围。在飞行中接近颤振边界时,还有大量的研究需要确定。这样
的研究对于如下情形有着巨大的价值:结构损伤已经改变了飞机结构的特性(飞行员
可能尚未发觉),因此改变了颤振(或发散)边界,使飞机在原有的飞行包线内不再安
全。当前,气动弹性工程人员感兴趣的其他问题包括:颤振预测、阵风响应和极限环
振荡分析方法的改进,改善阵风响应和极限环振荡的控制系统设计,在飞机设计的早
期阶段引入气动弹性分析等。

# 习　题

1. 使用下列条件计算不可压单自由度颤振问题的颤振速度:

$$m_\theta = \frac{i-2}{k} - 10i$$

$$I_P = 50\pi\rho_\infty b^4, \quad \omega_\theta = 10 \text{ Hz}, \quad b = 0.5 \text{ ft}$$

答案:$U_F = 405.6$ ft/s。

2. 根据 Theodorsen 理论,对于简谐运动,环量升力正比于有效攻角

$$\alpha = C(k)\left[\theta + \frac{\dot{h}}{U} + \frac{b}{U}\left(\frac{1}{2} - a\right)\dot{\theta}\right]$$

对于 $a = -1/2, \bar{\theta} = 1, \bar{h} = bz(\cos\phi + i\sin\phi)$ 的简谐运动情况,找到 $\alpha$ 相对于 $\theta$ 的
幅值和相位,画出 $\alpha$ 在下列四种条件下随时间变化的 5 个周期的曲线:

(a) $z = 0.1, \phi = 0°, k = 0.01$;

(b) $z = 0.1, \phi = 0°, k = 1.0$;

(c) $z = 0.1, \phi = 90°, k = 1.0$;

(d) $z = 0.5, \phi = 90°, k = 1.0$。

讨论增大 $k$ 值,相角由 $0°$ 变化至 $90°$,以及增加沉浮振幅的情况下 $\alpha$ 的特性。
Theodorsen 函数可以近似为

$$C(k) = \frac{0.013\,65 + 0.280\,8ik - \dfrac{k^2}{2}}{0.013\,65 + 0.345\,5ik - k^2}$$

3. 基于 Theodorsen 理论,说明用于经典颤振分析的系数为

$$l_h = 1 - \frac{2iC(k)}{k}$$

$$l_\theta = -a - \frac{\mathrm{i}}{k} - \frac{2C(k)}{k^2} - \frac{2\mathrm{i}\left(\frac{1}{2}-a\right)C(k)}{k}$$

$$m_h = -a + \frac{2\mathrm{i}\left(\frac{1}{2}+a\right)C(k)}{k}$$

$$m_\theta = \frac{1}{8} + a^2 - \frac{\mathrm{i}\left(\frac{1}{2}-a\right)}{k} + \frac{2\left(\frac{1}{2}+a\right)C(k)}{k^2} + \frac{2\mathrm{i}\left(\frac{1}{4}-a^2\right)C(k)}{k}$$

4. 考虑不可压流中的二维机翼，来流速度为 $U$，绕前缘转动。俯仰运动受弹簧常数为 $k_\theta = I_P\omega_\theta^2$ 的弹簧约束。使用精确的 $C(k)$，并且

（a）当 $I_P = 2\,500\pi\rho_\infty b^4$ 时，确定颤振速度及颤振频率；

（b）确定最小的可能的颤振速度及颤振频率。

答案：(a) $U_F = 28.227\,9b\omega_\theta, \omega_F = 1.138\,79\omega_\theta$；

　　　　(b) $U_F = 24.787\,7b\omega_\theta, \omega_F = \omega_\theta$。

5. 考虑不可压、二自由度颤振问题，$a = -1/5, e = -1/10, \mu = 20, r^2 = 6/25$，$\sigma = 2/5$。运用经典颤振方法计算颤振速度及颤振频率。对于气动力系数，使用 Theodorsen 理论，$C(k)$ 使用习题 2 中的近似表达式。

答案：$U_F = 2.170b\omega_\theta, \omega_F = 0.644\,3\omega_\theta$。

6. 考虑不可压、二自由度颤振问题，$a = -1/5, \mu = 3, r = 1/2$。计算 $x_\theta = e - a = 1/5$ 和 $x_\theta = e - a = 1/10$ 两种情况下的颤振速度和颤振频率，令 $\sigma = 0.2, 0.4, 0.6$，$0.8, 1.0$。使用经典颤振方法，气动系数使用 Theodorsen 理论，$C(k)$ 使用习题 2 中的近似表达式。与图 5.15 中的结果进行比较。

7. 运用 Peters 等人（1995 年）的非定常气动力理论，对方程（5.106）进行无量纲化，并把 $\lambda_i$ 重新定义为 $b\omega_\theta\lambda_i$，通过 $p$ 法，建立完整的颤振分析方程。

8. 使用 MATLAB 或 Mathematica 工具，针对习题 7 推导的方程，编写计算机程序。

9. 利用习题 8 所写的程序，求解不可压、二自由度颤振问题的无量纲颤振速度和颤振频率，其中 $a = -1/3, e = -1/10, \mu = 50, r = 2/5, \sigma = 2/5$。

答案：$U_F = 2.807\,b\omega_\theta, \omega_F = 0.595\,2\,\omega_\theta$。

10. 使用 MATLAB 或 Mathematica 工具编写 $k$ 法求解二自由度颤振问题的程序。

11. 利用习题 10 所写的程序求解颤振问题，其中 $a = -1/5, e = -1/10, \mu = 20$，$r^2 = 6/25, \sigma = 2/5$。绘出 $\omega_{1,2}/\omega_\theta$ 和 $g$ 随 $U/(b\omega_\theta)$ 的变化曲线，将结果与图 5.12 和图 5.13 进行比较。注意两组图中的量的不同之处，讨论在这些图中所观察到的异同，以及为什么会有这样的差别。最后，解释为什么预测的颤振速度与经典方法是一致的。

答案：见图 5.18 和图 5.19。

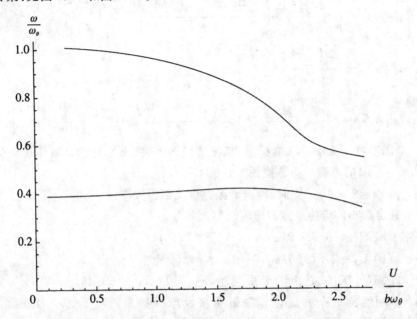

**图 5.18　运用 $k$ 法和 Theodorsen 气动力理论的 $\omega/\omega_\theta$ 随 $U/(b\omega_\theta)$ 的变化曲线**
$(a=-1/5, e=-1/10, \mu=20, r^2=6/25, \sigma=2/5)$

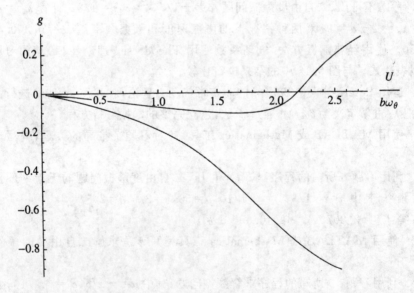

**图 5.19　运用 $k$ 法和 Theodorsen 气动力理论的 $g$ 随 $U/(b\omega_\theta)$ 的变化曲线**
$(a=-1/5, e=-1/10, \mu=20, r^2=6/25, \sigma=2/5)$

12. 说明当将 $p$-$k$ 法用于典型翼段，且气动力采用 Theodorsen 理论时，颤振行列式的形式为

$$\begin{vmatrix} p^2+\dfrac{\sigma^2}{V^2}-\dfrac{k^2}{\mu}+\dfrac{2ikC(k)}{\mu} & \dfrac{p^2\mu x_\theta+k(i+ak)+[2+ik(1-2a)]C(k)}{\mu} \\[4mm] \dfrac{p^2\mu x_\theta+ak^2-ik(1+2a)C(k)}{\mu} & \dfrac{8\mu r^2\left(p^2+\dfrac{1}{V^2}\right)+4i(1+2a)[2i-k(1-2a)]C(k)-k[k-4i+8a(i+ak)]}{8\mu} \end{vmatrix}$$

13. 应用 MATLAB 或 Mathematica 工具，编写运用 $p-k$ 法和 Theodorsen 理论求解二自由度颤振问题的程序。

14. 利用习题 13 所写的程序求解颤振问题，其中 $a=-1/5$，$e=-1/10$，$\mu=20$，$r^2=6/25$，$\sigma=2/5$。绘出 $\Omega/\omega_\theta$ 和 $\Gamma$ 随 $U/(b\omega_\theta)$ 的变化曲线，将结果与图 5.12 和图 5.13 进行比较，解释为什么 $p-k$ 法估计的阻尼有时不同于 $p$ 法的结果。

答案：见图 5.20 和图 5.21。

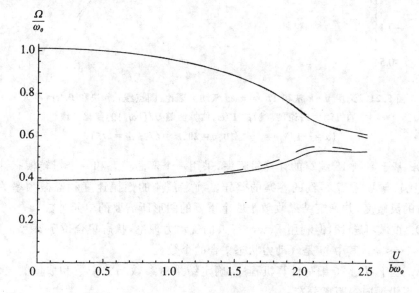

图 5.20　运用 $p-k$ 法和 Theodorsen 气动力理论（圆点线）、$p$ 法和 Peters 等人的气动力理论（实线）的 $\Omega/\omega_\theta$ 估算值随 $U/(b\omega_\theta)$ 的变化曲线
（$a=-1/5$，$e=-1/10$，$\mu=20$，$r^2=6/25$，$\sigma=2/5$）

15. 利用 MATLAB 或 Mathematica 工具编写计算机程序，采用 $p-k$ 法和 Peters 等人的气动力理论，建立二自由度颤振问题的求解程序。

16. 利用习题 13 和习题 15 的程序，说明无论用 Theodorsen 理论还是 Peters 等人的气动力理论，$p-k$ 法都能获得同样的计算结果，假设后者使用了足够多数量的诱导流动状态。作以下算例：$a=-1/5$，$e=-1/10$，$\mu=20$，$r^2=6/25$，$\sigma=2/5$。该算例对于这两个理论意味着什么？

17. 编写计算机程序，求解 5.6 节建立的问题的颤振速度。针对习题 16 中给出的参数进行编程练习。检验结果对假设模态个数的灵敏度。

18. 重做 5.6 节的推导，但使用有限元法。

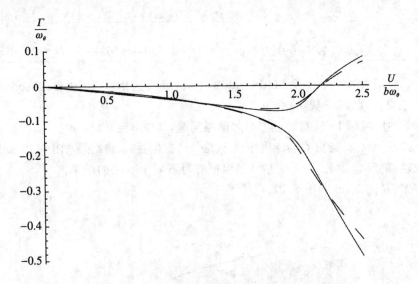

**图 5.21**　运用 $p-k$ 法和 Theodorsen 气动力理论(圆点线)、$p$ 法和 Peters 等人
的气动力理论(实线)的 $\Gamma/\omega_\theta$ 估算值随 $U/(b\omega_\theta)$ 的变化曲线
$(a=-1/5, e=-1/10, \mu=20, r^2=6/25, \sigma=2/5)$

19. 基于习题 18 编写的计算机程序,采用一个弯曲模态和一个扭转模态计算习题 17,比较与习题 17 得到的答案的差异。确定预测的颤振速度和颤振频率关于单元个数的灵敏度,并确定结果收敛于四个重要的图形所需要的单元个数。

20. 重做习题 18,但利用 Peters 等人的气动力理论,状态集合位于 $x=r_i l$ 点处,$r_1 < r_2 < \cdots < r_m$,其中 $m$ 是气动力状态集合的个数。

21. 基于习题 20 编写计算机程序,确定结果对参数 $r_i$ 的个数和取值的灵敏度,其中后者沿展向等距离分布。

22. 当列矩阵 $\bar{\xi}$ 中仅有的自由度是 $\bar{h}/b$ 和 $\bar{\theta}$,并且非定常气动力理论是基于采用 6 个状态的 Peters 等人的理论时,比较方程(5.11)和方程(5.71),对于这种特殊情形,找到将 $\mathscr{A}(p)$ 表示成矩阵 $a,b,c,d,A$ 和 $E$ 的表达式。在简谐运动的假设下,从这些方程中提取 $C(k)$ 的近似解,并将 $C(k)$ 的实部和虚部与近似解进行比较。

# 附录 A　拉格朗日(Lagrange)方程

## A.1　引　言

当运用牛顿定律写出质点或质点系的运动方程时,必须小心计入系统的全部作用力。而这里所推导的拉格朗日形式的运动方程具有一项优势,即可以忽略所有不做功的外力(例如,无摩擦销钉处的作用力,滚动接触点的作用力,无摩擦销套处的作用力,以及非弹性连接处的作用力,等等)。在保守系统中(即系统总能量保持常数),拉格朗日方法给出一种可以很方便地得到运动方程的推导方法,因此只要写出系统的动能和势能即可。

## A.2　自由度

在推导拉格朗日方程之前,必须以系统方式描述所研究的动力学系统的特性。对于当前这类研究的目的,最重要的特性是能够完全确定系统位置或构型的独立坐标的维数。如果恰好可由 $n$ 个独立坐标完全确定系统的构型,则可以说这个系统具有 $n$ 个自由度。

**例 1**:空间一个自由质点具有 3 个自由度,因为必须已知 3 个坐标——例如 $x,y$, $z$——来确定质点的位置。

**例 2**:一个直线滚动无滑动的轮子具有 1 个自由度,因为根据到某个基准点的距离,或者总的滚动角度,可以完全确定其位置。

## A.3　广义坐标

通常用长度或者角度作为坐标。然而,任何一组参数,只要能够唯一确定系统的构型,就可以作为坐标。以此方式归纳这类参数,称这些新量为"广义坐标"。

**例 3**:考虑在平面内绕 $O$ 点转动的一根杆。显然,关于某个基线的转动角度可以作为坐标完全确定杆的位置。然而,转动杆扫过的面积也可以达到同样的效果,也可以作为广义坐标。

如果一个系统具有 $n$ 个自由度,那么需要 $n$ 个广义坐标来确定系统构型。

# A.4　拉格朗日方程

在推导这些方程时,考虑具有 2 个自由度的系统,因此可以由 2 个广义坐标 $q_1$ 和 $q_2$ 完全确定。不过,结果可以很容易地扩展到多自由度系统。

假定系统由 $n$ 个质点构成。对于每个质点,根据牛顿第二定律可以写出

$$\left.\begin{array}{l} M_i\ddot{x}_i = X_i \\ M_i\ddot{y}_i = Y_i \\ M_i\ddot{z}_i = Z_i \end{array}\right\} \tag{A.1}$$

其中,$x_i, y_i, z_i$ 是第 $i$ 个质点的直角笛卡儿坐标;$M_i$ 是质量;$X_i, Y_i, Z_i$ 分别是作用在质点上的 $x, y, z$ 方向的合力。

如果将方程(A.1)两边分别乘以 $\delta x_i, \delta y_i, \delta z_i$,然后三个方程相加,则有

$$M_i(\ddot{x}_i\delta x_i + \ddot{y}_i\delta y_i + \ddot{z}_i\delta z_i) = X_i\delta x_i + Y_i\delta y_i + Z_i\delta z_i \tag{A.2}$$

方程(A.2)右侧表示作用在第 $i$ 个质点上的全部外力在虚位移 $\delta x_i, \delta y_i, \delta z_i$ 上所做的功。因此不做功的力对于方程(A.2)的右侧没有贡献,可以忽略。为了得到整个系统的相应的方程,将所有质点的方程(A.2)的两侧相加,有

$$\sum_{i=1}^{n} M_i(\ddot{x}_i\delta x_i + \ddot{y}_i\delta y_i + \ddot{z}_i\delta z_i) = \sum_{i=1}^{n}(X_i\delta x_i + Y_i\delta y_i + Z_i\delta z_i) \tag{A.3}$$

现在,因为只要两个广义坐标 $q_1$ 和 $q_2$ 已知,系统在空间中就可以完全确定,所以 $x_i, y_i, z_i$ 及其增量 $\delta x_i, \delta y_i, \delta z_i$ 必然可以表示为 $q_1$ 和 $q_2$ 的函数,即

$$\left.\begin{array}{l} x_i = x_i(q_1, q_2) \\ y_i = y_i(q_1, q_2) \\ z_i = z_i(q_1, q_2) \end{array}\right\} \tag{A.4}$$

方程(A.4)对时间微分,有

$$\left.\begin{array}{l} \dot{x}_i = \dfrac{\partial x_i}{\partial q_1}\dot{q}_1 + \dfrac{\partial x_i}{\partial q_2}\dot{q}_2 \\[2mm] \dot{y}_i = \dfrac{\partial y_i}{\partial q_1}\dot{q}_1 + \dfrac{\partial y_i}{\partial q_2}\dot{q}_2 \\[2mm] \dot{z}_i = \dfrac{\partial z_i}{\partial q_1}\dot{q}_1 + \dfrac{\partial z_i}{\partial q_2}\dot{q}_2 \end{array}\right\} \tag{A.5}$$

类似的

$$\left.\begin{array}{l} \delta x_i = \dfrac{\partial x_i}{\partial q_1}\delta q_1 + \dfrac{\partial x_i}{\partial q_2}\delta q_2 \\[2mm] \delta y_i = \dfrac{\partial y_i}{\partial q_1}\delta q_1 + \dfrac{\partial y_i}{\partial q_2}\delta q_2 \\[2mm] \delta z_i = \dfrac{\partial z_i}{\partial q_1}\delta q_1 + \dfrac{\partial z_i}{\partial q_2}\delta q_2 \end{array}\right\} \tag{A.6}$$

将方程(A.6)代入方程(A.3)中,整理后得到

$$\sum_{i=1}^{n}\left[M_i\left(\ddot{x}_i\frac{\partial x_i}{\partial q_1}+\ddot{y}_i\frac{\partial y_i}{\partial q_1}+\ddot{z}_i\frac{\partial z_i}{\partial q_1}\right)\delta q_1+M_i\left(\ddot{x}_i\frac{\partial x_i}{\partial q_2}+\ddot{y}_i\frac{\partial y_i}{\partial q_2}+\ddot{z}_i\frac{\partial z_i}{\partial q_2}\right)\delta q_2\right]=$$

$$\sum_{i=1}^{n}\left[\left(X_i\frac{\partial x_i}{\partial q_1}+Y_i\frac{\partial y_i}{\partial q_1}+Z_i\frac{\partial z_i}{\partial q_1}\right)\delta q_1+\left(X_i\frac{\partial x_i}{\partial q_2}+Y_i\frac{\partial y_i}{\partial q_2}+Z_i\frac{\partial z_i}{\partial q_2}\right)\delta q_2\right] \quad (A.7)$$

由方程(A.5)可以看出,因为 $x_i, y_i, z_i$ 是 $q_1$ 和 $q_2$ 的函数,而不是 $\dot{q}_1$ 和 $\dot{q}_2$ 的函数,所以

$$\left.\begin{aligned}\frac{\partial \dot{x}_i}{\partial \dot{q}_1}&=\frac{\partial x_i}{\partial q_1}, & \frac{\partial \dot{x}_i}{\partial \dot{q}_2}&=\frac{\partial x_i}{\partial q_2}\\[2mm]\frac{\partial \dot{y}_i}{\partial \dot{q}_1}&=\frac{\partial y_i}{\partial q_1}, & \frac{\partial \dot{y}_i}{\partial \dot{q}_2}&=\frac{\partial y_i}{\partial q_2}\\[2mm]\frac{\partial \dot{z}_i}{\partial \dot{q}_1}&=\frac{\partial z_i}{\partial q_1}, & \frac{\partial \dot{z}_i}{\partial \dot{q}_2}&=\frac{\partial z_i}{\partial q_2}\end{aligned}\right\} \quad (A.8)$$

将关系式(A.8)代入方程(A.7)的左边,得到

$$\sum_{i=1}^{n}\left[M_i\left(\ddot{x}_i\frac{\partial \dot{x}_i}{\partial \dot{q}_1}+\ddot{y}_i\frac{\partial \dot{y}_i}{\partial \dot{q}_1}+\ddot{z}_i\frac{\partial \dot{z}_i}{\partial \dot{q}_1}\right)\delta q_1+M_i\left(\ddot{x}_i\frac{\partial \dot{x}_i}{\partial q_2}+\ddot{y}_i\frac{\partial \dot{y}_i}{\partial q_2}+\ddot{z}_i\frac{\partial \dot{z}_i}{\partial q_2}\right)\delta q_2\right]=$$

$$\sum_{i=1}^{n}\left[\left(X_i\frac{\partial x_i}{\partial q_1}+Y_i\frac{\partial y_i}{\partial q_1}+Z_i\frac{\partial z_i}{\partial q_1}\right)\delta q_1+\left(X_i\frac{\partial x_i}{\partial q_2}+Y_i\frac{\partial y_i}{\partial q_2}+Z_i\frac{\partial z_i}{\partial q_2}\right)\delta q_2\right] \quad (A.9)$$

换个思考角度,考虑系统动能为

$$K=\frac{1}{2}\sum_{i=1}^{n}M_i(\dot{x}_i^2+\dot{y}_i^2+\dot{z}_i^2) \quad (A.10)$$

现在计算 $\partial K/\partial \dot{q}_1$ 和 $\partial K/\partial \dot{q}_2$ 得到

$$\frac{\partial K}{\partial \dot{q}_1}=\sum_{i=1}^{n}M_i\left(\dot{x}_i\frac{\partial \dot{x}_i}{\partial \dot{q}_1}+\dot{y}_i\frac{\partial \dot{y}_i}{\partial \dot{q}_1}+\dot{z}_i\frac{\partial \dot{z}_i}{\partial \dot{q}_1}\right) \quad (A.11)$$

$$\frac{\partial K}{\partial q_1}=\sum_{i=1}^{n}M_i\left(\dot{x}_i\frac{\partial \dot{x}_i}{\partial \dot{q}_1}+\dot{y}_i\frac{\partial \dot{y}_i}{\partial \dot{q}_1}+\dot{z}_i\frac{\partial \dot{z}_i}{\partial \dot{q}_1}\right) \quad (A.12)$$

接下来计算 $\partial x_i/\partial \dot{q}_1$ 的时间导数,由链式法可以得到

$$\frac{\mathrm{d}}{\mathrm{d}t}\left(\frac{\partial x_i}{\partial q_1}\right)=\frac{\partial^2 x_i}{\partial q_1^2}\dot{q}_1+\frac{\partial^2 x_i}{\partial q_1\partial q_2}\dot{q}_2$$

$$=\frac{\partial}{\partial q_1}\left(\frac{\partial x_i}{\partial q_1}\dot{q}_1+\frac{\partial x_i}{\partial q_2}\dot{q}_2\right)$$

$$=\frac{\partial}{\partial q_1}\dot{x}_i=\frac{\partial \dot{x}_i}{\partial q_1} \quad (A.13)$$

根据方程(A.8),有

$$\frac{\partial \dot{x}_i}{\partial \dot{q}_1}=\frac{\partial x_i}{\partial q_1} \quad (A.14)$$

由方程(A.13)得到

$$\frac{\mathrm{d}}{\mathrm{d}t}\left(\frac{\partial x_i}{\partial q_1}\right) = \frac{\partial \dot{x}_i}{\partial q_1} \tag{A.15}$$

类似地可以推导得到关系式

$$\left.\begin{array}{l}\dfrac{\mathrm{d}}{\mathrm{d}t}\left(\dfrac{\partial y_i}{\partial q_1}\right) = \dfrac{\partial \dot{y}_i}{\partial q_1} \\[3mm] \dfrac{\mathrm{d}}{\mathrm{d}t}\left(\dfrac{\partial z_i}{\partial q_1}\right) = \dfrac{\partial \dot{z}_i}{\partial q_1}\end{array}\right\} \tag{A.16}$$

现在用方程(A.11)、方程(A.12)、方程(A.15)和方程(A.16)计算函数

$$\frac{\mathrm{d}}{\mathrm{d}t}\left(\frac{\partial K}{\partial \dot{q}_1}\right) - \frac{\partial K}{\partial q_1} \tag{A.17}$$

结果为

$$\begin{aligned}\frac{\mathrm{d}}{\mathrm{d}t}\left(\frac{\partial K}{\partial \dot{q}_1}\right) - \frac{\partial K}{\partial q_1} = &\sum_{i=1}^{n} M_i\left(\ddot{x}_i\,\frac{\partial \dot{x}_i}{\partial \dot{q}_1} + \ddot{y}_i\,\frac{\partial \dot{y}_i}{\partial \dot{q}_1} + \ddot{z}_i\,\frac{\partial \dot{z}_i}{\partial \dot{q}_1}\right) + \\ &\sum_{i=1}^{n} M_i\left[\dot{x}_i\,\frac{\mathrm{d}}{\mathrm{d}t}\left(\frac{\partial \dot{x}_i}{\partial \dot{q}_1}\right) + \dot{y}_i\,\frac{\mathrm{d}}{\mathrm{d}t}\left(\frac{\partial \dot{y}_i}{\partial \dot{q}_1}\right) + \dot{z}_i\,\frac{\mathrm{d}}{\mathrm{d}t}\left(\frac{\partial \dot{z}_i}{\partial \dot{q}_1}\right)\right] - \\ &\sum_{i=1}^{n} M_i\left(\dot{x}_i\,\frac{\partial \dot{x}_i}{\partial \dot{q}_1} + \dot{y}_i\,\frac{\partial \dot{y}_i}{\partial \dot{q}_1} + \dot{z}_i\,\frac{\partial \dot{z}_i}{\partial \dot{q}_1}\right)\end{aligned} \tag{A.18}$$

由方程(A.15)和方程(A.16),方程(A.18)右边的第二项与第三项相等,因此可以消去,则剩下

$$\frac{\mathrm{d}}{\mathrm{d}t}\left(\frac{\partial K}{\partial \dot{q}_1}\right) - \frac{\partial K}{\partial q_1} = \sum_{i=1}^{n} M_i\left(\ddot{x}_i\,\frac{\partial \dot{x}_i}{\partial \dot{q}_1} + \ddot{y}_i\,\frac{\partial \dot{y}_i}{\partial \dot{q}_1} + \ddot{z}_i\,\frac{\partial \dot{z}_i}{\partial \dot{q}_1}\right) \tag{A.19}$$

动能 $K$ 对 $q_2$ 和 $\dot{q}_2$ 的偏导数具有类似的关系。因此方程(A.9)可写为

$$\begin{aligned}&\left[\frac{\mathrm{d}}{\mathrm{d}t}\left(\frac{\partial K}{\partial \dot{q}_1}\right) - \frac{\partial K}{\partial q_1}\right]\delta q_1 + \left[\frac{\mathrm{d}}{\mathrm{d}t}\left(\frac{\partial K}{\partial \dot{q}_2}\right) - \frac{\partial K}{\partial q_2}\right]\delta q_2 = \\ &\sum_{i=1}^{n}\left(X_i\,\frac{\partial x_i}{\partial q_1} + Y_i\,\frac{\partial y_i}{\partial q_1} + Z_i\,\frac{\partial z_i}{\partial q_1}\right)\delta q_1 + \\ &\sum_{i=1}^{n}\left(X_i\,\frac{\partial x_i}{\partial q_2} + Y_i\,\frac{\partial y_i}{\partial q_2} + Z_i\,\frac{\partial z_i}{\partial q_2}\right)\delta q_2\end{aligned} \tag{A.20}$$

因为 $q_1$ 和 $q_2$ 是相互独立的坐标,可以任意变换,因此可以推导得到

$$\left.\begin{array}{l}\dfrac{\mathrm{d}}{\mathrm{d}t}\left(\dfrac{\partial K}{\partial \dot{q}_1}\right) - \dfrac{\partial K}{\partial q_1} = \displaystyle\sum_{i=1}^{n}\left(X_i\,\dfrac{\partial x_i}{\partial q_1} + Y_i\,\dfrac{\partial y_i}{\partial q_1} + Z_i\,\dfrac{\partial z_i}{\partial q_1}\right) \\[5mm] \dfrac{\mathrm{d}}{\mathrm{d}t}\left(\dfrac{\partial K}{\partial \dot{q}_2}\right) - \dfrac{\partial K}{\partial q_2} = \displaystyle\sum_{i=1}^{n}\left(X_i\,\dfrac{\partial x_i}{\partial q_2} + Y_i\,\dfrac{\partial y_i}{\partial q_2} + Z_i\,\dfrac{\partial z_i}{\partial q_2}\right)\end{array}\right\} \tag{A.21}$$

　　方程(A.20)的右侧是在广义坐标 $q_1$ 和 $q_2$ 中,当由于 $\delta q_1$ 和 $\delta q_2$ 变化而引起第 $i$ 个质点的坐标产生小位移 $\delta x_i,\delta y_i,\delta z_i$ 时,作用于系统的全部作用力所做的功。$\delta q_1$ 和 $\delta q_2$ 的系数即已知的广义力 $Q_1$ 和 $Q_2$,因为它们要与广义坐标相乘来计算全部力作用于系统的虚功,因此有

$$Q_1 = \sum_{i=1}^{n} \left( X_i \frac{\partial x_i}{\partial q_1} + Y_i \frac{\partial y_i}{\partial q_1} + Z_i \frac{\partial z_i}{\partial q_1} \right)$$
$$Q_2 = \sum_{i=1}^{n} \left( X_i \frac{\partial x_i}{\partial q_2} + Y_i \frac{\partial y_i}{\partial q_2} + Z_i \frac{\partial z_i}{\partial q_2} \right) \tag{A.22}$$

方程(A.21)可以写为

$$\frac{\mathrm{d}}{\mathrm{d}t}\left(\frac{\partial K}{\partial \dot{q}_1}\right) - \frac{\partial K}{\partial q_1} = Q_1$$
$$\frac{\mathrm{d}}{\mathrm{d}t}\left(\frac{\partial K}{\partial \dot{q}_2}\right) - \frac{\partial K}{\partial q_2} = Q_2 \tag{A.23}$$

这是拉格朗日方程的形式之一,无论该系统是否保守,它均可用于任何两个且只有两个广义坐标来完全描述的系统。可以证明稍加展开运算即可运用于任何有限自由度的系统。

## A.5　保守系统拉格朗日方程

如果系统是保守的,则可以由势能 $P$ 计算外力所做的功。定义小位移下势能的变化为系统外力在小位移上所做的负功。因为 $Q_1\delta q_1 + Q_2\delta q_2$ 是外力所做的功,故有

$$\delta P = -Q_1\delta q_1 - Q_2\delta q_2 \tag{A.24}$$

因为曾经强调 $q_1$ 和 $q_2$ 是各自独立的,所以可以任意改变。如果 $\delta q_2 = 0$,则有 $\delta P = -Q_1\delta q_1$,所以

$$Q_1 = -\frac{\partial P}{\partial q_1} \tag{A.25}$$

同样有

$$Q_2 = -\frac{\partial P}{\partial q_2} \tag{A.26}$$

将式(A.25)和式(A.26)代入方程(A.23),得到

$$\frac{\mathrm{d}}{\mathrm{d}t}\left(\frac{\partial K}{\partial \dot{q}_1}\right) - \frac{\partial K}{\partial q_1} + \frac{\partial P}{\partial q_1} = 0$$
$$\frac{\mathrm{d}}{\mathrm{d}t}\left(\frac{\partial K}{\partial \dot{q}_2}\right) - \frac{\partial K}{\partial q_2} + \frac{\partial P}{\partial q_2} = 0 \tag{A.27}$$

这就是保守系统拉格朗日运动方程。与前面类似,对于任何有限自由度的系统,这一形式都适用。

**例 4**:写出空间中重量为 $W$ 的质点在重力作用下的运动方程。

**解**:需要 3 个坐标来描述质点的位置,因此可以选择 $x, y, z$ 作为广义坐标。选取 $x$ 和 $y$ 在水平面内,$z$ 轴垂直向上,原点在地球表面的势能为零,则有

$$K = \frac{W}{2g}\sum_{i=1}^{n}(\dot{x}_i^2 + \dot{y}_i^2 + \dot{z}_i^2), \quad P = Wz$$

$$\left.
\begin{aligned}
&\frac{\partial K}{\partial \dot{x}} = \frac{W}{g}\dot{x}, \quad \frac{\partial K}{\partial \dot{y}} = \frac{W}{g}\dot{y}, \quad \frac{\partial K}{\partial \dot{z}} = \frac{W}{g}\dot{z}, \quad \frac{\partial K}{\partial x} = \frac{\partial K}{\partial y} = \frac{\partial K}{\partial z} = 0 \\[2mm]
&\frac{\mathrm{d}}{\mathrm{d}t}\left(\frac{\partial K}{\partial \dot{x}}\right) = \frac{W}{g}\ddot{x}, \quad \frac{\mathrm{d}}{\mathrm{d}t}\left(\frac{\partial K}{\partial \dot{y}}\right) = \frac{W}{g}\ddot{y}, \quad \frac{\mathrm{d}}{\mathrm{d}t}\left(\frac{\partial K}{\partial \dot{z}}\right) = \frac{W}{g}\ddot{z} \\[2mm]
&\frac{\partial P}{\partial x} = \frac{\partial P}{\partial y} = 0, \quad \frac{\partial P}{\partial z} = W
\end{aligned}
\right\} \quad (A.28)$$

因此,由拉格朗日方程(A.27)给出

$$\frac{W}{g}\ddot{x} = 0, \quad \frac{W}{g}\ddot{y} = 0, \quad \frac{W}{g}\ddot{z} + W = 0 \quad\quad (A.29)$$

当然,这些方程通过直接运用牛顿第二定律更容易得到,此例仅仅是为了说明拉格朗日方程对这类问题的应用。

　　**例 5:**写出重量为 $W$ 的弹簧质量系统在光滑水平面内滑动(图 A.1)的运动方程。

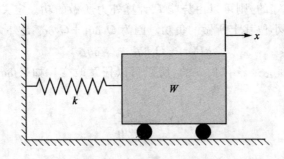

**图 A.1　例 5 力学系统简图**

　　**解:**取 $x$ 为广义坐标,由平衡位置开始测量,则有

$$\left.
\begin{aligned}
&K = \frac{W}{2g}\dot{x}^2, \quad P = \frac{k}{2}x^2 \\[2mm]
&\frac{\partial K}{\partial \dot{x}} = \frac{W}{g}\dot{x}, \quad \frac{\mathrm{d}}{\mathrm{d}t}\left(\frac{\partial K}{\partial \dot{x}}\right) = \frac{W}{g}\ddot{x} \\[2mm]
&\frac{\partial K}{\partial x} = 0, \quad \frac{\partial P}{\partial x} = kx
\end{aligned}
\right\} \quad (A.30)$$

由拉格朗日方程(A.27)给出

$$\frac{W}{g}\ddot{x} + kx = 0 \quad\quad (A.31)$$

这就是运动方程。

　　**例 6:**写出图 A.2 所示系统的运动方程,其中杆无质量。

　　**解:**选取坐标 $x_1$ 和 $x_2$ 为广义坐标,取杆水平及弹簧未拉伸状态为零点位置,则有

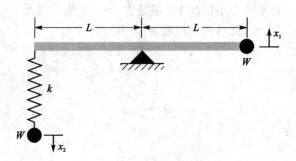

**图 A.2　例 6 力学系统简图**

$$K = \frac{W}{2g}\dot{x}_1^2 + \frac{W}{2g}\dot{x}_2^2, \quad P = Wx_1 - Wx_2 + \frac{1}{2}k(x_2 - x_1)^2$$

$$\frac{\partial K}{\partial \dot{x}_1} = \frac{W}{g}\dot{x}_1, \quad \frac{\partial K}{\partial \dot{x}_2} = \frac{W}{g}\dot{x}_2, \quad \frac{\partial K}{\partial x_1} = \frac{\partial K}{\partial x_2} = 0$$

$$\frac{\mathrm{d}}{\mathrm{d}t}\left(\frac{\partial K}{\partial \dot{x}_1}\right) = \frac{W}{g}\ddot{x}_1, \quad \frac{\mathrm{d}}{\mathrm{d}t}\left(\frac{\partial K}{\partial \dot{x}_2}\right) = \frac{W}{g}\ddot{x}_2$$

$$\frac{\partial P}{\partial x_1} = W - k(x_2 - x_1), \quad \frac{\partial P}{\partial x_2} = -W + k(x_2 - x_1)$$

(A.32)

拉格朗日方程为

$$\frac{W}{g}\ddot{x}_1 + W - k(x_2 - x_1) = 0$$

$$\frac{W}{g}\ddot{x}_2 - W + k(x_2 - x_1) = 0$$

(A.33)

这是一个二自由度保守系统的例题。

# A.6　非保守系统拉格朗日方程

　　如果系统不守恒,则通常一部分外力(保守的)可以由位势函数推导得到,而 $P(q_1, q_2, \cdots)$ 和一部分外力(非保守的)则不行。那些没有位势函数的外力的引入,必须首先要确定它们所做的虚功。虚功表达式中的虚位移系数 $\delta q_i$ 是广义力,这里记作 $Q_i(i=1, 2, \cdots)$。在这种情况下,引入拉格朗日函数更为方便,即

$$L = K - P \tag{A.34}$$

而拉格朗日方程的广义形式为

$$\frac{\mathrm{d}}{\mathrm{d}t}\left(\frac{\partial L}{\partial \dot{q}_i}\right) - \frac{\partial L}{\partial q_i} = Q_i \quad (i = 1, 2, \cdots, n) \tag{A.35}$$

　　**例 7**:重复例 5,加入平行于弹簧的阻尼器,阻尼系数 $c$ 为常数。

　　**解**:具有阻尼器的系统不再守恒,因此,使用方程(A.35)形式的拉格朗日方程。动能和势能与例 5 中的相同。计算阻尼力作用的 $Q$ 值,运用定义,$Q$ 乘以广义坐标

应得到所做的功。对于任意小位移 $\delta x$，阻尼力 $-c\dot{x}$ 所做的功是 $-c\dot{x}\delta x$。因此，$-c\dot{x}$ 是与阻尼相关的广义力。拉格朗日函数为

$$L = \frac{W\dot{x}^2}{2g} - \frac{kx^2}{2} \tag{A.36}$$

且

$$Q = -c\dot{x} \tag{A.37}$$

则拉格朗日方程为

$$\frac{W}{g}\ddot{x} + kx = -c\dot{x} \tag{A.38}$$

# 参考文献

## 结构动力学

[1] Bisplinghoff R L, Ashley H, Halfman R L. Aeroelasticity. Boston: Addison-Wesley Publishing Co. ,Inc. ,1955.

[2] Chen Y. Vibrations: Theoretical Methods. Boston: Addison-Wesley Publishing Co. ,Inc. ,1966.

[3] Frazer R A, Duncan W J. The Flutter of Aeroplane Wings//Aeronautical Research Council. R&M 1155, August, 1928.

[4] Fry' ba L. Vibration and Solids and Structures under Moving Loads. Leiden: Noordhoff International Publishing, 1972.

[5] Hodges D H. Nonlinear Composite Beam Theory. Reston: AIAA, Inc. ,2006.

[6] Hurty W C, Rubenstein M F. Dynamics of Structures. Upper Saddle River: Prentice-Hall, Inc. ,1964.

[7] Kalnins A, Dym C L. Vibration: Beams, Plates and Shells. Stroudsburg: Dowden, Hutchinsonand Ross, Inc. ,1976.

[8] Lamb H. The Dynamical Theory of Sound. 2nd ed. New York: Dover Publications Inc. ,1960.

[9] Leipholz H. Direct Variational Methods and Eigenvalue Problems in Engineering. Leiden: Noordhoff International Publishing, 1977.

[10] Lin Y K. Probabilistic Theory of Structural Dynamics. New York: McGraw-Hill, Inc. ,1967.

[11] Meirovitch L. Computational Methods in Structural Dynamics. Alphen aan den Rijn: Sijthoff and Noordhoff, 1980.

[12] Meirovitch L. Principles and Techniques of Vibrations. Upper Saddle River: Prentice-Hall, Inc. ,1997.

[13] Pestel E C, Leckie F A. Matrix Methods in Elastomechanics. New York: McGraw-Hill Book Co. ,Inc. ,1963.

[14] Rayleigh J W S. The Theory of Sound: Vol I. London: The MacMillan Co. ,1945.

[15] Reddy J N. An Introduction to the Finite Element Method. New York: McGraw-Hill Book Co. ,Inc. ,1993.

[16] Roxbee Cox H, Pugsley A G. Theory of Loss of Lateral Control Due to Wing Twisting//Aeronautical Research Council. R&M 1506, October, 1932.

[17] Scanlan R H, Rosenbaum R. Introduction to the Study of Aircraft Vibration and Flutter. London: The MacMillan Co. ,1951.

[18] Simitses G J, Hodges D H. Structural Stability: Vol 3 Pt13//Blockley R, Shyy W. Encyclopedia of Aerospace Engineering. Hoboken: John Wiley & Sons, 2010.

[19] Snowdon J C. Vibration and Shock in Damped Mechanical Systems. Hoboken: John Wiley and Sons, 1968.

[20] Steidel R F Jr. An Introduction to Mechanical Vibrations. 2nd ed. Hoboken: John Wiley and Sons, 1979.

[21] Thomson W T,Dahleh M D. Theory of Vibration with Applications. 5th ed. Upper Saddle River: Prentice-Hall,Inc. ,1998.

[22] Timoshenko S,Young D H. Vibration Problems in Engineering. 3rd ed. Berkshire: Van Nostrand Reinhold Co. ,1955.

[23] Tse F S,Morsel E,Hinkle R T. Mechanical Vibrations: Theory and Applications. 2nd ed. Boston: Allyn and Bacon,Inc. ,1978.

[24] Zienkiewicz O C,Taylor R L. The Finite Element Method for Solid and Structural Mechanics. Oxford: Elsevier Butterworth-Heinemann,2005.

## 气动弹性力学

[1] Abramson H N. An Introduction to the Dynamics of Airplanes. NewYork: Ronald Press Co. ,1958.

[2] Anon. Manual on Aeroelasticity: Vol 6. Neuilly-sur-Seine: NATO Advisory Group for Aeronautical Research and Development,1956-1970.

[3] Bisplinghoff R L,Ashley H. Principles of Aeroelasticity. Hoboken: John Wiley and Sons, Inc. ,1962.

[4] Bisplinghoff R L,Ashley H,Halfman R L. Aeroelasticity. Boston: Addison-Wesley Publishing Co. ,Inc. ,1955.

[5] Collar A R. The First Fifty Years of Aeroelasticity. Aerospace,1978,5(545):12-20.

[6] Diederich F W,Budiansky B. Divergence of Swept Wings. NACA TN 1680,1948.

[7] Dowell E H. Aeroelasticity of Plates and Shells. Leiden: Noordhoff International Publishing, 1975.

[8] Dowell E H,Crawley E F,Curtiss H C Jr,et al. A Modern Course in Aeroelasticity. 3rd ed. Norwell: Kluwer Academic Publishers,1995.

[9] Drela M. Transonic Low-Reynolds Number Airfoils. Journal of Aircraft,1992,29(6):1106-1113.

[10] Freberg C R,Kemler E N. Aircraft Vibration and Flutter. Hoboken: John Wiley and Sons, Inc. ,1944.

[11] Fung Y C. An Introduction to the Theory of Aeroelasticity. Hoboken: John Wiley and Sons, Inc. ,1955.

[12] Garrick I E,Reed III W H . Historical Development of Aircraft Flutter. Journal of Aircraft, 1981, 18(11):897-912.

[13] Goodman C. Accurate Subcritical Damping Solution of Flutter Equation Using Piecewise Aerodynamic Function. Journal of Aircraft, 2001,38(4):755-763.

[14] Hassig H J. An Approximate True Damping Solution of the Flutter Equation by Determinant Iteration. Journal of Aircraft,1971,8(11):885-889.

[15] Irwin C A K,Guyett P R. The Subcritical Response and Flutter of a Swept Wing Model//Royal Aircraft Establishment,Farnborough, UK. Tech. Rept. 65186,1965.

[16] Peters D A,Karunamoorthy S. Finite State Induced-Flow Models: Part I Two-Dimensional Thin Airfoil. Journal of Aircraft,1995,32(2):313-322.

[17] Rusak Zvi. Aeroelasticity Class Notes, Rensselaer Polytechnic Institute, Troy. New York:

Private Communication, 2011.

[18] Scanlan R H, Rosenbaum R. Outline of an Acceptable Method of Vibration and Flutter Analysis for a Conventional Airplane//CAA Aviation Safety Release 302, Oct. , 1948.

[19] Scanlan R H, Rosenbaum R. Introduction to the Study of Aircraft Vibration and Flutter. London: The MacMillan Co. , 1951.

[20] Smith M J, Cesnic C E S, Hodges D H. An Evaluation of Computational Algorithmsto Interface Between CFD and CSD Methodologies//Wright Laboratory. WL-TR-96-3055, Flight Dynamics Directorate. Ohio: Wright-Patterson Air Force Base, 1995.

[21] Theodorsen T. General Theory of Aerodynamic Instability and the Mechanism of Flutter// NACA TR 496, 1934.

[22] Weisshaar T A. Divergence of Forward Swept Composite Wings. Journal of Aircraft, 1980, 17 (6): 442-448.